Human and Faunal Relationships Reviewed: An Archaeozoological Approach

Edited by

Eduardo Corona-M.
J. Arroyo-Cabrales

BAR International Series 1627
2007

Published in 2016 by
BAR Publishing, Oxford

BAR International Series 1627

Human and Faunal Relationships Reviewed: An Archaeozoological Approach

ISBN 978 1 4073 0041 2

BAR Publishing is the trading name of British Archaeological Reports (Oxford) Ltd.
British Archaeological Reports was first incorporated in 1974 to publish the BAR
Series, International and British. In 1992 Hadrian Books Ltd became part of the BAR
group. This volume was originally published by Archaeopress in conjunction with
British Archaeological Reports (Oxford) Ltd / Hadrian Books Ltd, the Series principal
publisher, in 2007. This present volume is published by BAR Publishing, 2016.

Printed in England

BAR
PUBLISHING

BAR titles are available from:

BAR Publishing
122 Banbury Rd, Oxford, OX2 7BP, UK
EMAIL   info@barpublishing.com
PHONE   +44 (0)1865 310431
FAX   +44 (0)1865 316916
www.barpublishing.com

Contents

Human – faunal relationships,
a look from paleocology to taphonomy

Eduardo Corona-M. and Joaquín Arroyo Cabrales

Laboratorio de Arqueozoología, INAH, México

This is a compilation of papers devoted to diverse archaeozoological issues. Most of the contributions are based on lectures given at the *Seminario Relaciones Hombre-Fauna* (Human – Fauna Relationships Seminar) organized by the *Laboratorio de Arqueozoología* and sponsored by the *Instituto Nacional de Antropología e Historia*, the Mexican federal agency at charge of preserving the palaeontological, anthropological and historical heritages of the country.

The activities of the Seminar started at 1997 as an academic forum organized with the aims of showing research advances and promoting the exchange on theoretical and methodological issues, mainly on archaeozoology and related topics, such as Paleoecology, History, Ethnozoology, Geology, and Archaeometry. For ten years, activity we have organized many lectures and workshops lectured due to the kindness of the colleagues of several parts of the World and from Mexican researchers interested in this subject. If you are interested on this matter, as well as our past activities, visit the Seminar webpage (Corona-M., 2005), or consult the previously edited book (Corona-M. and Arroyo Cabrales, 2003, and the references therein).

For this compilation, we have tried to provide a wider view oriented toward the academic public interested in archaeozoology. However, for including and respecting the language chosen by each author, the scientific article format was followed with abstract and keywords in English and Spanish. Also, we respect the decision of some authors to include a more detailed contribution; however, we feel this situation does not affect the quality of all of them.

The geographical scope of the contributions is worldwide because it includes the Caribbean region, South America, Europe, Africa and from Mexico the northern state of Chihuahua, a region scarcely dealt with in this field.

The papers can be read from diverse perspectives, but always under the sign of change, such as the natural biotic modifications in the last geological periods, the influence of humans in the megafaunal extinctions at late Pleistocene, or the changes of fauna caused for long-term settlements. In addition we can observe the natural environments were the humans obtain their resources, from marine to terrestrial, or from continental to island. The papers assay diverse analyses units, going from the gene to the bone remains. And last but not the least, the study subjects look through a myriad of scientific disciples, such as Genetics, Chemistry, Animal Ethnology, Biogeography, Paleontology, Evolution, and many others. It shows that the archaeozoology is currently one of the most interdisciplinary and transdisciplinary scientific fields. It means one of the most modern forms of scientific activity (Gibbons *et al.*, 1994; Ingold, 2000).

However, in order to facilitate the reading of the book, a brief discussion of all of the papers follows, with those integrated within two great perspectives groups:

PALEOENVIRONMENT AND ARCHAEOZOOLOGY

One of the topics that have raised the interest is the evolution in the Neogene epoch of some faunal groups in Continental America, and also their eventual relationship with humans in late Quaternary. Alberdi shows a detailed review on the systematic and palaeoecology of the families Equidae and Gomphotheriidae, emphasizing the biogeographic routes for their transit to South America, as part of the named Great American Biotic Interchange, and discussing the evidences for their encounters with the early human populations.

One of the most exciting topics is the role of early human populations in the megafaunal extinction. In the past 10 years, there have been many papers devoted to this topic, including a discussion on the current validity of the overkill theory (Grayson and Meltzer, 2003, 2004; Fiedel and Haynes, 2004). On this issue, the contributions by Arredondo on the Antilles and by Fariña and Castilla on Uruguay, compile and provide new evidences of the scarcely known relationships between the extinct ground sloths and human.

The environment is representative of a biogeographic circumstance. In that case, how could this situation model the man behavior in order to obtain the resources for surviving and living in certain areas? The paper by Muñoz discusses the alternatives on the Patagonian scenario, an extreme area occupied by humans from early historical times, and also indicates their implications for the archaeozoological record.

From Mexico, the contribution by Merrill and Lopez focus on the area of Chihuahua, compiling the information from three main archaeological sites, to provide a detailed comparative analysis of the use of mammals in these settlements. One of the key conclusions is that the small mammals are a vital component of the diary diet, while the big fauna, as the bison and pronghorn, are mainly used as ceremonial food.

In recent times the molecular evidence has a raising importance as a key tool for enhancing the studies of bone interpretation . The paper by Valdiosera shows the use of ancient DNA to figure the social importance of the fauna. She explains the genetic mechanism for color coat in mammals, and how it could be used to evaluate the horse's color and, along with the historical evidence, it could help to interpret which social function had that animal. Those results also show that the molecular studies are an important tool for the modern paleobiological studies, which include both the palaeontological and the archaeozoological researches.

The papers grouped in this section illustrate that archaeozoology provides useful information in order to reconstruct paleoenvironments, and for the increase of the knowledge on systematic and biogeography or in the evolutionary dynamics of the fauna. This means that archaeozoology is a field research with several contact points between paleontology, archaeology and anthropology.

TAPHONOMY

In addition to the knowledge of the biological component, the taphonomy is another key element to understand the possibility of recovering the bones, since the application of laboratory techniques increase our understanding of the processes involved. In recent years a fast increase has become in this field, since the bone degradation was a major objective for research. This is considered a physical and chemical process that produces changes in their mineral and organic structures. The paper by Smith and collaborators provides the comparison of several European localities that show at least four different types of bone preservation, and where the microbial degradation is the most common of all, and also underline the importance of the first stages of degradation over the time influence.

The three remaining papers deal with actualistic research on taphonomy, looking for some solutions to the problem of equifinality in bone accumulations produced by distinct causal agents. The paper by Haynes emphasizes the importance of non-cultural processes to produce similar effects than the cultural activities. The Haynes field research in Africa also provides an important knowledge on the proboscidean biology and ethology, applicable to understand those sites where mammoths and men have coexisted.

The next contributions focus their research on carnivore taphonomy and their importance for understanding the bone accumulations and the role of these probable contenders of human populations. Mondini undertakes a detailed study of the bones recovered on rock shelters from Puna, a region of Argentina, where the account of the bone damages points out to the small carnivores as the agent that produces the accumulation. While the paper of Barja and Corona deal with the damages to the bones consumed by the Iberian wolf, and with the importance of those data and the applied methodology for both ethological and archaeozoological studies.

CONCLUSIONS

The analysis of animal remains has become complex and sophisticated, involving members from different research disciple working through collaboration, by regular and open communication, and expanding roles across discipline boundaries, providing a better understanding of the animals itself and from diverse human strategies for subsistence and for the symbolism, this last case not illustrated in the contributions here compiled.

At the same time that archaeozoology is increasing its cross-disciplinary complexity, obtaining a deep look of the cultural diversity in the use of animal resources, since many times these are the same biological group or relatives. In perspective, we agree with Ingold (2000) on the importance of promoting a holistic research perspective, emphasizing the importance of the methodological approach to data collection and analysis, where all of the species and their immediate environment should be studied and understood as a single interactive system in which each adapts to and affects the other (Ingold, 2000).

ACKNOWLEDGEMENTS

First of all we want to thank to all of the colleagues and technicians of our Lab for their support during the past 10 years, particularly to María Teresa Olivera, usually her help has been critical to the success of the lectures. To the INAH'a authorities for the funding to support the Seminar along the past years. To Benjamín Arteaga, Administration officer, for the easing our way through the institutional system. Some Seminar activities have received complimentary resources by the *Cátedra Prof. José Luis Lorenzo,* headed by Prof. Lorena Mirambell from INAH.

LITERATURE CITED:

Corona-M. E. 2005. *Seminario Relaciones hombre-fauna.* Available at http://www.geocities.com/shofaun (last access: January 24, 2006).

Corona-M., E., and J. Arroyo-Cabrales, eds. 2003. *Relaciones hombre-fauna: una zona interdisciplinaria de estudio.* Plaza y Valdés Editores e Instituto Nacional de Antropología e Historia, México.

Fiedel, S., and G. Haynes. 2004. A premature burial: comments on Grayson and Meltzer's "Requiem for overkill". *Journal of Archaeological Science,* 31: 121-131.

Gibbons M., C. Limoges, H. Nowotny, S. Schwartzman, P. Scott, and M. Trow. 1994. *The New Production of Knowledge: The Dynamics of Science and Research in Contemporary Societies.* Sage Ltd. London,

Grayson, D.K., and D. J. Meltzer, 2003. A requiem for North American overkill. *Journal of Archaeological Science,* 30: 585–593.

Grayson, D.K., and D. J. Meltzer, 2004. North American overkill continued? *Journal of Archaeological Science,* 31: 133-136.

Ingold, T. 2000. *The Perceptions of the Environment: Essays in Livelihood, Dwelling and Skill.* Routledge. London and New York.

Paleoecología y sistemática de los équidos y gonfoterios fósiles de América del Sur

María Teresa Alberdi

Departamento de Paleobiología, Museo Nacional de Ciencias Naturales,
CSIC, José Gutiérrez Abascal, 2, 28006 Madrid, España (malberdi@mncn.csic.es).

RESUMEN

Se recopilan y actualizan los datos sobre la sistemática y la paleoecología de las familias Equidae y Gomphotheriidae en América del Sur durante el Plio-Pleistoceno. Su presencia es resultado del Gran Intercambio Biótico Americano. Aquí se discuten las evidencias que sugieren las condiciones ambientales para dicho tránsito, así como la posible relación de los representantes de esas familias con el hombre en el Pleistoceno final.

Hippidion es el representante más antiguo de la familia Equidae, ya que se registra para el Plioceno superior (Edad Mamífero Uquiense) y está representado por tres especies: *H. principale*, *H. devillei* e *H. saldiasi*, con registros en Argentina, Bolivia, Brasil, Chile, Ecuador, Uruguay y Perú. En tanto que los primeros *Equus* (*Amerhippus*) se registran en Tarija, Bolivia (Pleistoceno medio, Edad Mamífero Ensenadense), representado por cinco especies: *E. (A.) andium*, *E. (A.) insulatus*, *E. (A.) neogeus*, *E. (A.) santaeelenae* y *E. (A.) lasallei*.

Los registros de la Familia Gomphotheriidae se conocen hasta el Pleistoceno medio (Edad Mamífero Ensenadense) y todos ellos se extinguen en torno a la transición Pleistoceno-Holoceno. Esta familia está representada por la especie *Cuvieronius hyodon*, registrada a lo largo de la cordillera de los Andes, y las especies de *Stegomastodon*: *S. waringi* y *S. platensis* registradas a lo largo de la ruta este y en las zonas de llanura costera, principalmente en Ecuador, Brasil, Uruguay y Argentina.

Palabras clave: Perissodactyla, *Equus* (*Amerhippus*), *Hippidion*, Gomphotheriidae, *Cuvieronius*, *Stegomastodon*, Plioceno, Pleistoceno, América del Sur.

ABSTRACT

The systematic and palecological data for the Equidae and Gomphotheriidae families from the Plio-Pleistocene of South America were compiled and updated. Their presence is a result of the Great American Biotic Interchange, and it is discussed the evidences that suggest the environmental conditions to facilitate this transit and, also the probable relationship of the representatives of these families with the man in late Pleistocene.

Hippidion is the most former representative of the Equidae family in South America, recorded in the late Pliocene (Uquian Mammal Age), and represented by three species: *H. principale*, *H. devillei*, and *H. saldiasi*, with records in Argentina, Bolivia, Brazil, Chile, Ecuador, Uruguay and Peru. The first presence of *Equus* (*Amerhippus*) was recorded in Tarija, Bolivia (middle Pleistocene, Ensenadan Mammal Age), and five species were identified: *E. (A.) andium*, *E. (A.) insulatus*, *E. (A.) neogeus*, *E. (A.) santaeelenae*, and *E. (A.) lasallei*.

The record of of the Gomphotheriidae family was known from the middle Pleistocene (Ensenadian Mammal Age), and become extinct near of the Pleistocene-Holocene transition. The representatives of this family were *Cuvieronius hyodon*, recorded along the Andean mountain range, and the two species of *Stegomastodon*: *S. waringi* and *S. platensis* following an east route and in the coastal plains, mainly from Ecuador, Brazil, Uruguay and Argentina.

Keywords: Perissodactyla, *Equus* (*Amerhippus*), *Hippidion*, Gomphotheriidae, *Cuvieronius*, *Stegomastodon*, Pliocene, Pleistocene, South America.

INTRODUCCIÓN

Los équidos se originaron en América del Norte en el Eoceno, donde tuvieron una extraordinaria radiación adaptativa, y penetraron en América del Sur tardíamente, diversificándose durante el Plio-Pleistoceno. Los primeros representantes de este grupo llegaron a América del Sur como parte de un evento biótico continental denominado el Gran Intercambio Biótico Americano (Webb, 1991). Este fenómeno permitió la dispersión de este grupo hacia el sur y su desarrollo subsiguiente hasta los tiempos finales del Pleistoceno y el inicio del Holoceno donde se extinguieron posiblemente debido al último máximo frío Glacial que trajo consigo la gran extinción de la megafauna en torno a los 10.000 años AP en el hemisferio sur.

Los trabajos de Alberdi y Prado conforman una amplia revisión de la diversidad de este grupo en América del Sur (Alberdi y Prado, 1992, 1993, 2004, en prensa; Alberdi y Prieto 2000; Alberdi et al., 2003; Prado y Alberdi, 1994, 1996; Prado et al., 1998, 2000) donde revisan la sistemática de este grupo en América del Sur y llegan a la conclusión de que sólo se pueden identificar dos grupos: equidiformes e hippidiformes (Alberdi, 1987).

Los equidiformes en América del Sur están representados por el género *Equus* y el subgénero *Amerhippus*, propuesto por Hoffstetter (1950, 1952) para agrupar a todas las especies de América del Sur.

Los hippidiformes incluyen a las especies del género *Hippidion*. Aunque su sistemática ha sido y es motivo de

5

controversia, ya que sobre la base de un carácter (fosa dorsal preorbitaria) MacFadden y Skinner (1982) reconocen en este grupo la validez de dos géneros (*Hippidion* y *Onohippidium*), con varias especies en el registro de América del Norte y del Sur. Durante las pasadas tres décadas se cuestionó la significación de este carácter en la taxonomía de los Equidos debido a su alta variabilidad morfológica, en varios casos ligada al dimorfismo sexual (Meladze, 1967; Forsten, 1982, 1983; Eisenmann *et al.*, 1987; MacFadden, 1997; Alberdi y Prado, 1998). En consecuencia, Alberdi y Prado (1993, 1998) consideran que *Hippidion* es el único género válido que incluye las especies hippidiformes de América del Sur y que "*Onohippidium*" es un sinónimo del anterior.

La cita más temprana de *Hippidion* corresponde a la localidad de Uquía (Argentina) asignada al Plioceno superior-Pleistoceno inferior, en torno a 3,0 – 2,5 Ma (Marshall *et al.*, 1982; Prado *et al.*, 1998), mientras que los primeros *E. (Amerhippus)* proceden del Ensenadense de Tarija, datado por MacFadden (2000) como Pleistoceno medio, en torno a 1,1 – 0,6 Ma. Es en esta última localidad donde también se encuentran citados por primera vez los restos fósiles asignados a la familia Gomphotheriidae en América del Sur. Esta familia se considera descendiente de los gonfoterios de América del Norte de donde pasaron a través de la vía Panameña como parte del Gran Intercambio Biótico Americano (Webb, 1991).

Cabrera (1929) considera que mastodontes y elefantes deben agruparse e incluye en la superfamilia Elephantoidea tres familias: Gomphotheriidae, Mammutidae y Elephantidae, en los cuales incluye a los gonfoterios bunodontos, las formas cigodontas, y los mastodontes estegodontos y elefantes, respectivamente. Este autor incluye las formas sudamericanas, que son bunodontas y brevirrostrinas, en la familia Gomphotheriidae, y crea la subfamilia Cuvieroniinae para el género *Cuvieronius* e incluye el resto de los gonfoterios en la subfamilia Anancinae.

Alberdi y Prado también estudian los gonfoterios de América del Sur (Alberdi *et al.*, 2002, 2004; Frassinetti y Alberdi, 2000; Prado *et al.*, 2002, 2003, 2004) y observan una gran homogeneidad morfológica entre las formas de América del Sur, como ya indicaron Simpson y Paula Couto (1957). También apuntan la posibilidad de olvidarse de las subfamilias e incluirlos todos en la familia Gomphotheriidae. Ellos consideran, de acuerdo con Simpson y Paula Couto (1957), que no hay evidencias significativas que sustenten la inclusión de los gonfoterios de América del Sur en dos subfamilias diferentes, ni que se puedan incluir todos en la subfamilia Cuvieroniinae creada por Cabrera por ser específica para el género *Cuvieronius*. Por otra parte, los recientes trabajos de Lambert (1996) y Dudley (1996) indican claramente que el género *Anancus* nunca llegó a Norte América, lo que obviamente dificulta la inclusión histórica de una parte de los gonfoterios de

América del Sur en la subfamilia Anancinae. Por ello, Alberdi y Prado consideran oportuno incluir todas las especies de gonfoterio de América del Sur en la familia Gomphotheriidae.

En la Tabla 1 se muestran las principales colecciones de caballos y proboscideos fósiles de América del Sur.

País	Institución repositorio
Argentina	Museo de La Plata (MLP) Museo Argentino de Ciencias Naturales "Bernardino Rivadavia" de Buenos Aires (MACN) Museo Municipal 'Dámaso Arce' de Olavarria (MMO) Museo de Ciencias Naturales de Lobería (MCNL) Museo Municipal de Ciencias Naturales "L. Scaglia" de Mar del Plata (MMCN) Instituto Miguel Lillo de la Universidad Nacional de Tucumán (LIL)
Chile	Museo Nacional de Historia Natural de Santiago (MNHN) Instituto de la Patagonia y Museo Regional de la Patagonia, Punta Arenas
Bolivia	Museo Nacional de Historia Natural de La Paz (MNHN) Museo del Servicio Geológico de Bolivia (GEOBOL)
Ecuador	Museo de la Escuela Politécnica Nacional de Quito (MEPN)
Uruguay	Museo Histórico Departamental de Artigas (MHD-P) Colecciones de Paleontología de Vertebrados de la Universidad de la República, Montevideo
Perú	Museo de Historia Natural de Lima (MNHN) Instituto Geológico Minero y Metalúrgico de Lima-Perú (INGEMMET)
Colombia	Museo del Instituto "La Salle", Bogotá
Brasil	Museo Nacional de Rio de Janeiro (MNRJ) Museo de Historia Natural de la Universidad Federal de Minas Gerais, Belo Horizonte (MHN) Museo de la Pontificia Universidad Católica de Minas Gerais, Belo Horizonte (MCN)
Estados Unidos	Dptos. de Paleontology y Archaeology, American Museum of Natural History , Nueva York (AMNH) Field Museum, Chicago
Francia	Institut de Paléontologie du Muséum National d'Histoire Naturelle, París (IPMNHN)
Inglaterra	Natural History Museum, Londres (NHM)
Dinamarca	Zoologisk Museum Kjöbenhavn (ZMK)
Suecia	Swedish Museum of Natural History, Estocolmo (SMNH) Malmö Museet, Malmö (MM) Museum of Evolution, Universidad de Uppsala
Alemania	Naturkunde Museum, Berlin (NKM)

***Tabla 1.** Principales instituciones repositorios de colecciones de caballos y proboscídeos fósiles de América del Sur.*

SISTEMÁTICA DE LOS CABALLOS DE AMÉRICA DEL SUR

En general, todos los équidos que se registran en América del Sur, comparten varios rasgos comunes, posiblemente como consecuencia de una cierta convergencia debido a su adaptación a un medio semejante. Estos caracteres son: la presencia de un cráneo grande en relación al tamaño del cuerpo, donde se observa una morfología dental peculiar para cada grupo, con una cierta variabilidad interespecífica; una estructura del cuerpo robusta con mayor incidencia sobre el esqueleto apendicular, con distintos grados en las distintas formas; y un amplio grado de la flexión craneal (Bennett, 1980), con separación ventral de los cóndilos occipitales en la mayoría de las especies. Son caballos pesados y no tan bien adaptados a la carrera como las formas actuales.

Hippidiformes. El género *Hippidion* se caracteriza por la retracción de la hendidura nasal hasta el nivel de M2 o posterior a M3. Como resultado de esta retracción, el nasal se estrecha y se alarga formando una especie de estilete. La dentición es primitiva, tipo *Pliohippus*, con el protocono oval redondeado y con el surco anterior y posterior del hipocono pronunciado, y el hipocono, más o menos ovalado, se reduce con el desgaste. La morfología

dental varía en relación con el grado de desgaste del diente (edad), parecida a los caballos de tipo *Pliohippus-Dinohippus*. Las extremidades son monodáctilas y robustas, con los metápodos de los dedos laterales (segundo y cuarto) reducidos sobrepasando los 2/3 de la diáfisis del tercer metápodo. El tamaño de la cabeza es grande en relación al esqueleto (Figura 1).

Algunos cráneos de *Hippidion* presentan una fosa preorbital bien desarrollada, que en algunos casos está subdividida en subfosas, como en el ejemplar descrito por Moreno (1891) como *Onohippidium munizi*. Este carácter no debería utilizarse como diagnóstico a nivel genérico. La identificación de las especies de *Hippidion* es difícil y posiblemente a esto se debe el gran número de nombres que existen en la literatura. Sin embargo, los análisis multivariados junto a los caracteres craneales y la morfología dental permiten la diferenciación de tres especies válidas: *H. principale*, *H. devillei* e *H. saldiasi* (Alberdi y Prado, 1993).

Hippidion principale es la especie de mayor tamaño del género (Lund, 1846). El cráneo, es grande, la retracción del nasal se sitúa a nivel del mesostilo de M2 en los cráneos sin fosa preorbital y al nivel de M3 o posterior en los cráneos con fosa preorbital. En vista lateral el perfil

Hippidion   Equus (Amerhippus)

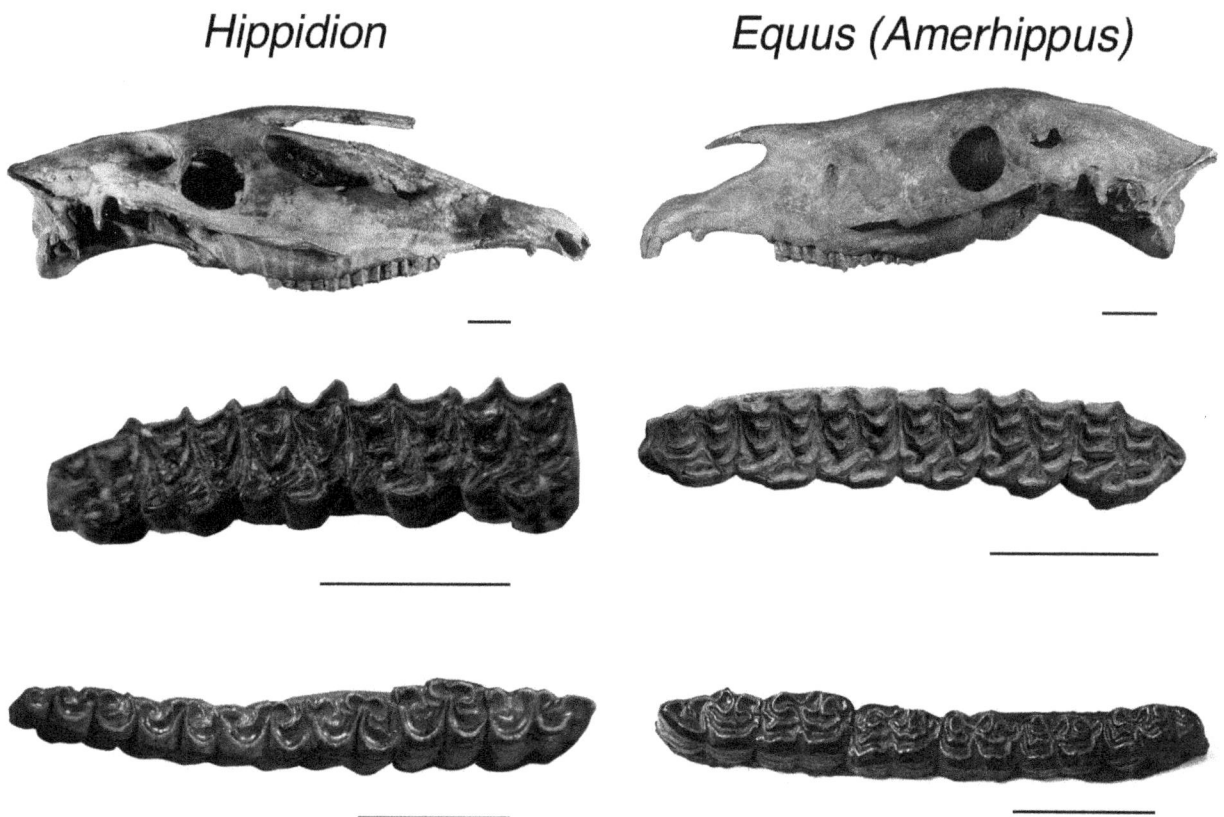

Figura 1 Comparación gráfica del perfil del cráneo de Hippidion y el de Equus (Amerhippus), las series dentarias superiores (P2-M3) y las series dentarias inferiores (p2-m3) de hippidiformes y equidiformes. A la izquierda hippidiformes y a la derecha equidiformes.

dorsal presenta una inflexión naso-dorsal, la cual es estrecha en vista dorso-occipital. Las series dentales presentan los caracteres diagnósticos del género, significativamente más grandes en la longitud P2-M3/p2-m3 que los de *H. devillei*. Los dientes superiores están relativamente curvados en sentido linguo-ventral. El esqueleto es grande y fuerte, y las extremidades robustas, principalmente los metápodos y las falanges. Es el hippidiforme más grande y más robusto de todos. Los restos de Tarija son ligeramente mayores en talla que los de la provincia de Buenos Aires. Por su parte, los restos de Artigas (Uruguay) se encuentran entre los más pequeños de esta especie.

En *Hippidion principale* se incluyen los resto de *Hippidion* de Tarija, que Boule y Thevenin (1920) describieron como *H. neogaeum* e *H. principale*. Tarija fue asignada al Pleistoceno medio (ver la secuencia estratigráfica detallada en MacFadden y Wolff, 1981; MacFadden *et al.*, 1983; y MacFadden, 2000). También, se incluyen los restos de *Hippidion* citados en la provincia de Buenos Aires en sedimentos del Lujanense (Pleistoceno tardío), en las localidades de Mercedes (Ameghino, 1907), Arroyo Seco (Fidalgo *et al.*, 1986), en Loberia *Onohippidium munizi* (Moreno, 1891), en los niveles finales del Plioceno de la formación Vorohué (Reig, 1957) y en los acantilados de Mar del Plata (Alberdi *et al.*, 2001b), entre otros. También se incluyen los restos de Brasil de la localidad de Toca dos Ossos, y en la región de Lagoa Santa (Alberdi *et al.*, 2003). Así como, los materiales de Uruguay, procedentes de la Formación Sopas, Dto. de Artigas; (Ubilla y Alberdi, 1990). En Chile esta especie está presente en Taguatagua (Alberdi y Frassinetti, 2000) y posiblemente en Tierras Blancas, si bien los restos son muy escasos (Figura 2).

Hippidion devillei es una forma de tamaño mediano, intermedia entre *H. principale* e *H. saldiasi* (Gervais, 1855). El cráneo, comparativamente, es más grande que el esqueleto. La retracción de la escotadura nasal se sitúa a nivel del mesostilo del M2. En vista lateral el perfil del cráneo es convexo, sin inflexión naso-frontal. La serie molar presenta la morfología característica del género, aunque su longitud es menor que en *H. principale*. El esqueleto es corto y robusto, especialmente los metápodos y las falanges, característica ésta del género. Dentro de esta especie se incluyen los materiales de Tarija que Boule y Thevenin (1920) asignaron a *Onohippidium devillei*; los restos de Tirapata (Perú) descritos como *O. peruanum* por Nordenskjöld (1908); los restos de Ulloma descritos como *Hippidion bolivianum* por Philippi (1893); los restos de Uquia descritos como *H. uquiense* por Kraglievich (1934); los restos procedentes de la Quebrada de Humahuaca, descritos como *Hypohippidium humahuaquense* por Fernández de Álvarez (1957); los restos de Barro Negro (Jujuy) descritos por Alberdi *et al.* (1986) e identificados como *Hippidion* sp. En Brasil se encuentra en Santana y Toca dos Ossos (Estado de Bahia), mientras que en la región de Lagoa Santa no se puede asegurar su presencia (Alberdi *et al.*, 2003) (Figura 2). Esta especie se registró desde niveles del Plioceno superior – Pleistoceno inferior,

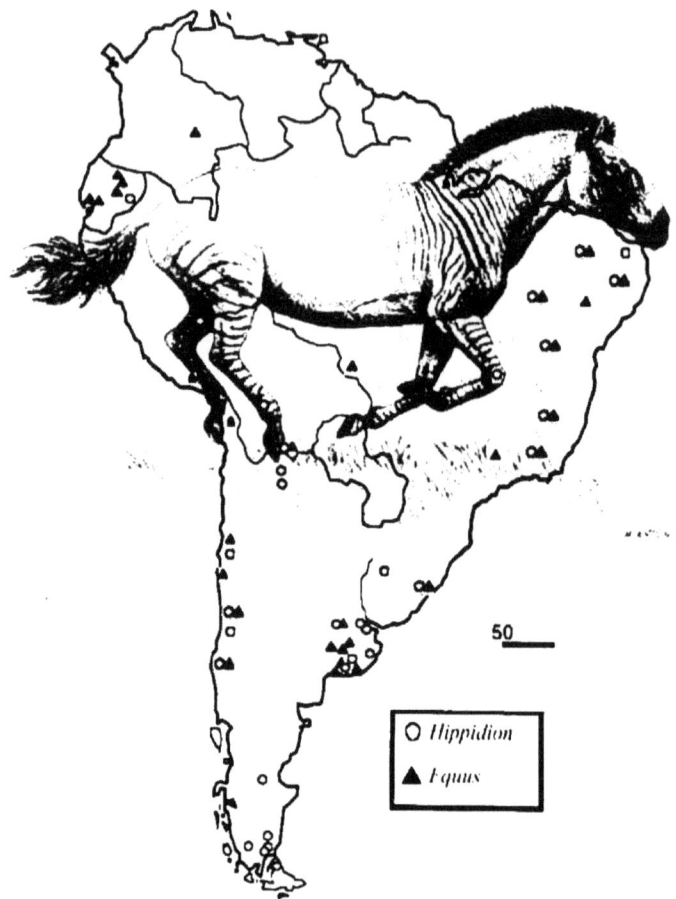

Figura 2 *Distribución geográfica de las localidades más importantes con restos de équidos fósiles en América del Sur.* ▲: *Equus (Amerhippus);* **B**: *Hippidion.*

en Esquina Blanca (Uquía) Prado *et al.* (1998), hasta el Pleistoceno superior, en Barrio Negro (Alberdi *et al.*, 1986), pasando por los afloramientos procedentes de sedimentos del Ensenadense (Pleistoceno medio), en las localidades de Olivos y Canal de Conjunción del puerto de La Plata, provincia de Buenos Aires. Esta especie presenta una distribución geográfica muy similar a la de *H. principale*, ya que se encuentran asociados en varios yacimientos. Existen algunas diferencias entre los especimenes procedentes de la provincia de Buenos Aires y los de Tarija. Las formas de esta última localidad son comparativamente algo más pequeñas.

Hippidion saldiasi (Roth, 1899) es la especie de *Hippidion* más pequeña en talla. Se caracteriza por un acortamiento de la parte distal de las extremidades, metápodos y falanges, y el ensanchamiento de las superficies de articulación de los mismos. Estratigráficamente está restringida al final del Pleistoceno en la región patagónica austral de Argentina y Chile (Alberdi y Prado, 1993; Alberdi y Prieto, 2000). En esta especie se incluyen los restos descritos por Roth (1899) como *Onohippidium saldiasi*; los restos citados como *Hippidion* sp. por Alberdi *et al.* (1987); los restos chilenos de Chacabuco y Santa Rosa de Chena descritos por Alberdi y Frassinetti (2000), que podrían representar, precisamente, la vía de acceso de *Hippidion* a la Patagonia más austral; así como los restos depositados en el Instituto de la Patagonia y Museo Regional de Magallanes, en Punta Arenas descritos por Alberdi y Prieto (2000) (Figura 2).

Equidiformes. Hoffstetter (1950) crea el subgénero *Amerhippus* basado en la falta de marcas en el infundíbulo de la superficie de los incisivos inferiores y consecuentemente en la pérdida de esmalte en su superficie. Sin embargo, Prado y Alberdi (1994) consideran que éste carácter es sumamente variable y que cambia con el grado de desgaste que sufren las superficies oclusales de los dientes con la edad del individuo y, por tanto, su valor sistemático es relativo. Una discusión detallada sobre las variaciones de la superficie de los dientes con el grado de desgaste puede consultarse en Alberdi (1974) y sobre la variabilidad en los incisivos en Eisenmann (1979). Por otra parte, también algunos de los caracteres dados por Hoffstetter se encuentran presentes en las zebras y no serían diagnósticos de este subgénero. Sin embargo, Prado y Alberdi (1994) consideran correcto agrupar todos los caballos de América del Sur en un subgénero, *Amerhippus*, debido a que todos tienen una morfología común y se caracterizan por un cráneo agudo con cresta supraoccipital marcada. El cráneo es grande en relación con el esqueleto postcraneal y presenta la región preorbital y la nasal ligeramente excavadas. En la muchos casos los cóndilos occipitales están separados ventralmente. La posición del vomer es peculiar y alcanza la parte anterior del palatino en el maxilar. Los dientes superiores con protocono triangular y más alargado en su extremo distal que en la porción mesial, también presentan plegamiento interno en algunos casos y en las fosetas anteriores y posteriores algunos pliegues más desarrollados (Figura 1). La mandíbula es robusta y el lazo de los dientes inferiores, metacónido-metastílido, es redondeado y angular respectivamente. El linguafléxido es, en general, somero y más cerrado en p3-4 y más abierto en m1-2. El ectofléxido varía desde profundo a somero y nunca llega a estar en contacto con el linguafléxido. El esqueleto apendicular presenta un acortamiento de la parte distal de las extremidades, de tipo monodáctilo, relativamente cortas y macizas, pero no tanto como en *Hippidion* y más acentuado en la flexión distal de los metatarsales. En general, todas las especies tienen metapodiales robustos y el índice de gracilidad varía dentro de los límites de robustez de este subgénero. Los análisis multivariantes realizados por Prado y Alberdi (1994) permiten distinguir cinco grupos de *E. (Amerhippus),* los cuales ellos identifican con cinco especies distintas*: E. (A). andium, E.(A.) insulatus, E. (A.) neogeus, E.(A.) santaeelenae* y *E. (A.) lasallei.*

Equus (Amerhippus) andium descrita por Branco (1883), es la especie tipo de este subgénero y presenta los mismos caracteres diagnósticos que el subgénero *Amerhippus* y corresponde a un caballo de tamaño pequeño. El cráneo es relativamente grande con relación al esqueleto postcraneal y presenta la región preorbital y nasal relativamente estrecha y levemente excavada. La órbita es ancha y está situada más lateral y más baja, con respecto a otros équidos. El esqueleto está caracterizado por tener las extremidades cortas y robustas, más acusado el acortamiento en el radio y en los metápodos, que le confiere unas proporciones características. Un carácter diagnóstico con relación al resto de las especies de este género es la constante separación ventral de los cóndilos occipitales, carácter presente en *Hippidion.* Los restos dentales y los huesos del esqueleto quedan claramente individualizados en los análisis mulivariantes realizados por Pardo y Alberdi (1994). La distribución geográfica de *Equus (Amerhippus) andium* está restringida a los Andes (Prado y Alberdi, 1994). En Ecuador, se registra en varias localidades referidas a la Formación Cancagua que Sauer (1965) asigna al "tercer interglacial" (Pleistoceno tardío). Recientemente, Alberdi y Frassinetti (2000) asignan a esta forma los escasos restos chilenos procedentes del Valle de Elqui y Calera (Lo Aguirre) referidas al Pleistoceno tardío (Figura 2).

Equus (Amerhippus) santaeelenae (Spillmann, 1938) presenta la mandíbula similar a la de otras especies de *E. (Amerhippus)* pero con el canino en posición más posterior. Los molares son proporcionalmente más anchos con relación a su longitud. En los dientes superiores los pliegues del esmalte están más plegados que en *E. (A.) andium.* El rizo de los dientes inferiores es más complejo. El esqueleto postcraneal es más ancho y más fuerte que en *E. (A.) andium,* pero similar en morfología a pesar de vivir en ambientes distintos. El acortamiento de la longitud del radio y los metápodos es similar al que se observa en *E. (A.) andium.* Sin embargo, *E. (A.) santaeelenae* tiene un esqueleto más ancho y más pesado (Prado y Alberdi, 1994). Geográficamente ésta especie se registra únicamente en la llanura costera de la península de Santa Elena en Ecuador, restringida a los yacimientos de La Carolina y Salinas Oil Fields (Figura 2).

Equus (Amerhippus) insulatus descrita por Ameghino (1904) es una especie de tamaño mediano y estructura robusta. Tiene un cráneo más grande que *E. (A.) andium,* pero similar en morfología. Presenta una prominente flexión craneal entre la cara y la caja craneana. La cresta nucal se extiende posteriormente hasta los cóndilos occipitales. El meatus auditivo externo se sitúa próximo a la fosa glenoidea. La región preorbital es estrecha y levemente deprimida, pero no tanto como en *E. (A.) andium.* El modelo de la morfología dental de los dientes superiores es característico del subgénero *Equus (Amerhippus).* En los dientes superiores el protocono se presenta moderadamente alargado y las fosetas medianamente plegadas. La mandíbula es profunda y maciza. En los dientes inferiores los ectofléxidos son relativamente someros en los premolares y más profundos en los molares. El tamaño del cuerpo es intermedio entre *Equus (Amerhippus) andium* y las otras especies de caballos de América del Sur. Prado y Alberdi (1994) incluyen en esta especie los restos fósiles estudiados por Boule y Thevenin (1920) procedentes de Tarija y citados por estos autores como *Equus andium* raza *insulatus,* el material descrito por Hoffstetter (1950, 1952), y el estudiado por MacFadden y Azzaroli (1987) procedente de Tarija. También incluyen en esta especie los restos de Río Chiche nominados como *Equus martinei* por Spillmann (1938) y descritos por Hoffstetter (1952). Alberdi y Frassinetti (2000) indican la dificultad de identificar los restos de gran talla de Chacabuco, Taguatagua y Huimpil (Chile) debido a su escasez, y que parecen intermedios entre *Equus (Amerhippus) insulatus* y *Equus (Amerhippus) santaeelenae*, y los asignan a *Equus (Amerhippus)* sp. (Figura 2).

Equus (Amerhippus) neogeus Lund (1840) es una de las especies de mayor tamaño de América del Sur y la de mayor gracilidad dentro del subgénero. El cráneo es grande, presenta la región preorbital y nasal ensanchada. Esta especie se sitúa estratigráficamente en el Pleistoceno superior de la provincia de Buenos Aires, Argentina y en Brasil. Se registra en los sedimentos lujanenses de las localidades de Río Luján, Paso Otero, Arroyo Camet, Tapalqué, Lobería y Arroyo Seco, entre otras en la provincia de Buenos Aires, Argentina. Alberdi *et al.* (2003) confirman que el único *Equus (Amerhippus)* presente en Brasil es *Equus (Amerhippus) neogeus*, concretamente los restos de Toca dos Ossos, Estado de Bahia, todos los restos que afloran en la región de Lagoa Santa, Estado de Minas Gerais, los escasos restos encontrados en la localidad de Lage Grande, Estado de Pernambuco, así como los retos procedentes de Corumbá, Estado de Mato Grosso do Sul, que Souza Cunha (1981) nominó como *Equus (Amerhippus) vandonii*. También se incluyen los materiales estudiados por Alberdi *et al.* (1989) de Quequén Salado, provincia de Buenos Aires (Figura 2). Una discusión exhaustiva sobre la historia taxonómica de *E. (A.) neogeus* se encuentra en Prado y Alberdi (1994).

Equus (Amerhippus) lasallei Daniel (1948) tiene un cráneo alto y alargado, con un diastema largo y un rostro alongado. Cóndilos occipitales unidos. Los dientes superiores presentan un amplio desarrollo de las fosetas, con un patrón complejo de los pliegues de esmalte. Los dientes inferiores son más grandes buco-lingualmente que en el resto de las especies. A esta especie se refieren también una mandíbula y un metápodo procedentes de la localidad arqueológica de Tibitó, Colombia (Correal Urrego, 1981) (Figura 2). Por su parte, Porta (1960) correlaciona la localidad de Cerrogordo (Pleistoceno superior) con la de Punin en Ecuador siguiendo a Hoffstetter (1952).

SISTEMÁTICA DE LOS PROBOSCÍDEOS DE AMÉRICA DEL SUR

Los gonfoterios de América del Sur presentan un modelo generalizado para la mayoría de sus representantes. Están caracterizados por la presencia de un cráneo braquicéfalo con una tendencia a alcanzar una forma elefantoidea y una mandíbula de tipo brevirrostrina. Las defensas superiores varían de más o menos alargadas, más o menos curvas, e incluso con más o menos torsión, o espiraladas. Con o sin banda de esmalte, que muchas veces desaparece en los especímenes adultos. Los molares bunodontos y braquidontos o subhipsodontos suelen presentar una disposición angular de los conos internos y externos en las

últimas colinas, con figuras treboladas en la superficie oclusal, más o menos complicadas, como consecuencia del desgaste. Los elementos dentarios intermedios (P4/p4, M1/m1, M2/m2) son trilofodontos con un talón desarrollado y el M3/m3 varía desde tetralofodonto a heptalofodonto (Figura 3).

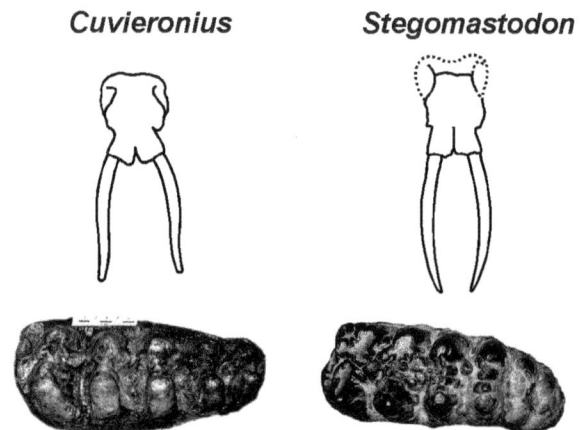

Figura 3 *Comparación esquemática del perfil anterior del cráneo de Cuvieronius y el de Stegomastodon, asi como del tercer molar de ambos géneros.*

Cuvieronius. Es conocido desde el Plioceno superior al Pleistoceno superior de Norte América (Tedford *et al.*, 1987). En El Salvador y en Panamá se conocen durante el Pleistoceno superior (Gazin, 1957). El registro más antiguo de América del Sur corresponde al final del Pleistoceno inferior (Edad Mamífero Ensenadense) y el más reciente al Pleistoceno final (Edad Mamífero Lujanense).

El pequeño *Cuvieronius* debe ser incluido en la familia Gomphotheriidae y está representado por una única especie *Cuvieronius hyodon*,–este es el gonfoterio más antiguo registrado en América del Sur, en el Ensenadense de Tarija. Se distribuye de norte a sur siguiendo la región Andina, desde Colombia al norte hasta Monte Verde en la Región X de Chile. En Colombia está citado en Tibitó y Mosquera, cerca de Bogotá a 3,800 m de altitud (Hoffstetter, 1952; Simpson y Paula-Couto, 1957; Correal Urrego, 1981). En Ecuador se encuentra en el volcán de Imbabura y en Rio Chiche (Hoffstetter, 1952). También se han encontrado restos en Ulloma y Tarija, Bolivia (Boule y Thevenin, 1920; Hoffstetter, 1952; Simpson y Paula-Couto, 1957; Alberdi y Prado, 1995). En la parte central de Chile parece estar presente en Taguatagua, La Ligua y Chillán y en la zona sur en Monte Verde (Frassinetti y Alberdi, 2000). Burmeister (1867) y Siroli (1954) citan algunas localidades en el noroeste de Argentina, datos difíciles de contrastar en la actualidad (Figura 4).

El cráneo de *Cuvieronius* es bajo y alargado con los alvéolos de las defensas divergentes y la mandíbula brevirostrina (Figura 3). Los dientes intermedios (D4/d4, M1/m1 y M2/m2) son bunodontos y trilofodontos y M3/m3 tiene de 4/4½ a 5 lofos. Las figuras treboladas de desgaste

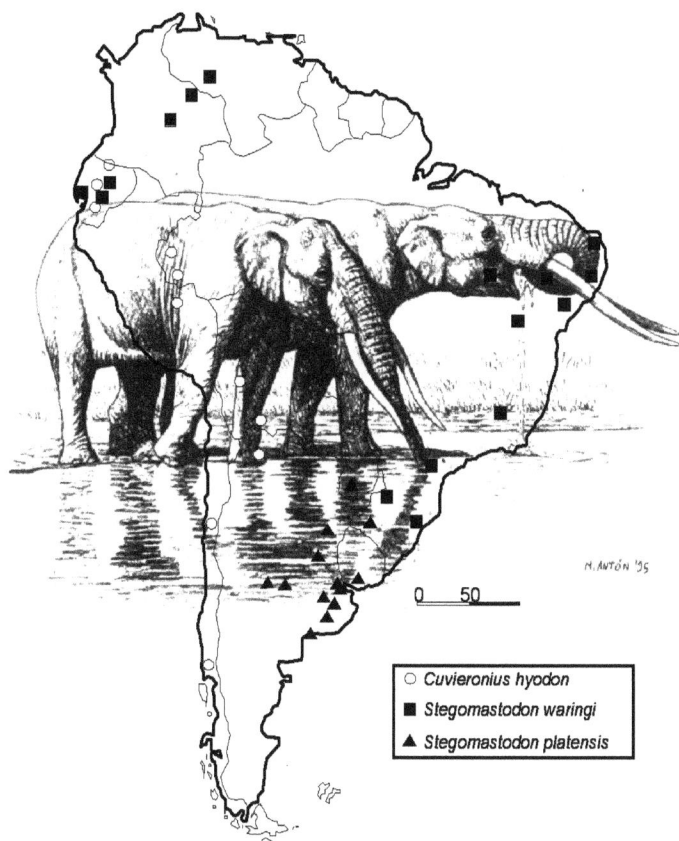

Figura 4 *Distribución geográfica de las localidades más importantes con restos de Gomphotheriidae en América del Sur.* **B:** *Cuvieronius hyodon;* **■:** *Stegomastodon waringi;* **▲:** *Stegomastodon platensis.*

la mandíbula brevirostrina y los dientes intermedio bunodontos y trilofodontos (d4, m1, m2). Los alvéolos de las defensas en el cráneo son rectos, no divergentes. Moderada alternancia de los lofos posteriores en M3/m3; los conos pretrite y posttrite forman ligeros ángulos transversalmente y presentan una media de 5 a 6 lofos. Las figuras treboladas de desgaste varían desde complicadas a ligeramente simples. Las defensas son ligeramente curvadas o totalmente rectas y sin banda de esmalte en adultos, sólo aparece en algunos individuos jóvenes.

El gran *Stegomastodon* debe ser incluido en la familia Gomphotheriidae y está representado en América del Sur por dos especies: *S. waringi* y *S. platensis*. La primera se distribuye durante el Pleistoceno medio y superior. Geográficamente se encuentra en Venezuela posiblemente en Taima-Taima; en Ecuador, en la península de Santa Elena y en la Quebrada Pistud. En Brasil: en Pains y en el área de Lagoa Santa, Minas Gerais; en Toca dos Ossos, Bahia; en Bonito, Mato Grosso do Sul, y posiblemente en Río Grande do Sul (Alberdi *et al.*, 2002). También se ha encontrado en Uruguay (Gutiérrez *et al.*, 2003, en prensa). Esta especie se caracteriza por presentar los mismos caracteres del género y la morfología de la superficie de desgaste de los dientes relativamente más sencilla que los correspondientes a la especie *S. platensis*. Las defensas son relativamente rectas y sin banda de esmalte.

Mientras que, *Stegomastodon platensis* es característica del Pleistoceno medio superior. Este es geográficamente el gonfoterio más austral, típico de la región Pampeana de Argentina, y especialmente de las provincias de Buenos Aires, Córdoba, Santa Fe y Entre Ríos. Posiblemente también se encuentre en Paraguay (Cabrera, 1929; Simpson y Paula Couto, 1957). Esta especie también conserva la mayoría de los caracteres del género y se diferencia de *S. waringi* por las figuras treboladas de desgaste que son comparativamente más complicadas, debido sobre todo a la presencia de múltiples conulos secundarios y coneletes. Los M3/m3 pueden llegar a ser pentalofodontos con un talón robusto. Las defensas suelen ser rectas sin banda de esmalte.

ORIGEN FILOGENÉTICO DE AMBOS GRUPOS

Simpson en 1980 sugirió que *Hippidion* y *Onohippidium* son formas muy afines, propias de América del Sur y estrechamente emparentadas con *Pliohippus* y que su diversificación podría haber ocurrido en el extremo Sur de América del Norte o más precisamente en América Central. Sin embargo, en 1979 MacFadden y Skinner citan *Hippidion* sp. y *Onohippidium galushai* en el Mioceno tardío - Plioceno temprano de América del Norte, a partir de los materiales que Frick colectara en Texas y Arizona en las décadas del 1940 y 1950. Alberdi y Prado (1993)

son sencillas y el desarrollo de posttrites es pobre. Los conos pretrite y posttrite muestran una ligera alternancia sobre los lofos posteriores del tercer molar. Las defensas están torsionadas o espiraladas y presentan una banda de esmalte que sigue dicha espiral a lo largo de la defensa. La sección de las defensas es más o menos subcircular.

Stegomastodon. Este género se conoce desde el Plioceno superior y el inicio del Pleistoceno en las regiones central y occidental de Norte América y en América del Sur está presente en Brasil, Argentina, Uruguay y Paraguay durante el Pleistoceno medio y superior; y en Ecuador, Colombia y Venezuela durante el Pleistoceno superior. El primer registro de *Stegomastodon* en América del Sur procede de Taima-Taima en Venezuela (Bryan *et al.*, 1978; Bryan, 1986; Casamiquela *et al.*, 1996). También se encontró en Ecuador en la península de Santa Elena y en la Quebrada Pistud (Hoffstetter, 1952; Ficcarelli *et al.*, 1993, 1995). El registro indica que este género está ampliamente difundido por la ruta del Este en las regiones tropicales de América del Sur, principalmente en Brasil, llegando hasta Argentina, expandiéndose ampliamente en la Región Pampeana, en Uruguay y posiblemente en Paraguay (Cabrera, 1929; Simpson y Paula Couto, 1957; Mones y Francis, 1973; Prado *et al.*, 2002; Gutierrez *et al.*, 2003, en prensa). Este género se caracteriza por presentar el cráneo corto y alto, menos deprimido que los de *Cuvieronius*; con consideran que la determinación de "*O.*" *galushai* es errónea, y que los restos en cuestión corresponden a una forma más cercana a *Pliohippus - Dinohippus*. La morfología dentaria de ambos grupos conserva rasgos primitivos, muy similares a los observados en *Pliohippus* y *Dinohippus*, pero el esqueleto postcraneal es significativamente más grácil que el de las formas de *Hippidion* de América del Sur (Alberdi y Prado, 1993), si bien la presencia de ciertos caracteres primitivos en común los vinculan filogenéticamente. En consecuencia, ellos consideran que *Hippidion* es un género endémico de América del Sur, si bien su origen habrá que buscarlo en Norte América. Esta conclusión se sustenta en un análisis cladístico realizado por Prado y Alberdi (1996) donde concluyen que las especies de *Hippidion* forman un clado monofilético restringido geográficamente a América del Sur y no encuentran evidencias para incluir "*Onohippidium*" *galushai* de América del Norte en *Hippidion*. Dentro del grupo hipidiforme, *H. saldiasi* es la especie hermana de *H. devillei* e *H. principale*. Este es el único nodo en su hipótesis filogenética que no se condice con el registro paleontológico, ya que *H. saldiasi* aparece tardíamente en el registro (Figura 5). A partir de esta hipótesis filogenética Prado y Alberdi (1996) proponen una reclasificación para la Tribu Equini con dos subtribus: Protohippina y Pliohippina.

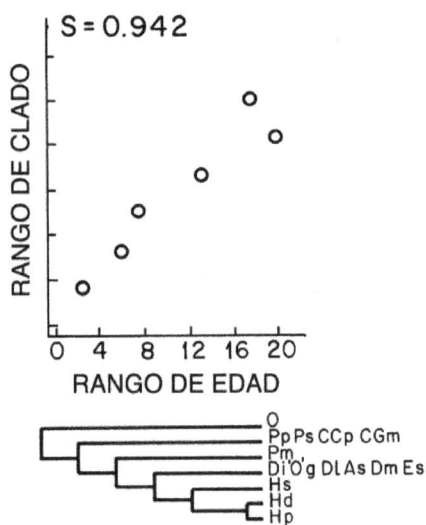

Figura 5 *Cladograma pectinado simple más congruente con la filogenia de los taxones de Equini versus los niveles estratigráficos o rangos de edad obtenido por Prado y Alberdi (1996) para la tribu Equini, siguiendo a Norell y Novacek (1992). S: coeficiente de Spearman. Modificado de Prado y Alberdi (1996).*

La familia Gomphotheriidae es un grupo ancestral del cual se originan otros grupos de proboscídeos. Representantes de esta familia han tenido una radiación adaptativa dentro de Europa, Asia, y América del Norte desde el Eoceno tardío al Pleistoceno tardío. Los gonfoterios *sensu lato* se registran en América del Norte desde el Mioceno medio hasta finales del Pleistoceno (Barstoviense final hasta el Rancho-

labreaniense). La mayor diversidad de gonfoterios se encuentra durante el Clarendoniense tardío hasta el Hemifiliense temprano (*Gomphotherium, Rhynchotherium, Amebelodon, Serbelodon, Platybelodon* y *Torynobelodon*). Se reducen a tres géneros (*Gomphotherium, Rhynchotherium* y *Amebelodon*) en el Hemifiliense tardío. Tanto *Stegomastodon* como *Cuvieronius* se registran desde el Blanquiense medio, mientras que los últimos registros del primero proceden del Irvingtoniense medio, el segundo desaparece en América del Norte a fines del Rancholabreaniense (Kurten y Anderson, 1980). Ambos géneros deben considerarse como las formas origen de los gonfoterios de América del Sur.

DISTRIBUCIÓN EN AMÉRICA DEL SUR DE AMBOS GRUPOS

En torno a 3 Ma se registra una intensa actividad tectónica que coincide con la formación del istmo de Panamá. El mismo dio lugar a un corredor terrestre que facilitó la dispersión de plantas y animales entre ambos continentes. Este evento se conoce como el Gran Intercambio Biótico Americano (Webb, 1976, 1991). Sin embargo, este puente funcionó como un corredor de dispersión selectivo (Webb, 1978; Simpson, 1980). Los datos paleobiogeográficos indican una alternancia entre tres tipos de hábitat predominantes en este corredor durante el Plio-Pleistoceno: el bosque tropical, la sabana herbácea y la arbustiva (Webb, 1978). Durante la fase del interglaciar húmedo, los trópicos fueron dominados por bosques lluviosos, los cuales facilitaron la dispersión de la biota tropical principalmente desde América del Sur hacia Centroamérica. Mientras que, durante la fase glacial más árida, los hábitats de sabana se extendieron 0ampliamente a través de las latitudes tropicales y el modelo predominante fue inverso (Webb, 1991).

Los representante más australes de la subtribu Pliohippina se dispersaron en América Central y Sur antes o al comienzo del Gran Intercambio Biótico Americano (*sensu* Webb, 1985). *Hippidion* es una forma endémica de América del Sur y su diversificación tuvo que tener lugar en alguna región del norte de América del Sur, incluso en América Central. Los primeros registros de este género provienen de sedimentos de Edad Mamífero Uquiense como demuestran Prado *et al.* (1998, 2000) apoyados por dataciones radimétricas (Walther *et al.*, 1998) y es consistente con los tiempos del poblamiento de los taxones inmigrantes durante el Gran Intercambio Biótico Americano. Por su parte, el género *Equus (Amerhippus)* se registra por primera vez en sedimentos de Edad Mamífero Ensenadense (Pleistoceno medio) en Tarija, Bolivia. Este género, a diferencia de *Hippidion*, ya se encontraba diferenciado en América del Norte en el Plioceno y muy probablemente derive de alguna forma de *Dinohippus* (Prado y Alberdi, 1996).

Un hecho significativo es que ambos grupos responden a patrones de diversificación distintos, los cuales están de alguna manera relacionados con el momento en que hacen su primera aparición en el registro. Estos patrones se repiten con algunas variaciones en casi todos los grupos de inmigrantes norteamericanos. Entre los grupos que se registran más tardíamente, con registros seguros a partir del Pleistoceno medio, no se verifican endemismos marcados y en la mayoría de los casos los géneros se encuentran diferenciados como tales en América del Norte. Sirven como ejemplos los representantes de las familias Felidae, Tapiridae, Ursidae y Gomphotheriidae. En este patrón de dispersión y diversificación se ubicaría el género *Equus (Amerhippus)* entre los Equidae y *Cuvieronius* y *Stegomastodon* entre los Gomphotheriidae. Por su parte, los grupos que se registran a partir del Plioceno tardío, comienzan a generar algunos géneros endémicos. En este grupo se ubicarían los representantes de las Familias Camelidae, Canidae, Tayassuidae y entre los Equidae, el género *Hippidion*.

Simpson y Paula Couto (1957) sugirieron que todos los gonfoterios conocidos de América del Sur derivan de una radiación independiente a partir de América Central. *Cuvieronius* primero y luego *Stegomastodon* entraron en América del Sur durante la fase glacial más árida, cuando las sabanas se extendieron ampliamente en las zonas tropicales, en el Pleistoceno temprano o medio. Esto podría ser una explicación de la ausencia de *Mammut* y *Mammuthus* en América del Sur debido a su alta especialización dietaria con preferencia de hábitat no representados en el istmo de Panamá. Sin embargo, parte de esta hipótesis se revisa a la luz de datos más actuales, como se discute en el apartado de paleoecología.

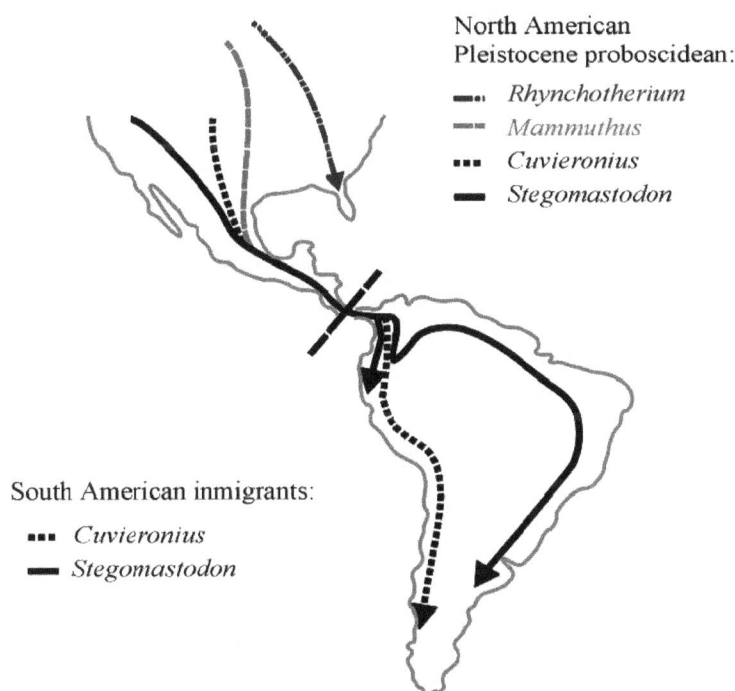

Figura 6 *Representación gráfica de la diversidad de los Proboscídeos en América del Norte antes del Gran Intercambio Biótico Americano (en torno a hace unos 3 Ma), y la de aquellos que han sido registrados en América del Sur con posterioridad a dicho intercambio, sólo representados por las formas bunodontas.*

Tanto *Cuvieronius* como *Stegomastodon* son mastodontes bunodontos. En general, las formas bunodontes habitan áreas abiertas y de climas más secos, como la sabana o el bosque. Las preferencias de dieta entre los distintos proboscídeos podrían explicar por qué sólo las formas bunodontas llegaron a América del Sur cuando ambos tipos, lofodontos y bunodontos, vivían juntos en Centro América con anterioridad a la conexión del istmo de Panamá (Figura 6). Así, los mastodontes cigodontos (*Mammut*) tienen molares de corona baja con colinas separadas, que dan a la superficie oclusal un relieve desigual antes de un desgaste fuerte. Esta morfología dental sugiere que estos mastodontes eran ramoneadores (Webb *et al.*, 1992). Por su parte, los elefantes (*Mammuthus*) tenían molares de corona alta con lofos de esmalte estrechamente espaciados y cubiertos con cemento. Esta morfología sugiere que eran pastadores (Davis *et al.*, 1985). Los análisis de isótopos estables confirman estas hipótesis (MacFadden y Cerling, 1996).

La distribución más austral de los équidos y proboscídeos en América del Sur corresponde a la provincia de Buenos Aires para *Equus (Amerhippus)* y *Stegomastodon*, mientras que *Cuvieronius* llega hasta Monte Verde en el Región X de Chile e *Hippidion* llega hasta la Patagonia extraandina, en Argentina y Chile (Alberdi y Prado, 1993; Prado y Alberdi, 1994; Alberdi y Prieto, 2000; Frassinetti y Alberdi, 2000, 2001; Prado *et al.*, 2004).

PALEOECOLOGÍA

Los équidos son considerados excelentes indicadores paleoambientales. En gran medida esto se debe a la notable documentación que se tiene sobre su evolución y radiación adaptativa en el hemisferio norte. Sin embargo, las formas que ingresaron en América del Sur representan el último jalón evolutivo de esta familia. Son todas formas monodáctilas que se registran en un intervalo temporal relativamente corto. No obstante, es posible inferir en función de las adaptaciones observadas en las formas actuales, ciertas adaptaciones a ambientes particulares. Si bien ambas formas, *Hippidion* y *Equus (Amerhippus)*, llegaron en tiempos sucesivos, las dos presentan tipos ecológicos similares, tal vez como consecuencia de una plasticidad genotípica común. En ambos géneros podemos encontrar dos tipos de caballos, unos pequeños, que se registran en ambientes de altura o en altas latitudes y formas más grandes registradas en zonas de llanura.

En general las especies de *Hippidion* son más robustas y presentan una adaptación a las llanuras abiertas menos manifiesta que en las especies de *Equus (Amerhippus)*. Esto es notable sobre todo al nivel de la morfología dentaria, donde el diseño de los pliegues de esmalte en *Hippidion* es más simple y los dientes conservan un cierto grado de braquiodoncia, que denota una adaptación a una dieta con poco material silíceo. La región naso-maxilar es estrecha en comparación con *Equus (Amerhippus)*, con fosas preorbitales en distinto grado de desarrollo según las poblaciones y una hendidura nasal retraída posteriormente, con escaso o nulo desarrollo de cornetes nasales que indicarían una adaptación a ambientes más cerrados, tipo parque o estepas arbóreas. Asimismo, las extremidades de *Hippidion* son comparativamente con *Equus (Amerhippus)* más cortas en longitud y con un cierto ensanchamiento transversal, lo que les da un aspecto más masivo. Este acortamiento está más acusado en la parte distal de las extremidades (metápodos y falanges). En general estas formas presentan los metápodos laterales, de los dedos II y IV, soldados al metápodo del tercer dedo, y con un grado de reducción de los mismos menor. Dicha morfología guarda una estrecha relación con el tipo de hábitat particular de cada especie. En las formas de *Equus* actuales y fósiles de Eurasia se ha comprobado que existe una correlación entre la longitud de los metápodos, la gracilidad de los mismos y el diámetro transversal de las terceras falanges con el tipo de hábitat, si bien estas características no necesariamente están vinculadas entre sí (Eisenmann, 1984; Eisenmann y Guerin, 1984). Duerst (1926) considera que la robustez estaría relacionada con un clima frío y húmedo, mientras que la gracilidad se presentaría en las especies de clima cálido y seco. Gromova (1949) relaciona el ancho de las terceras falanges con la calidad del suelo, así a un suelo blando le correspondería un diámero transverso mayor, en tanto que a un relieve duro y escarpado le corresponderían unas falanges más angostas. Entre las especies de *Hippidion* se registra una forma muy pequeña, *H. saldiasi*, que presenta un acortamiento marcado de la porción distal de las extremidades. Este acortamiento es más acusado en los metápodos y va acompañado de un notable ensanchamiento de sus epífisis, sobre todo la distal. Los metápodos laterales reducidos, sobrepasan las 3/4 partes de la longitud del metápodo central, y se ubican en posición más lateral. Esto indicaría una adaptación a un clima frío y húmedo, con un paisaje más boscoso.

Un carácter primitivo y que denota dos estados sucesivos en la adaptación a un tipo de vida cursorial es el tipo de inserción posterior del *trigonium falangis* en la primera falange del tercer dedo (Figura 7). En *Hippidion* ésta se realiza sobre dos tuberosidades acusadas, que no suelen sobrepasar el nivel medio de la diáfisis (Figura 7-1). En *Equus (Amerhippus)* se observa una tuberosidad única, en forma de "V" no muy sobresaliente, que sobrepasa ampliamente la parte media de la diáfisis y cubre casi la totalidad de la cara posterior de la primera falange (Alberdi *et al.*, 2001a). Esta faceta de inserción seguramente sea el resultado de la fusión de las dos tuberosidades existentes en *Hippidion*. Un dato significativo es que las especies de *Equus (Amerhippus)* que no se registran en zonas de llanura, presentan esta

inserción con la misma morfología general, pero con una cresta central que podría indicar una inserción doble (Figura 7-2). En consecuencia, esto indicaría que en líneas generales *Equus (Amerhippus)* es comparativamente más cursorial que *Hippidion*. *H. devillei* es una forma más grácil en comparación con *H. principale*, ambas se registran en la provincia de Buenos Aires y en Tarija y presentan pequeñas diferencias en cuanto a su gracilidad que seguramente respondan a variaciones en las condiciones climático ambientales.

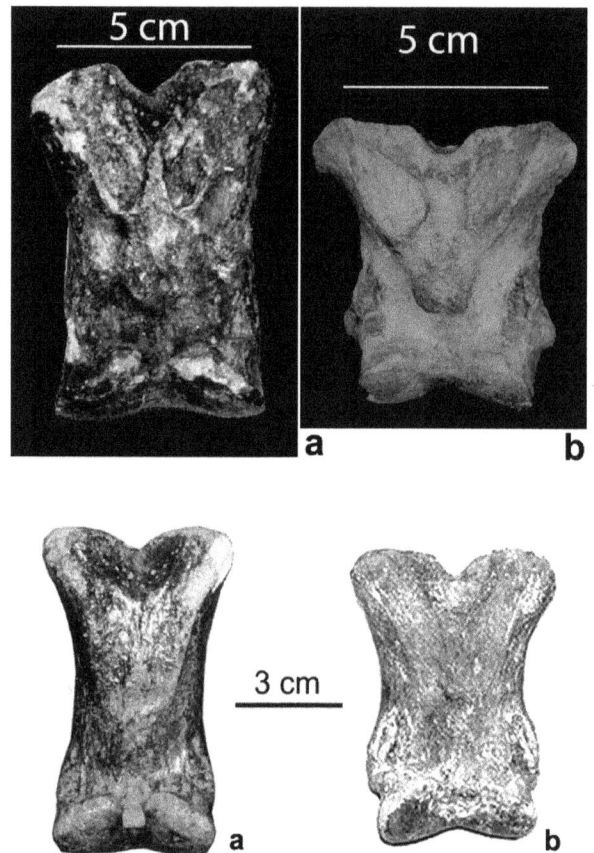

Figura 7 *Comparación de las inserciones del trigonium falangis en las primeras falanges del tercer digito (1FIII) de Hippidion con el trigonium phalangis corto y las inserciones musculares dobles y las de Equus (Amerhippus) con trigonium phalangis en forma de V y sobrepasando la mitad de la longitud de la falange. **7-1**: Hippidiformes: **a**, 1FIII de Hippidion principale de Lagoa Santa (Estado de Minas Gerais, Brasil, P-214); **b**, 1FIII de Hippidion saldiasi. De la Cueva Lago Sofía 1 (Región XII-Magallanes, Chile, 42536-C.7C-311). **7-2**: Equidiformes: **a**, 1FIII de Equus (Amerhippus) neogeus de Toca dos Ossos (Estado de Bahia, Brasil, MCL-6131); **b**, 1FIII de Equus (Amerhippus) insulatus de Tarija (Bolivia, P14256).*

En lo que respecta a las especies de *Equus (Amerhippus)* se pueden observar ciertas diferencias. Así, las dos especies registradas en zonas de llanuras, *E. (A.) neogeus* y *E. (A.) santaeelenae*, presentan una diferencia de gracilidad acusada y éste último es más robusto, lo cual posiblemente se deba a que el ambiente donde se registra es una llanura costera de Ecuador, muy restringida y con suelo arenoso; mientras que *E. (A.) neogeus*, se registra en las llanuras de las pampas argentinas y brasileñas durante el Pleistoceno final donde los datos climáticos nos indican un ambiente de pastizales xerófilos y suelos más compactados. Por su parte, tanto *E.(A.) insulatus* como *E.(A.) andium*, son formas más robustas, y presentan metápodos comparativamente más cortos que las formas de llanura, en este último el acortamiento es más pronunciado. Esta morfología sería una clara adaptación a un ambiente montañoso, con suelos duros y relieves escarpados, lo cual sería una convergencia adaptativa con la especie de *Hippidion* que colonizó ambientes similares en América del Sur (Figura 7).

Durante el Pleistoceno en América del Sur es posible diferenciar dos vías o corredores de dispersión faunística (Figura 8). Estos dos corredores han condicionado la historia paleobiogeográfica de la mayoría de los mamíferos norteamericanos en América del Sur. El modelo postulado más viable para el proceso de dispersión de los gonfoterios parece indicar que el pequeño *Cuvieronius* llego a América del Sur en primer lugar a finales del Pleistoceno inferior y utilizó el corredor de los Andes para su dispersión hacia el sur, en tanto que la forma más grande, *Stegomastodon*, apareció más tarde, durante el Pleistoceno medio-superior, y se dispersaron a través de la ruta Oriental, y algunos se asentaron en bordes costeros, por ejemplo *S. waringi* en la península de Santa Elena, Ecuador (Figura 8). Parece que ambos géneros entraron, aparentemente, durante la fase glacial más árida, cuando las sabanas se extendieron ampliamente en las zonas tropicales. Desde un punto de vista general se considera que *Cuvieronius* habitaba los ambientes de pastos de altura dominados por condiciones climáticas de frías a templadas. En tanto que, *Stegomastodon* se adaptó a medios más abiertos, llanuras de pastos, con condiciones climáticas de más cálidas a templadas.

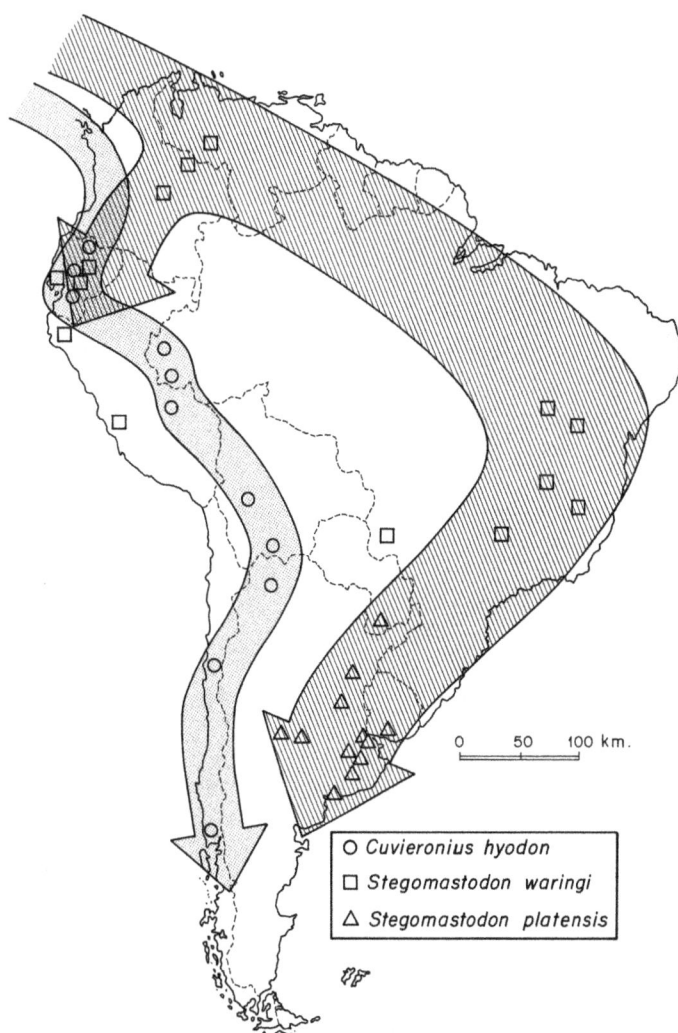

Figura 8 *Representación de las dos rutas o vías de dispersión principales seguidas por Gomphotheriidae a lo largo y ancho de América del Sur. Cuvieronius seguiría la ruta de los Andes hasta prácticamente la Isla Grande de Chiloé (Chile), representada por una flecha más estrecha. Stegomastodon seguiría la zona oriental, principalmente por las llanuras de Brasil y Angentina, cuyo registro más austral correspondería a la provincia de Buenos Aires (Argentina), representado por una flecha más ancha.*

Los análisis isotópicos del carbono del esmalte de los molares de *Cuvieronius* y *Stegomastodon* de América del Sur (Sánchez Chillón *et al.*, 2003, 2004) permiten conocer la dieta de las diferentes especies de gonfoterios pleistocenos. Así, los resultados sugieren que *Cuvieronius* de Tarija (Pleistoceno medio, Bolivia) se alimentaba de una dieta mixta de plantas C3/C4; mientras que los de *Stegomastodon platensis* del Pleistoceno medio y superior de Argentina, con valores más negativos, sugieren una dieta mixta con tendencia a ramoneadora de hojas y arbustos; y los de *Stegomastodon waringi* del Pleistoceno superior de la península de Santa Elena en Ecuador muestran una tendencia contraria, es decir, dieta mixta con tendencia a pastadora. Esto podría estar relacionado a su vez con la distribución altitudinal y latitudinal de estas especies.

LA EXTINCIÓN DE AMBOS GRUPOS EN AMÉRICA DEL SUR

El estudio de las extinciones ha sido enfocado clásicamente desde un punto de vista global, atendiendo a los procesos y mecanismos interactuantes. Sin embargo, las extinciones ocurridas hacia finales del Pleistoceno y principios del Holoceno revisten un carácter complejo, ya que afectaron diferencialmente a algunos linajes en particular, siendo más intensas sobre aquellas especies con animales de mayor tamaño (Martín, 1984). En los últimos años se han propuesto diversos modelos para explicar estas extinciones, si bien las posibilidades de contrastar estas hipótesis con un registro pormenorizado han sido realmente escasas. En general, estos estudios han puesto énfasis en dos grupos de teorías. Por una parte, los que atribuyen las extinciones al impacto directo de la actividad de bandas de cazadores humanos. La mejor representación de esta hipótesis fue formulada por Martín (1984), quien propuso que la extinción de los grandes mamíferos de ambas Américas y Australia, estaba relacionada con la expansión rápida de los humanos en estos continentes. Martin denominó a su hipótesis *overkill* en alusión a la sobrematanza que se infería en varios sitios arqueológicos y a la sincronía entre extinción y llegada de un número significativo de poblaciones humanas en dichos continentes. Por otra parte, un análisis pormenorizado de la fauna extinguida presente en los sitios arqueológicos de América del Sur demuestra que solamente tres grupos presentan signos de haber sufrido una explotación significativa por el hombre: las formas terminales de Equidae, Gomphotheriidae y *Megatherium*.

Hay indicios de que los caballos fueron utilizados como un recurso alimenticio en el centro y sur de Chile (Montane, 1968; Dillehay y Collins, 1988), Colombia (Correal Urrego, 1981), Venezuela (Bryan *et al.*, 1978) y centro y sur de Argentina (Miotti *et al.*, 1988; Politis *et al.*, 1995; Alberdi *et al.*, 2001a). Ciertos patrones como la presencia selectiva de los huesos de los miembros (Salemme, 1987) y la presencia de marcas de descarne, sugerirían una utilización intensiva en la dieta. Sin embargo, la información existente no permite estimar en qué medida la presión de los cazadores, afectó al equilibrio poblacional de estos grupos. Los datos isotópicos aportados por distintos autores confirman una coexistencia de fauna extinguida y cazadores paleoindios durante aproximadamente 4000 años (Flegenheimer, 1986, 1987; Politis y Prado, 1990). *Prima facie*, estas observaciones no favorecen la aplicación de la hipótesis de Martín (1984) para América del Sur. Este autor expresó que los primeros cazadores habrían producido una especie de *blitzkrieg* exterminando rápidamente los megamamíferos pleistocenos.

En contraste con la anterior hipótesis, otro grupo de autores sugieren que los cambios ecológicos y climáticos, en particular el stress nutricional producido por los cambios rápidos en las comunidades de plantas podrían ser la causa principal de las extinciones (Janzen y Martin, 1982; Graham y Lundelius, 1984; King y Saunders, 1984). En esta línea de pensamiento, una de las hipótesis más aceptada es la propuesta por Guthrie (1984), quién plantea que la diversidad de las plantas durante el Pleistoceno tardío fue alta y el periodo de crecimiento fue largo en contraposición con lo que ocurriría en el Holoceno. Este cambio en la diversidad y la estacionalidad repercutiría en las poblaciones de grandes mamíferos en un lapso relativamente corto de tiempo. La caída abrupta de la diversidad de megaherbívoros en esta transición indicaría que muchas de estas especies se encontrarían bajo una situación de stress nutricional. Uno de los puntos críticos para contrastar estas hipótesis es contar con un buen registro climático y faunístico de la transición Pleistoceno tardío-Holoceno. Ejemplares del Pleistoceno medio de América del Sur presentan estrategias alimenticias similares a las de los elefantes actuales. Actualmente, los elefantes africanos y asiáticos viven en hábitats bastante diversos, tienen una estrategia oportunista, y son capaces de mantenerse a base de casi cualquier mezcla de plantas (Bocherens *et al.*, 1996; Koch *et al.*, 1995). En contraste, las poblaciones del Pleistoceno superior presentan una adaptación a dietas más selectivas, lo cual sugiere que los gonfoterios se extinguieron o estaban condicionados a la extinción debido a una dieta más especializada adaptada a un tipo de plantas que desaparecieron en el Holoceno. En América del Sur estos cambios se encuentran bien documentados sólo en la provincia de Buenos Aires (Prado *et al.*, 1988; Tonni, 1990). Recientemente, Prado *et al.* (2001) realizaron un estudio con este registro, en el que contrastan seis variables climáticas con la diversidad y las tasas de extinción y originación de mega y micromamíferos. Entre estas variables, solamente la estabilidad climática, medida como magnitud de la variación climática presentó una correlación altamente significativa con las extinciones de megamamíferos. En general, las condiciones áridas o semiáridas y la vegetación xerófila favorecen la predominancia de ungulados pastadores, en tanto que las húmedas y templadas benefician a los ramoneadores. Consecuentemente, los cambios en los hábitats que tuvieron lugar en los comienzos del Holoceno seguramente no favorecieron a las poblaciones de équidos pastadores. En suma, se puede postular que en América del Sur, el cambio climático por si solo no sería la única causa de la extinción de megamamíferos. Otro factor importante a tener en cuenta es el cambio que estos pueden producir sobre las relaciones de competencia intra y entre especies al nivel local. El hombre también habría afectado de alguna manera a las poblaciones de grandes mamíferos pleistocenos, ya sea por la presión de caza o por las modificaciones que produjo en los hábitats, principalmente por la utilización del fuego.

Cartelle (1999) sugiere que los cambios climáticos provocaron cambios en la zonación pluviométrica de la zona intertropical de América del Sur y, consecuentemente, en la composición florística. Considera que esto trajo consigo una disminución de la sabana aumentando consecuentemente la "mata" en galería y la desertificación de la catinga, lo que contribuyó al estrés nutricional de los grandes herbívoros, la disminución de la productividad y la delimitación del territorio.

La mayor especialización que se nota en las poblaciones de gonfoterios del Pleistoceno superior apoyaría esta hipótesis. Recientes datos de los gonfoterios y mamut de Florida (Koch et al., 1998) muestran un patrón similar al de América del Sur que soportaría el modelo de Graham y Lundelius. Este estudio sugiere que *Mammut* y *Mammuthus* presentan hábitats y dietas distintas y son más especializados que *Cuvieronius*, el cual presentaba alimentación mixta. Por ello Sánchez *et al.* (2004) consideran las diferentes preferencias dietarias entre mastodontes, elefantes y gonfoterios la mejor explicación de que sólo los proboscídeos bunodontes llegaran a América del Sur (Figura 6).

Politis *et al.* (1995) sugiere que la presión de caza o la perturbación del hábitat afectó sobre todo a las poblaciones inmigrantes de gonfoterios y caballos pleistocenos. Entre las actividades humanas que más afectaron al ecosistema está el uso del fuego para la caza. La hipótesis llamada *total overkill* se apoya en la sincronía de las extinciones y la llegada súbita de las bandas de cazadores-recolectores.

Los gonfoterios se registran en la Región Pampeana de Argentina durante este tiempo pero no en asociación con restos humanos. Recientemente se ha simulado por ordenador la correlación entre el aumento de las poblaciones de cazadores-recolectores y 41 especies de grandes mamíferos (Alroy, 2001). Los resultados de estas simulaciones apoyan una correlación entre la extinción de megaherbívoros y el aumento de la densidad en las poblaciones humanas. Sin embargo, este es un tema sobre el que todavía no hay resultados concluyentes (Grayson y Meltzer, 2003, 2004; Fiedel y Haynes, 2004).

AGRADECIMIENTOS

Agradezco a Joaquín Arroyo Cabrales, Eduardo Corona-M. y Óscar Polaco el haberme invitado a participar en el Seminario 'Hombre-Fauna' del año 2002, en Ciudad de México, bajo los auspicios del INAH. Así como las mejoras recomendadas por E. Corona-M. Al Laboratorio Fotográfico del MNCN la elaboración de las figuras. Este trabajo ha sido posible gracias a una serie de Proyectos conjuntos de investigación con Ibero América, tanto subvencionados por AECI como por el CSIC, así como a proyectos de investigación de la DGICYT, España, y al Convenio bilateral entre el CONACYT y el CSIC.

LITERATURA CITADA

Alberdi, M.T. 1974. El género *Hipparion* en España. Nuevas formas de Castilla y Andalucía, revisión e historia evolutiva. *Trabajos sobre Neógeno Cuaternario*, CSIC, 1: 1-146.

Alberdi, M.T. 1987. La Familia Equidae, Gray 1821 (Perissodactyla, Mammalia) en el Pleistoceno de Sudamérica. *IV Congreso Latinoamericano de Paleontología*, 1: 484-499.

Alberdi, M.T. y Frassinetti, D. 2000. Presencia de *Hippidon* y *Equus (Amerhippus)* (Mammalia, Perissodactyla) y su distribución en el Pleistoceno Superior de Chile. *Estudios geológicos*, 56: 279-290.

Alberdi, M.T. y Prado, J.L 1992. El registro de *Hippidion* Owen, 1869 y *Equus (Amerhippus)* Hoffstetter, 1950 (Mammalia, Perissodactyla) en América del Sur. *Ameghiniana*, 29: 265-284.

Alberdi, M.T. y Prado, J.L. 1993. Review of the genus *Hippidion* Owen, 1869 (Mammalia, Perissodactyla) from the Pleistocene of South America. *Zoological Journal of the Linnean Society*, 108: 1-22.

Alberdi, M.T. y Prado, J.L. 1995. Los mastodontes de América del Sur. Pp. 277-292, *in: Evolución biológica y climática de la Región Pampeana durante los últimos 5 millones de años. Un ensayo de correlación con el Mediterráneo occidental* (M.T. Alberdi, G. Leone y E.P. Tonni, eds). Monografías, Museo Nacional de Ciencias Naturales, CSIC, Madrid.

Alberdi, M.T. y Prado, J.L 1998. Comments on: Pleistocene horses from Tarija, Bolivia, and validity of the genus *Onohippidium* (Mammalia: Equidae) by B.J. MacFadden. *Journal of Vertebrate Paleontology*, 18(3): 669-672.

Alberdi, M.T. y Prado, J.L. 2004. *Caballos fósiles de América del Sur. Una historia de tres millones de años*. Universidad Nacional del Centro, Olavaria, Provincia de Buenos Aires, Argentina.

Alberdi, M.T. y Prado, J.L. en prensa. Los Equidos Fósiles de America del Sur. *In: Libro Homenaje a Emiliano Aguirre*. Museo Arqueológico Regional, Madrid.

Alberdi, M.T. y Prieto, A. 2000. *Hippidion* (Mammalia, Perissodactyla) de las Cuevas de las provincias de

Magallanes y Tierra de Fuego. *Anales Instituto Patagonia*, 28: 147-171.

Alberdi, M.T., Cartelle, C. y Prado, J.L. 2002. El registro de *Stegomastodon* (Mammalia, Gomphotheriidae) en el Pleistoceno superior de Brasil. *Revista Española de Paleontología*, 17(2): 217-235.

Alberdi, M.T. Cartelle, C. y Prado, J.L. 2003. El registro Pleistoceno de *Equus (Amerhippus)* e *Hippidion* (Mammalia, Perissodactyla) de Brasil. Consideraciones paleoecológicas y biogeográficas. *Ameghiniana*, 40(2): 173-196.

Alberdi, M.T., Fernández, J., Menegaz, A.N. y Prado, J.L. 1986. *Hippidion* Owen 1869 (Mammalia, Perissodactyla) en sedimentos del Pleistoceno tardío de la localidad Barro Negro (Jujuy, Argentina). *Estudios geológicos*, 42: 487-493.

Alberdi, M.T., Menegaz, A.N. y Prado, J.L. 1987. Formas terminales de *Hippidion* Owen 1869 (Mammalia, Perissodactyla) de los yacimientos del Pleistoceno tardío-Holoceno de la Patagonia (Argentina y Chile). *Estudios geológicos*, 43: 107-115.

Alberdi, M.T., Menegaz, A.N., Prado, J.L y Tonni, E.P. 1989. La Fauna local Quequén Salado-Indio Rico (Pleistoceno tardío) de la provincia de Buenos Aires. Argentina. Aspectos paleoambientales y bioestratigráficos. *Ameghiniana*, 25(3): 225-236.

Alberdi, M.T., Prado, J.L. y Miotti, L. 2001a. *Hippidion saldiasi* Roth, 1899 (Mammalia, Perissodactyla) at the Piedra Museo Site (Patagonia): their implication for the regional economy and environmental. *Journal of Archaeological Science*, 28: 411-419.

Alberdi, M.T., Prado, J.L. y Salas, R. 2004. The Pleistocene Gomphotheres (Gomphotheriidae, Proboscidea) from Peru. *Neues Jahrbuch für Geologie und Paläontologie Abhandlungen.*, 231(3): 423-452.

Alberdi, M.T., Zárate, M. y Prado, J.L. 2001b. Presencia de *Hippidion principale* en los acantilados costeros de Mar del Plata (Argentina). *Revista Española de Paleontología*, 16(1): 1-7.

Alroy, J. 2001. A Multispecies Overkill Simulation of the End-Pleistocene Megafaunal Mass Extinction. *Science*, 292: 1893-1896.

Ameghino, F. 1904. Recherches de morphologie phylognetique sur les molaires supèrieures des ongulés. *Anales Museo Nacional, Buenos Aires*, 3: 1-541.

Ameghino, F. 1907. Sobre dos esqueletos de mamíferos fósiles. *Anales Museo Nacional. Buenos Aires,* 9: 35-43.

Bennett, D.K. 1980. Stripes do not a zebra make, Part I: A cladistic analysis of *Equus. Systematic Zoology*, 29(3): 272-287.

Bocherens, H., Koch, P.L., Mariotti, A., Geraads, D. y Jaeger, J.-J. 1996. Isotopic biogeochemistry (^{13}C, ^{18}O) of mammalian enamel from African Pleistocene hominid sites. *Palaios*, 11, 306-318.

Boule, M. y Thevenin, A. 1920. *Mammifères fossiles de Tarija*. Mission scientifique G. De Créqui-Montfort et E.Sénéchal de la Grance. Vol. VII. Imprimerie Nationale. Paris.

Branco, W. 1883. Ueber eine fossile Säugethier-Fauna von Punin bei Riobamba in Ecuador. II: *Beschreibung der Fauna. Pälaontologische Abhandlungen*, 1(2): 39-204.

Bryan, A. 1986. Paleoamerican Prehistory as seen from South America. P. 14, *in*: *New evidence for the Pleistocene Peopling of the Americas* (A. Bryan, editor). University of Maine at Orono.

Bryan, A., Casamiquela, J., Cruxent, R., Gruhn, R. y Ochsenius, C. 1978. An El Jobo Mastodon Kill at Taima-Taima, Venezuela. *Science*, 200: 1275-1277.

Burmeister, G. 1867. Fauna Argentina, primera parte: Mamíferos fósiles. *Anales del Museo Público de Buenos Aires*, 1(2): 87-300.

Cabrera, A. 1929. Una revisión de los Mastodontes Argentinos. *Revista del Museo de La Plata*, 32: 61-144.

Cartelle, C. 1999. Pleistocene Mammals of the Cerrado and Caatinga of Brazil. Pp. 27-46, *in*: *Mammals of the Neoprotropics*. Vol. 3. (J. F. Eisenberg y K. H. Redford, eds.). The University of Chicago Press.

Casamiquela, R.M., Shoshani, J. y Dillehay, T.D. 1996. South American proboscidean: general introducction and reflections on Pleistocene extinctions. Pp. 316-320, *in*: *The Proboscidea. Evolution and Palaeoecology of Elephants and their relatives* (J. Shoshany y P. Tassy, eds.). Oxford University Press, Oxford.

Correal Urrego, G. 1981. Evidencias culturales y megafauna pleistocénica en Colombia. *Fundación de Investigaciones Arqueológicas Nacionales*, Bogotá, 12: 1-148.

Daniel, H. 1948. *Nociones de Geología y Prehistoria de Colombia*. Medellín.

Davis, O.K., Mead, J.I., Martin, P.S. y Agenbroad, L.D. 1985. Riparian plants were a major component of the diet of mammoths of Southern Utah. *Current Research in the Pleistocene*, 2: 81-82.

Dillehay, T.D. y Collins, M.B. 1988. Early cultural evidence from Monte Verde in Chile. *Nature*, 332: 150-152.

Dudley, J.P. 1996. Mammoths, gomphotheres, and the Great American Faunal Interchange. Pp. 289-295, *in*: *The Proboscidea. Evolution and Palaeoecology of Elephants and their relatives* (J. Shoshany y P. Tassy, eds.). Oxford University Press, Oxford.

Duerst, J.U. 1926. Vergleichende Untersuchungs-methoden am skelett bei Säugern. *Handbuch der biologischen Arbeitsmethoden*, 7(2): 126-527.

Eisenmann, V. 1979. Etude des cornets des dents incisives inférieures des *Equus* (Mammalia, Perissodactyla) actuels et fossiles. *Palaeontographia Italica*, 71(4): 55-75.

Eisenmann, V. 1984. Sur quelques caractères adatatifs du squelette d'*Equus* (Mammalia, Perissodactyla) et leurs implications paléoécologiques. *Bulletin Museum nationale Histoire naturelle*, Paris, 4ª série, section C, 6(2): 185-195.

Eisenmann, V. y Guerin, C. 1984. Morphologie fonctionnelle et environment chèz les Périssodactyle. *Geobios, Mem. Esp.* 8: 69-74.

Eisenmann, V., Sondaar, P.Y., Alberdi, M.T. y De Giuli, C. 1987. Is horse phylogeny becoming a playfield in the game of theoretical evolution? Essay review. *Journal of Vertebrate Paleontology*, 7: 224-229.

Ficcarelli, G., Borselli, V., Moreno Espinosa, M. y Torre, D. 1993. New *Haplomastodon* finds from the Late Pleistocene of Northern Ecuador. *Geobios*, 26(2): 231-240.

Ficcarelli, G., Borselli, V., Herrera, G., Moreno Espinosa, M. y Torre, D. 1995. Taxonomic remarks on the South America Mastodons referred to *Haplomastodon* and *Cuvieronius*. *Geobios*, 28: 745-756.

Fidalgo, F., Meo Guzman, L.M., Politis, G.G., Salemme, M.C. y Tonni, E.P. 1986. Investigaciones arqueológicas en el Sitio 2 de Arroyo Seco (partido de Tres Arroyos, provincia de Buenos Aires, República Argentina). Pp. 221-270, *in*: *New evidence for the Pleistocene Peopling of the Americas* (A. Bryan, editor). University of Maine, Orono.

Flegenheimer, N. 1986. Evidence of Paleoindian Occupation in the Argentine Pampas. Paper presented at the World Archaeological Congress, Southampton. England.

Flegenheimer, N. 1987. Recent research at Localities Cerro La China and Cerro El Sombrero, Argentina. *Current Research in the Pleistocene*, 4: 148-149.

Fernández de Álvarez, E. 1957. *Hypohippidium humahuaquense* nov. sp. *Ameghiniana*, 1(1-2): 85-95.

Fiedel, S. y G. Haynes. 2004. "A Premature Burial: Comments on Grayson and Meltzer's 'Requiem for Overkill". *Journal of Archaeological Science* 31(1): 121-131

Forsten, A. 1982. The status of genus *Cormohipparion* Skinner and MacFadden (Mammalia, Equidae). *Journal of Paleontology*, 56: 1332-1335.

Forsten, A. 1983. The preorbital fossa as a taxonomic character in some Old World *Hipparion*. *Journal of Paleontology*, 57: 686-704.

Frassinetti, D. y Alberdi, M.T. 2000. Revisión y estudio de los restos fósiles de Mastodontes de Chile (Gomphotheriidae): *Cuvieronius hyodon*, Pleistoceno Superior. *Estudios Geológicos*, 56: 197-208.

Frassinetti, D. y Alberdi, M.T. 2001. Los macromamíferos continentales del Pleistoceno superior de Chile: reseña histórica, localidades, restos fósiles, especies y dataciones conocidas. *Estudios Geológicos*, 57: 53-69.

Gazin, C.L. 1957. Exploration for the remains of giant ground sloths in Panama. *Smithsonian Institution Annual Report, Publication* 4772: 344-354.

Gervais, P. 1855. *Recherches sur les Mammifères fossiles de l'Amérique méridionale*. Chez P. Bertrand, Libraire-editeur, Paris.

Graham, R.W. y Lundelius, E.L. 1984. Coevolutionary disequilibrium and Pleistocene extinctions. Pp. 223-249, *in*: *Quaternary extinction: A Prehistoric Revolution* (P.S. Martin y R.G. Klein, editores). University of Arizona Press, Tucson.

Grayson, D.K. and D.J. Meltzer. 2003. Requiem for North American overkill. *Journal of Archaeological Science*, 30:585-593.

Grayson, D.K. and D.J. Meltzer. 2004. North American overkill continued? *Journal of Archaeological Science*, 31:133-136.

Gromova, V. 1949. Histoire des chevaux (genre *Equus*) de l'Ancien Monde. *Travaux Institute Paleontologie Academie Science URSS*, 7(1): 1-373. (French translation Centre Etudes Documentation Paleontologie 13, Paris 1965).

Guthrie, R.D. 1984. Mosaics, allelochemics and nutrients. An ecological theory of late Pleistocene Megafaunal Extinction. Pp. 259-298, *in*: *Quaternary extinction: A Prehistoric revolution* (P.S. Martin y R.G. Klein, eds.). University of Arizona Press, Tucson.

Gutiérrez, M., Alberdi, M.T., Prado, J.L. y Perea, D. 2003. Nuevos restos de *Stegomastodon* (Mammalia: Proboscidea) de Uruguay. *Ameghiniana*, 40(4): suplemento: 58R.

Gutiérrez, M., Alberdi, M.T., Prado, J.L. y Perea, D. en prensa. Late Pleistocene *Stegomastodon* (Mammalia, Proboscidea) from Uruguay. *Neues Jahrbuch für Geologie und Paläontologie Abhandlungen*.

Hoffstetter, R. 1950. Algunas observaciones sobre los caballos fósiles de la América del Sur. *Amerhippus* gen. nov. *Boletin Informaciones Científicas Nacionales*, 3: 426-454.

Hoffstetter, R. 1952. Les mammifères Pléistocenes de la République de l'Equateur. *Mémoires de la Société Géologique de France*, 66: 1-391.

Janzen, D.H. y Martin, P.S. 1982. Neotropical Anachronisms: The Fruits the Gomphotheres ate. *Science*, 215: 19-27.

King, J.E. y Saunders, J.J. 1984. Environmental Insularity and the Extinction of the American Mastodont. Pp. 315-339, *in*: *Quaternary extinction: A Prehistoric Revolution* (P.S. Martin y R.G. Klein, eds.). University of Arizona Press, Tucson.

Koch, P.L., Heisinger, J., Moss, C., Carlson, R.W., Fogel, M.L. y Behrensmeyer, A.K. 1995. Isotopic Tracking of Change in Diet and Habitat use in African Elephants. *Science*, 267: 1340-1343.

Koch, P.L., Hoppe, K.A. y Webb, S.D. 1998. The isotopic ecology of late Pleistocene mammals in North America. Part 1. Florida. *Chemical Geology*, 152: 119-138.

Kraglievich, L. 1934. La antigüedad Pliocena de las faunas de Monte Hermoso y Chapadmalal, deducidas de su comparación con las que le precedieron y sucedieron. Montevideo, *El Siglo Ilustrado*, 17-136..

Kurten, B. y Anderson, E. 1980. *Pleistocene Mammals of North America*. Columbia University Press, New York.

Lambert, W.D. 1996. The biogeography of the gomphotheriid proboscideans of North America. Pp. 143-148. *in*: *The Proboscidea. Evolution and Palaeoecology of Elephants and their relatives* (J. Shoshany y P. Tassy, eds). Oxford University Press, Oxford.

Lund, P.W. 1840. Nouvelles recherches sur la faune fossile du Brésil. *Annales des Sciences Naturelles*, 13: 310-319.

Lund, P.W 1846. Meddelelse af det Udbytte de i 1844 undersogte Knoglehuler have avgivet til Kundskaben om Brasiliens Dyreverden for sidste Jordomvaeltning. *Danske Videnskabers-Selskabs Skrivter*, 12: 1-94.

MacFadden, B.J. 1997. Pleistocene horses from Tarija, Bolivia, and validity of the genus *Onohippidium* (Mammalia: Equidae*). Journal of Vertebrate Paleontology*, 17(1): 199-218.

MacFadden, B.J. 2000. Middle Pleistocene Climate Change Recorded in Fossil Mammal Teeth from Tarija, Bolivia, and Upper Limit of the Ensenadan Land-Mammal Age. *Quaternary Research*, 54: 121-131.

MacFadden, B.J. y Azzaroli, A. 1987. Cranium of *Equus insulatus* (Mammalia, Equida) from the Middle Pleistocene of Tarija, Bolivia. *Journal of Vertebrate Paleontology*, 7(3): 325-334.

MacFadden, B.J. y Cerling, T.E. 1996. Mammalian herbivore communities, ancient feeding ecology, and carbon isotopes: a 10 million year sequence from the Neogene of Florida. *Journal of Vertebrate Paleontology*, 16: 103-115.

MacFadden, B.J., Siles, O., Zeitler, P., Johnson, N.M. y Campbell, K.E. 1983. Magnetic polarity stratigraphy of the middle Pleistocene (Ensenadan) Tarija Formation of southern Bolivia. *Quaternary Research*, 19: 172-187.

MacFadden, B.J.,y Skinner, M.F. 1979. Diversification and Biogeography of the One-Toed Horses *Onohippidium* and *Hippidion. Postilla*, 175: 1-10.

MacFadden, B.J.,y Skinner, M.F 1982. *Hipparion* Horses and modern phylogenetic interpretations: Comments on Forsten's view of "*Cormohipparion*". *Journal of Paleontology*, 56(6): 1336-1342.

MacFadden, B.J., y Wolff, R.G. 1981. Geological investigations of Late Cenozoic Vertebrate-bearing deposits in Southern Bolivia. *Anais II Congresso Latino-Americano Paleontologia, Porto Alegre*, 1: 765-778.

Marshall, L.G., Butler, R.E., Drake, R.E. y Curtis, G.H. 1982. Geochronology of Type Uquian (Late Cenozoic) Land Mammal Age, Argentina. *Science*, 216: 986-989.

Martin, P.S. 1984. Prehistoric Overkill: The Globel Model. Pp. 354-403, *in: Quaternary extinction: A Prehistoric Revolution* (P.S. Martin y R.G. Klein, eds.). University of Arizona Press, Tucson.

Meladze, G.K. 1967. Gipparionovaja fauna Arkneti i Bazaleti. Izdatel'stvo "*Metsnierebl*":1-168. [En ruso]

Miotti, L., Salemme, M. y Menegaz, A. 1988. Manejo de los recursos faunísticos durante el Pleistoceno final y Holoceno temprano en Pampa y Patagonia. *IX Congreso Nacional de Arqueología*, Buenos Aires, 1: 102-108.

Mones, A. y Francis, J.C. 1973. Lista de los Vertebrados fósiles del Uruguay, II. *Comunicaciones Paleontológicas del Museo de Historia Natural de Montevideo*, 1(4): 39-97.

Montane, J. 1968. Paleoindian remains from Laguna Tagua-tagua Central Chile. *Science*, 161: 1137-1138.

Moreno, F.P. 1891. *Onohippidium munizi*. Breve historia sobre los restos fósiles de un género nuevo de la Familia de los Equidae conservados en el Museo de La Plata. *Revista Museo de La Plata*, 2: 65-71.

Nordenskiöld, E. 1908. Ein neuer Fundort für Säugetierfossilien in Peru. *Arkiv für Zoologi*, 4(11): 1-22.

Norell, M.A. y Novacek, M.J. 1992. The fossil record and evolution: comparing cladistic and paleontologic evidence for vertebrate history. *Science*, 255: 1690-1693.

Philippi, R.A. 1893. Vorläufige Nachricht Über fossile Säugethierknochen von Ulloma, Bolivia. *Zeitschrift der deutschen geologischen Gessellschaft*, 45: 87-96.

Pohlig, H. 1912. Sur une vieille mandibule de "Tetracaulodon ohioticum" Blum., avec défense in situ. *Bulletin de la Societé Belge de Géologie*, 26: 187-193.

Politis, G. y Prado, J.L. 1990. El impacto humano en las extinciones faunísticas del Pleistoceno Holoceno de América del Sur. *V Congreso Nacional de Antropología*, Colombia, 1989: 33-62.

Politis, G.G., Prado, J.L. y Beukens, R.P. 1995. The Human Impact In Pleistocene-Holocene Extinctions. Pp. 187-205, *in: South America--The Pampean Case. Ancient Peoples and Landscapes* (E. Johnson, ed.). Museum of Texas Tech University, Lubbock, Texas.

Porta, J. de 1960. Los équidos fósiles de la Sabana de Bogotá. Universidad Industrial de Santander, *Boletín de Geología*, 4: 51-78.

Prado, J.L. y Alberdi, M.T. 1994. A quantitative review of the horse *Equus* from South America. *Palaeontology*, 37: 459-481.

Prado, J.L. y Alberdi, M.T. 1996. A cladistic análisis of the Horses of the tribe Equini. *Palaeontology*, 39(3): 663-680.

Prado, J.L., Alberdi, M.T. Azanza, B. y Sánchez, B. 2001. Climate and changes in mammal diversity during the late Pleistocene-Holocene in the Pampean Region (Argentina). *Acta Palaeontologica Polonica*, 46(2): 261-276.

Prado, J.L., Alberdi, M.T., Azanza, B., Sánchez, B. y Frassinetti, D. 2004. The Pleistocene Gomphotheriidae (Proboscidea) from South America. *Quaternary International*, 126/128: 21-30.

Prado, J.L., Alberdi, M.T. y Gómez, G.N. 2002. Late Pleistocene gomphothere (Proboscidea) remains from the Arroyo Tapalqué locality (Buenos Aires, Argentina) and their taxonomic and biogeographic implications. *Neues Jahrbuch für Geologie und Paläontologie Abhandlungen.*, 225 (2): 275-296.

Prado, J.L., Alberdi, M.T. y Reguero, M.A. 1998. El registro más antiguo de *Hippidion* Owen, 1869 (Mammalia, Perissodactyla) en América del Sur. *Estudios Geológicos*, 54: 85-91.

Prado, J.L., Alberdi, M.T. y Reguero, M.A. 2000. Comentarios sobre la geocronología, estratigrafía y paleontología de Vertebrados de la Fm. Uquía en el perfil de Esquina Blanca, Jujuy. Respuesta a E.P. Tonni y A.L. Cione. *Estudios Geológicos*, 56: 133-137.

Prado, J.L., Alberdi, M.T., Sánchez, B. y Azanza, B. 2003. Diversity of the Pleistocene Gomphotheres (Gomphotheriidae, Proboscidea) from South America. *Deinsea*, 9: 347-363.

Prado, J.L., Menegaz, A.N., Tonni, E.P. y Salemme, M.C. 1988. Los mamíferos de la Fauna local Paso Otero (Pleistoceno tardío), provincia de Buenos Aires. Aspectos paleoambientales y bioestratigráficos. *Ameghiniana*, 24(3-4): 217-233.

Reig, O.A. 1957. Un mústelido del género *Galictis* del Eocuartario de la provincia de Buenos Aires. *Ameghiniana*, 1(1-2): 33-47.

Roth, S. 1899. Descripción de los restos encontrados en la Caverna de Última Esperanza. *Revista del Museo de La Plata*, 9: 421-453.

Salemme, M.C. 1987. *Paleoetnozoología del sector bonaerense de la región Pampeana con especial atención a los mamíferos*. Tesis doctoral Facultad Ciencias Naturales y Museo de La Plata, 1-267. Inédita. Argentina.

Sánchez Chillón, B., Prado, J.L. y Alberdi, M.T. 2003. Paleodiet, Ecology, and Extinction of Gomphotheres (Proboscidea) from the Pampean Region (Argentina). Madrid, *Coloquios Paleontología Volumen Extraordinario*, 1: 617-625.

Sánchez Chillón, B., Prado, J.L. y Alberdi, M.T. 2004. Isotopic Evidences on the paleodiet of Pleistocene South American Gomphotheres (Gomphotheriidae, Proboscidea). *Paleobiology*, 30(1): 146-161.

Sauer, W. 1965. *Geología del Ecuador*. Quito-Ecuador. Ediciones del Ministerio de Educación, Quito, 1-383.

Simpson, G.G. 1980. *Splendid Isolation: The Curious History of South American Mammals*. Yale University Press, New Haven, Connecticut.

Simpson, G.G. y Paula Couto, C. 1957. The Mastodonts of Brazil. *Bulletin of the American Museum of Natural History*, 112: 125-190.

Siroli, A.R. 1954. *El Mastodon saltensis (SIR) ¿nueva especie de proboscídeos?*. Amerindia, Salta.

Souza Cunha, F.L. 1981. *Equus (Amerhippus) vandonii* n. sp. Un novo cavalo fóssil de Corumbá. Mato Grosso do Sul. Brasil. *Boletín do Museo Nacional. Geologia*, 40: 1-19.

Spillmann, F. 1938. Die fossilen Pferde Ekuadors der Gattung *Neohippus*. *Palaeobiologica*, 6(2): 372-393.

Tedford, R.H., Skinner, M.F., Fields, R.W., Rensberger, J.M., Whistler, D.P., Galisha, T., Taylor, B.E., Macdonald, J.R. y Webb, S.D., 1987. Faunal succession and biochronology of the Arikareean through Hemphillian interval (late Oligocene through earliest Pliocene epochs) in North America. Pp. 153-210, *in*: *Cenozoic Mammals of North America. Geochronology and Biostratigraphy* (M.O. Woodburne, ed.). University of California Press, Berkeley.

Tonni, E.P. 1990. Mamíferos del Holoceno en la provincia de Buenos Aires. Paula-*Coutiana*, 4: 3-21.

Ubilla, M. y Alberdi, M.T. 1990. *Hippidion* sp. (Mammalia, Perissodactyla, Equidae) en sedimentos del Pleistoceno superior del Uruguay (Edad Mamífero Lujanense). *Estudios geológicos*, 46: 453-464.

Walther, A.M., Orgeira, M.J., Reguero, M., Verzi, D.H., Vilas, J.F.A., Alonso, R., Gallardo, E., Kelley S. y Jordan, T. 1998. Estudio paleomagnético, paleontológico y radimétrico de la Formación Uquía (Plio-Pleistoceno) en Esquina Blanca (Jujuy). *Actas X Congreso Latinoamericano de Geología y VI Congreso Nacional de Geología Económica*, 1: 77.

Webb, S.D. 1976. Mammalian fauna dynamics of the great American interchange. *Paleobiology*, 2: 220-234.

Webb, S.D. 1978. A history of savanna Vertebrates in the New World. Part II: South America and the Great Interchange. *Annual Review of Ecology and Systematics*, 9: 393-426.

Webb, S.D. 1985. Late Cenozoic mammal dispersals between the Americas. Pp. 357-386, *in*: *The Great American Biotic Interchange* (F.G. Stehli y S.D. Webb, eds.). Plenum Press, New York and London.

Webb, S.D. 1991. Ecogeography and the Great American Interchange. *Paleobiology*, 17: 266-280.

Webb, S.D., Dunbar, J. y Newsom, L. 1992. Mastodon digesta from North Florida. *Florida Geological Survey, Special Publication*, 10: 1-59.

Perezosos antillanos: extinción y convivencia con aborígenes

Carlos Arredondo Antúnez

Universidad de La Habana. Museo Antropológico Montané (carredondo@fbio.uh.cu).

RESUMEN

El conocimiento de la fauna de vertebrados extintos de Las Antillas ha aumentado en los últimos 20 años, sobre todo en lo relacionado con la paleobiogeografía y las revisiones sistemáticas. Los perezosos terrestres ocupan un lugar privilegiado en estos estudios. En la extinción de este grupo no fue un solo factor el que los declinó, sino varios y se sostiene que el hombre accionó en las etapas finales de la existencia del grupo en Las Antillas. En este trabajo se resumen las numerosas evidencias para considerar una probable convivencia espacial entre perezosos y humanos, al menos en etapas tempranas del arribo del hombre a la región.
Palabras clave: extinción, Las Antillas, aborígenes, perezosos.

ABSTRACT

The knowledge of extinct vertebrate fauna from Antilles has increased in the last twenty years, mainly on the paleobiogeography and the systematic research. One of the main subjects on these studies has been the terrestrial sloths. Their extinction process was the result of many natural factors involved and, in the last chronological stages includes the man. This paper summarise the multiple evidences on the probable coexistence of sloths and the early man in the region.
Keywords: extinction, Antilles, early man, sloth

INTRODUCCIÓN

Los aspectos referidos en el título del trabajo han sido, son y serán de debate, aún por muchos años en la comunidad científica. Además, estos elementos no constituyen una excepción en el ámbito antillano, pues son también puntos de discusión en otros territorios del mundo.

Independientemente de los argumentos que se ofrecen en este trabajo estamos conscientes que el tema no se agota y que con seguridad continuarán apareciendo evidencias que una y otra vez nos obliguen a reconsiderar los criterios dados en un momento determinado.

La megafauna de mamíferos antillanos está constituida, principalmente, por dos grupos: Perezosos y Primates. No obstante, cabe mencionar el Género *Solenodon*, del Orden Insectívora, un verdadero gigante dentro de su grupo en

el mundo. Los perezosos constituyen el objeto principal del presente trabajo. Todos los integrantes de la Familia Megalonychidae en el área antillana son especies extintas y su registro fósil está bien representado en Cuba y La Española, incluyendo *Ile de la Tortue* y Gonave, además de haberse encontrado en otros territorios como Puerto Rico, Curazao y Granada (Tabla 1).

Diversos trabajos como los de White y MacPhee (2001) y Dávalos (2004) abordan la filogenia, biogeografía y sistemática de los perezosos antillanos. Sin embargo, otros estudios aportan especies desconocidas para el área, como *Acratocnus simorhynchus* de La Española (Rega *et al.*, 2002), no considerada en los estudios anteriores. Este solo hecho nos está planteando que pueden describirse nuevos géneros y especies que obviamente no han sido analizados en estudios filogenéticos y sistemáticos, por lo que los arreglos realizados pueden ser susceptibles a cambios y ajustes en un futuro no muy lejano.

Taxón	Cuba	La Española	Puerto Rico	Ile de la Tortue	Gonave	Granada	Curazao
Megalocnus	X	X					
Acratocnus	X	X	X				
Parocnus	X	X		X	X		
Neocnus	X	X					
Paulocnus							X
Habanocnus	X						
Neomesocnus	X						
Miocnus	X						
Paramiocnus	X						
Galerocnus	X						
?						X	

Tabla 1. Relación de géneros de perezosos antillanos y distribución en los países del área. Cuba es el territorio de mayor cantidad de géneros, lo cual está relacionado con un largo proceso evolutivo en complejos procesos paleogeográficos en el área emergida de mayor extensión geográfica. El reporte de perezoso de Granada (MacPhee et al., 2000) aún permanece sin ser asignado a algún taxón conocido.

Aunque son diversos los criterios sobre la extinción de los perezosos en las Antillas, en cuanto a las causas que la ocasionaron, si existe consenso en que estos pudieron llegar hasta mediados del Holoceno. Esto es entonces un elemento a considerar en la convivencia entre perezosos y hombres ¿es posible que hayan coexistido en el tiempo y no en el espacio?. Este es precisamente el punto de nuestro análisis central. Constituyó el objetivo del presente trabajo aunar las evidencias que existen entorno a esta problemática, para concluir que efectivamente, la posibilidad de la coexistencia, la captura de ejemplares con fines de alimentación y la incidencia humana en la definitiva declinación de los perezosos fue una realidad.

GENERALIDADES BIOGEOGRÁFICAS

Las particularidades del poblamiento animal pueden ser analizadas a partir de dos premisas de importancia: a) las probables y seguras vías de acceso de un territorio a otro, y b) las posibilidades potenciales y reales de dispersión biológica de la fauna.

Sobre el origen de los mamíferos antillanos son numerosos los trabajos que aparecen en la literatura científica, así como también son diversas las teorías sobre el poblamiento de las Antillas por parte de estos animales (Matthew y Paula Couto, 1959; Arredondo, 1961; Paula Couto, 1967; MacFadden, 1980; Morgan y Woods, 1986; Williams, 1989; MacPhee e Iturralde-Vinent, 1995; Arredondo, 1996, 2000; White y MacPhee, 2001 y Dávalos, 2004). En los estudios zoogeográficos actuales, se coincide en el criterio de que la fauna terrestre de mamíferos antillanos, no voladores, tiene sus ancestros en el continente suramericano. Sin embargo, existen excepciones a tal planteamiento, como el caso de los insectívoros *Nesophontes* y *Solenodon*, considerados como descendientes de un linaje norteamericano, del Cenozoico temprano (Oligoceno) (Morgan y Ottenwalder, 1993). Simpson (1956) sugirió que la llegada de la fauna debió ser en el Mioceno o principios del Plioceno, pero sin evidencias fósiles que corroboraran esto. El modelo vicariante de Rosen (1975) propuso que la biota caribeña es el resultado de la biota ancestral que ocupaba el archipiélago protoantillano, ubicado entre América del Norte y América del Sur durante el Mesozoico. Este modelo fue aceptado durante mucho tiempo. Sin embargo, la vicarianza y el período geológico en que se basa este modelo no justifican la existencia de la biota antillana.

Diversos hallazgos fósiles de vertebrados terrestres, realizados en Las Antillas, de edad miocénica, pertenecientes a diversas especies, algunas nuevas (Böhne, 1984; Poinar, 1988; Poinar y Cannatella, 1987; Mayer y Lazell, 1988; MacPhee e Iturralde-Vinent, 1994; 1995; MacPhee *et al.*, 2003) ponen de manifiesto la existencia de tierras emergidas permanentes que soportaron dicha fauna. Estos elementos sustentan la tesis, de que en períodos geológicos anteriores al Mioceno debió ocurrir la llegada de la fauna ancestral

antillana no voladora, al menos la mayoría de los grupos zoológicos. Iturralde-Vinent y MacPhee (1999) complementaron todo un estudio sobre la paleogeografía de la región del Caribe con importantes implicaciones biogeográficas, en esencia se afianzó el criterio de que la fauna del norte de suramérica utilizó una conexión terrestre denominada GAARlandia para efectuar un paso efectivo mas hacia el norte, o sea, a lo que varios millones de años después serían Las Antillas Mayores.

White y MacPhee (2001) consideran el origen filogenético de los megaloníquidos antillanos como difilético, donde Choloepodinae incluye a *Choloepus*, *Acratocnus*, *Paulocnus* y *Neocnus*; mientras que Megalocninae incluye a *Megalocnus* y *Parocnus*, criterio con el que coincidimos plenamente.

Para la dispersión de los mamíferos terrestres entre los continentes a las islas y sus variantes, la Biogeografía reconoce dos vías naturales (Simpson, 1940): la vía terrestre que postula una conexión mediante un puente natural que posteriormente desaparece, mientras que la vía marina se da a través de balsas naturales propulsadas por corrientes marinas y/o aéreas. En el primer caso, la dispersión es permanente y activa; en el segundo caso es accidental y pasiva. Estas dos vías han sido sugeridas en distintos momentos como efectivas para la colonización de Las Antillas Mayores por parte de la biota ancestral de la megafauna terrestre. Por un lado, las balsas naturales (e.g. Darlington, 1938; Matthew, 1939; Simpson, 1956; Patterson y Pascual, 1972) y las conexiones terrestres por el otro (e.g. Allen, 1917; 1918; Barbour, 1914; Arredondo, 1961; Kartashov y Mayo, 1974; Iturralde-Vinent, 1988; MacPhee e Iturralde-Vinent, 1994; 1995; Arredondo, 1996).

El apoyo geológico, de acuerdo con todas las reconstrucciones paleogeográficas de la región, sustenta con mayor fuerza la vía terrestre como vía de acceso de la fauna suramericana a Las Antillas y no la vía marina, que además de no ser consistente para la fauna hallada, carece de presupuestos biológicos e históricos que la justifiquen.

En relación con el origen de la fauna antillana, se abordan dos conceptos importantes: el de dispersión y el de vicarianza. El modelo filogenético y la clasificación de los perezosos antillanos presentado por White y MacPhee (2001) es fuerte en el sentido de soportar un mecanismo vicariante isla-isla en el área de Las Antillas Mayores. La presencia de varios géneros en diferentes territorios avala tal criterio. Por otro lado, los resultados de Dávalos (2004) coinciden con la mayoría de los postulados anteriores, al menos para una buena parte de los linajes de la megafauna no voladora antillana.

La fase de dispersión, a través de la península suramericana, ocurrió primeramente, y, luego, posterior al desmembramiento de esta península y la consiguiente estructuración de las Antillas Mayores en islas independientes, ocurrió un proceso marcadamente vicariante, por lo que la fauna existente en cada una de estas islas comenzó a evolucionar durante millones de años de manera aislada hacia nuevas formas, tanto en lo taxonómico como en lo ecológico, alejándose así de los tipos primitivos.

EXTINCIÓN

La extinción de las especies de animales es un proceso biológico natural e inherente a la propia evolución geológica y biológica en la tierra. La historia biogeográfica de las Antillas es un proceso muy complejo, por lo que las extinciones lo son también. Una muestra de ello es que la fauna actual de mamíferos no voladores en Las Antillas está muy depauperada con respecto a la fósil (Morgan y Woods, 1986).

Varios son los autores que han postulado ciertos criterios sobre la extinción de la fauna de mamíferos en las Antillas (e.g. Aguayo, 1950; Mayo, 1980; Pregill y Olson, 1981; Morgan y Woods, 1986; Rodríguez y Vento, 1989). En sentido general, los diversos criterios versan sobre tres puntos de vista diferentes, aunque no son excluyentes; los cambios climáticos y las oscilaciones del nivel del mar durante el Pleistoceno; la acción humana directamente sobre las especies o sobre su hábitat; la acción competitiva de especies introducidas en períodos post-colombinos por la acción directa o indirecta del hombre, como el caso del género *Rattus*. En el caso de la extinción de los edentados antillanos se discutirán estos puntos de vista y otras inferencias al respecto.

Los megaloníquidos antillanos extintos alcanzaron una mayor diversidad en géneros y especies que en América del Sur y del Norte, relacionado esto con las condiciones ecológicas insulares y la ausencia de mamíferos carnívoros.

Un punto sobre el que se ha debatido la extinción de los edentados antillanos es el papel de los cambios climáticos y las oscilaciones del nivel del mar durante el Pleistoceno. Matthew y Paula Couto (1959), Arredondo (1961), Mayo (1980), Woloszyn y Mayo (1974), han sugerido que la extinción ocurrió a causa de las extremas temperaturas frías que acompañaron al último glacial durante el Pleistoceno. En tal sentido, Pregill y Olson (1981) consideran que la glaciación del Wisconsinano produjo drásticos efectos en la zoogeografía de las Antillas y, por lo tanto, las diversas emersiones y sumersiones de tierras y los correlacionados cambios en la vegetación produjeron repetidos eventos de aislamiento, especiación y extinción; apoyado esto en que este evento glacial fue el más reciente y severo del Pleistoceno, y en que la fauna fósil de vertebrados de las Indias Occidentales es anterior a tal evento.

Mayo (1980) aporta una serie de datos paleoecológicos a favor de la resistencia de los edentados antillanos al severo invierno que aconteció durante el Pleistoceno. En tal sentido, cita una serie de experiencias realizadas por otros investigadores en edentados vivientes que sustentan su tesis. Concluyó este autor que la masa muscular de los edentados antillanos extintos y la gruesa piel, cubierta por abundante pelo, fueron factores determinantes en tal resistencia; por lo que se manifiesta contrario a la posible extinción de estos animales debido al invierno severo. Rodríguez y Hernández (1992) a partir de un estudio bioquímico dieron a conocer la composición de las grasas y los aminoácidos remanentes en el tejido óseo de perezosos cubanos extintos. Así, fue detectada la presencia de tirosina, la que se oxida y origina otras sustancias coloreadas por intermedio de enzima, que se encuentran en los tejidos. Uno de estos pigmentos es la melanina, la cual caracteriza el color de la piel y el pelo de los mamíferos. Esta razón les permitió concluir que el color del pelaje de estos animales fue leonado o pardo oscuro. Estos resultados nos permiten apoyar, en cierto grado, el criterio de Mayo (1980), pues como es conocido, la cubierta pilosa de los mamíferos actúa como un regulador de la temperatura corporal y más aún con un color oscuro que impide la pérdida de calor corporal; al contrario, lo retiene, pudiendo entonces estos animales resistir aún más las inclemencias invernales.

Rodríguez y Vento (1989) dieron a conocer la composición paleohistomorfológica en huesos largos de edentados cubanos (*Megalocnus* sp.), procedentes de varias localidades de Cuba. De este estudio se obtuvo el resultado de que dichos huesos eran muy poco vascularizados, entre seis y diez veces menos que los de otros animales vivientes, por ejemplo en *Capromys*, por lo que puede correlacionarse con los presumibles hábitos de lentitud de los edentados. Además, se infiere un débil desarrollo del sistema circulatorio, un metabolismo bajo y una baja frecuencia cardíaca. Estos autores valoran la posibilidad de la extinción natural de la especie por la imposibilidad de vencer los diferentes obstáculos que el entorno les pudo ofrecer en la obtención de su sustento durante los cambios climáticos, geográficos y ecológicos ocurridos.

Sin embargo, con los resultados anteriores y sobre la base del estudio paleohistomorfológico, puede valorarse que estas características óseas y de irrigación sanguínea pudieron incidir en que la temperatura corporal de aquellos animales fuese más baja que la de los edentados actuales, por lo que pudieron resistir bajas temperaturas durante el Pleistoceno y no sucumbir, como han planteado algunos autores.

Otro punto sobre el que se ha debatido la extinción de los edentados antillanos es el relacionado con la acción humana; o sea, una convivencia contemporánea en los últimos 8,000 años aproximadamente, donde los primeros sirvieron de alimento a los segundos. Datos cronológicos y estratigráficos están a favor de la probable coexistencia espacial de perezosos y aborígenes en el contexto antillano. Miller (1929) designó una nueva especie de perezoso en Haití, con el nombre de *Sinocnus comes* (hoy *Neocnus comes*, según White y MacPhee, 2001); el nombre específico de este animal responde a una asociación evidente de restos de este animal con restos de alfarería humana. Posteriores fechados radiocarbónicos de huesos de perezosos procedentes de este país, dan como resultado 3,715 años AP, siendo esto una evidencia asociativa (Morgan y Woods, 1986).

En República Dominicana fueron fechados por radiocarbono huesos de *Parocnus serus* (Megalonychidae) con datos de 1,790 ± 190 años AP (Veloz y Ortega, 1973; citado por Rodríguez *et al.*, 1984). Los datos citados, a nuestro juicio, favorecen el considerar la convivencia de los perezosos antillanos con los humanos son irrefutables. Sin embargo, faltaría saber hasta qué punto las poblaciones humanas que arribaron tempranamente a las Antillas son responsables de la extinción de estos animales. No obstante, *Acratocnus odontrigonus* de Puerto Rico, no ha sido aún hallado asociado a restos humanos, y la fecha de datación ósea más cercana, por radiocarbono, es de 13,180 años AP (Pregill, 1981; citado por Morgan y Woods, 1986). En este punto es oportuno significar que son necesarios nuevos y extensos fechados absolutos de material fósil correspondiente a varios géneros y especies.

La extinción de una parte de la megafauna del Pleistoceno en ambas Américas, de manera simultánea, se debió fundamentalmente a la acción del hombre, con un gradual desplazamiento desde el noroeste de América del Norte hasta el extremo austral suramericano, consumiendo unos 1,000 años aproximadamente, entre 11,500 y 10,500 años AP (Martin, 1973; 1975; citado por Marshall y Pascual, 1978). Para el área antillana varios autores han sugerido que la acción humana, en parte, fue responsable en la extinción de la fauna de edentados (e.g. Aguayo, 1950; Mayo, 1969; 1980; Rodríguez *et al.*, 1984; Morgan y Woods, 1986).

Es razonable admitir, y así lo consideramos, que el hombre que arribó tempranamente a las Antillas Mayores encontró una abundante fauna de mamíferos de diversos grupos con poblaciones numéricamente colosales, sobre todo de roedores, a juzgar por los restos óseos hallados en las formaciones cavernarias y otros tipos de depósitos fosilíferos, lo que les fue de extraordinaria utilidad, principalmente desde el punto de vista de la dieta. En el caso particular de los megaloníquidos, las poblaciones existentes en ese entonces no debieron ser numerosas; además, la propia biología de estos animales los hacían presas fáciles, tanto en la tierra (*Megalocnus, Parocnus, Miocnus*) como aquellos que vivían en los árboles (*Neocnus*), por lo que su depauperación fue progresiva y acelerada. Esto nos induce a valorar que, ciertamente, el hombre fue el principal factor biótico que facilitó definitivamente la extinción de los perezosos antillanos, pero sin olvidar que ya estos animales estaban en un franco proceso de declinación, motivado por toda una serie de eventos abióticos ocurridos durante el Pleistoceno y principios del Holoceno, que en nuestra opinión tienen un peso importante en este análisis.

Se debe tener presente también que junto a los megaloníquidos, vivieron grandes aves rapaces, hoy extintas, de los géneros *Ornimegalonyx*, *Tyto*, *Gymnogyps*, *Titanohierax*, *Gygantohierax*, *Teratornis* y *Bubo*, que actuaron en el mantenimiento del equilibrio ecológico en el archipiélago cubano. La acción predadora de estas aves en la etapa senil de las poblaciones de edentados pudo influir negativamente en el pronto restablecimiento de las poblaciones, toda vez que eran capturadas presas adultas, y sobre todo individuos jóvenes y crías (Arredondo y Arredondo, en prensa).

La extinción de los megaloníquidos no fue el resultado aislado de un factor declinante, abiótico o biótico, sino la interacción de todos los factores conocidos y de otros que con toda seguridad serán esclarecidos en futuras investigaciones.

En relación con otros grupos de vertebrados pequeños, principalmente roedores e insectívoros, la extinción de algunas especies pudo estar relacionada con la depauperación de los hábitat originales en las Islas Occidentales por parte de la acción antrópica y por la introducción de especies exóticas en tiempos post-colombinos, como los casos de la rata, mangosta, perros y gatos, que compitieron con las especies indígenas y las hicieron declinar progresivamente, como han sugerido varios autores (Olson, 1982; Steadman *et al.*, 1984; Morgan y Woods, 1986).

Para otros casos, como las pequeñas jutías terrestres cubanas de los géneros *Geocapromys* (3 especies) y *Boromys* (2 especies) hoy completamente extintas, la acción humana fue decisiva. En montículos de dieta aborigen pueden contarse por miles las mandíbulas de estos animales y los huesos postcraneales, lo que denota con claridad que fueron objeto de alimento por parte de las comunidades aborígenes. Muy probablemente la extinción de *Geocapromys columbianus* y *Boromys offella* se debió al exceso de caza en Cuba, pues son las especies que aparecen abundantemente asociadas a sitios arqueológicos relacionados con la dieta aborigen. Las otras especies, pertenecientes a estos géneros, ya venían con una sensible depauperación desde los finales del Pleistoceno y principios del Holoceno quizás relacionada su merma con los cambios y oscilaciones del nivel mar, hasta el contacto humano que fue determinante en las poblaciones relictas, pues la frecuencia de aparición de ellas en sitios de acumulación de restos de dieta es muy escasa y cuando aparecen es muy escasa.

CONVIVENCIA DE PEREZOSOS Y HUMANOS

La posible coexistencia de la fauna de megaloníquidos extintos de Las Antillas con los primeros pobladores de este territorio, es un tema alrededor del cual se han hecho muchas inferencias y especulaciones, sobre todo en la década de los años 80. En la actualidad se posee información cronológica, tafonómica y dataciones que avalan, a nuestro juicio, dicha coexistencia.

Taxón	Localidad	Datación (años AP)
Parocnus sp.	Cueva de los Niños. Cayo Salinas. Yaguajay.	3,250 ± 200
Parocnus sp.	Cueva del Túnel, La Habana. Cuba	4,220 ± 200
M. rodens	Caverna de Pío Domingo, Pinar del Río.	2,840 ± 200
Megalonychidae	Farallones de Seboruco, Holguín.	5,060 ± 200
Megalonychidae	Cueva de La Masanga, Gibara. Holguín.	3,740 ± 200
M. rodens	Cueva Musulmanes, Punta de Hicacos, Matanzas.	2,410 ± 40

Tabla 2. *Localidades donde se han identificado restos de perezosos gigantes y los datos cronológicos obtenidos. Ver texto para detalles.*

Rodríguez, *et al.*, (1984) realizaron un importante resumen de hechos y publicaciones que han abordado de alguna manera la posible coexistencia de estos animales con las primeras culturas indocubanas, haciendo referencia a importantes trabajos de la primera mitad de siglo. Aguayo (1953) señala que los perezosos antillanos pudieron haber persistido hasta épocas más recientes que sus similares continentales, teniendo a favor la ecología insular; esto le fue confirmado a este autor cuando revisó osamentas fósiles de edentados en franca mezcla con restos de humanos procedentes de Cayo Lucas. Sin embargo, aun faltaban datos más consistentes en esta posible asociación, pues en varias localidades donde se hallaron dichas evidencias se mostraron algunas dudas respecto a una previa alteración del sitio excavado, aunque son datos no confirmados. En nuestro criterio el dato de hallar restos óseos de perezosos terrestres de gran tamaño (*Megalocnus* y *Parocnus*) en número mínimo de individuos superior a 200 ejemplares en el mismo depósito es algo muy interesante, sobre todo si consideramos que la localidad de estudio es un Cayo al norte de Cuba al que solo se llega por mar, en la actualidad.

Datos cronológicos utilizando los métodos del Carbono 14 y del Colágeno son elementos fuertes en este análisis. Muestras óseas de megaloníquidos cubanos, estudiadas por el método Colágeno, aportaron dataciones que concuerdan con el horizonte de habitación prehispánica (Rodríguez, *et al.*, 1984) (Tabla 2).

Otro dato a considerar es el fechado realizado, utilizando Carbono 14, a restos óseos de *Megalocnus rodens* procedentes de la Cueva Beruvides, en Matanzas, Cuba, datados en una antigüedad de 6,250 ± 50 años AP (Burney *et al.*, 1994; citado por MacPhee *et al.*, 1999).

Los descubrimientos de la Cueva de la Masanga, en Gibara, Holguín, Cuba, aportan elementos, desde un punto de vista estratigráfico, sobre la coexistencia de los megaloníquidos y los indocubanos (Pino y Castellanos, 1985). En tal sentido, los autores señalaron que no se observó alteración alguna en los estratos, los que se presentaron fundamentalmente en dos capas: una primera, la más rica en evidencias, de unos 0.20 m de espesor, donde se descubrió la asociación bastante compacta y de coloración gris muy oscura; y otra de unos 0.05 m de espesor, de coloración roja a rojiza, con evidencias de restos alimenticios y carbón. Debajo, el terreno es estéril, compuesto por sínter y un material parecido a marga.

Recientes excavaciones paleoarqueológicas realizadas en la localidad Solapa del *Megalocnus,* en el Municipio Corralillo, provincia Villa Clara, Cuba, revelaron un importante depósito arqueológico con abundante material paleontológico e industria lítica (Arredondo y Villavicencio, 1997). El estudio del material fósil de vertebrados condujo a la suma total de más de 130 ejemplares agrupados en 30 especies y 20 géneros, donde predominan los mamíferos, principalmente perezosos.

El estudio tafonómico realizado y las evidencias paleontológicas avalan que el depósito se originó producto de la actividad trófica desarrollada por humanos y no por la acumulación de restos al azar provocado por el arrastre mecánico de las aguas (Arredondo y Villavicencio, en prensa). El análisis realizado por los autores, en torno a la problemática de la coexistencia, conllevó a la determinación de diferentes aspectos para el análisis tafonómico en el contexto integral del depósito, tales como: los características físicas del depósito, la composición faunística y la autoctonía de los restos óseos, considerando en este último punto, aspectos tales como, la distribución por edades, según las dimensiones de los huesos largos y de los caracteres mandibulares; además de la determinación de sexos diferentes y la presencia de abundantes coprolitos. Otros aspectos a considerar fueron la ausencia de: *Neocnus* jóvenes en el depósito; de roturas intencionales en los huesos; de un reducido número de restos de jutías; de marcas de dientes de cocodrilos en los restos óseos. En un sentido contrario, se determinó la presencia de grandes aves raptoras; de herramientas líticas humanas; y se midió la granulometría de los sedimentos.

Cada uno de estos elementos, considerado por separado, aportó información para concluir que es muy poco probable el asumir el origen del depósito en estudio como resultado de una acumulación de huesos y otros restos superficiales que fueron arrastrados hasta el lugar donde se conservaron; por tanto, esta acumulación debió ocurrir justo en el momento en que los animales fueron consumidos.

Los diferentes hallazgos de restos de perezosos asociados a culturas aborígenes antillanas y las dataciones cronológicas de piezas óseas por diferentes métodos, permiten, en nuestro criterio, arribar a la conclusión de que efectivamente, los perezosos extinguidos de los géneros *Megalocnus*, *Parocnus*, *Miocnus* y *Neocnus*, al menos, estaban vivos en Cuba cuando arribaron las primeras oleadas de pobladores humanos. Sin embargo, consideramos que las poblaciones de estos animales estaban muy mermadas y en un franco período de extinción natural cuando ocurrió la coexistencia.

LITERATURA CITADA

Aguayo, C. G. 1950. Observaciones sobre algunos mamíferos cubanos extinguidos. La Habana, *Boletín de Historia Natural Museo Poey*, 1(3): 121-134.

Aguayo, C. G. 1953. Los orígenes de la fauna cubana. Pp: 949-972, *in: Circulares del Museo y Biblioteca de Malacología de La Habana. Cuba* (M. L .Jaume, ed.). Material Mimeografiado. La Habana.

Allen, G. M. 1917. New fossil mammals from Cuba. *Bulletin of the Museum Comparative Zoology*, 61(1): 1-12.

Allen, G. M. 1918. Fossil mammals from Cuba. *Bulletin of the Museum Comparative Zoology*, 62(4): 131-148.

Arredondo, C. 1996. Consideraciones geopaleoecológicas sobre el origen y el arribo de los tetrápodos extintos de Cuba. *Revista Electrónica Órbita Científica* (ISPEJV, Cuba), 1(4): 1-16.

Arredondo, C. 2000. *Los Edentados Extintos del Cuaternario de Cuba*. Tesis Doctoral en Ciencias Biológicas. Inédita. Universidad de La Habana, Cuba.

Arredondo, C. y R. Villavicencio. 1997. *Importancia paleoarqueológica de la localidad El Charcón, Corralillo, Villa Clara*. Ponencia al Forum de Ciencia y Técnica. ISP "Enrique J. Varona". La Habana. Cuba. Mecanoescrito.

Arredondo, C. y R. Villavicencio. En prensa. Contribución tafonómica a la interpretación del depósito arqueológico *Solapa del Megalocnus* en el noroeste de Villa Clara, Cuba. *Biología*, Vol. 2.

Arredondo, C. y O. Arredondo. En prensa. Geographical distribution and other considerations of species of the family Megalonychidae in Cuba. *In: The Mammals of the West Indies. Vol. I (Land mammals)*. (C. A Woods, J. Ottenwalder y R. Borroto, eds.) Florida University Press.

Arredondo, O. 1961. Descripciones preliminares de dos nuevos géneros y especies de edentados del Pleistoceno cubano. *Boletín. Grupo Exploraciones Científicas*. 1: 19-40.

Barbour, T. 1914. A contribution to the zoogeography of the West Indies, with especial reference to amphibians and reptiles. *Bulletin Memories of Museum of Comparative Zoology*, 44: 209-359.

Böhme, W. 1984. Erstfund eines fossilen kugelfinger-gecko (Sauria: Gekkonidae: Sphaerodactylinae) aus Dominikanischen Bern-stein der Oligozän von Hispaniola, Antillen. *Salamandra*. 20: 212-220.

Darlington, P. J. 1938. The origin of the fauna of the Greater Antilles, with discussion of dispersal of animals over water and through the air. *Quarterly Review of Biology*, 13: 274-300.

Dávalos, L. M. 2004. Phylogeny and biogeography of Caribbean mammals. *Biological Journal of the Linnean Society*, 81: 373 - 394.

Iturralde-Vinent, M. A. 1988. *Naturaleza Geológica de Cuba*. Editorial Científico Técnica. La Habana, Cuba.

Iturralde-Vinent, M. A. y R. D. E. MacPhee. 1999. Paleogeography of the Caribbean region: implications for Cenozoic biogeography. *Bulletin of the American Museum of Natural History*, 238: 1-95.

Kartashov, I. P. y N. A. Mayo 1974. Principales rasgos del desarrollo geológico de Cuba oriental en el Cenozoico tardío. Pp: 165-173, *in: Contribución a la Geología de Cuba*. Publicación Especial 2. Academia de Ciencias de Cuba. La Habana.

MacFadden, B. J. 1980. Rafting mammals or drifting islands? : Biogeography of the Greater Antillean insectivores *Nesophontes* and *Solenodon*. *Journal of Biogeography*, 7: 11-22.

MacPhee, R. D. E. y M. A. Iturralde-Vinent. 1994. First Tertiary land mammal from Greater Antilles: an early Miocene sloth (Xenarthra, Megalonychidae) from Cuba. *American Museum Novitates*, 3094: 1-13.

MacPhee, R. D. E. y M. A. Iturralde-Vinent 1995. Origin of the Greater Antillean land mammal fauna, 1: new Tertiary fossils from Cuba and Puerto Rico. *American Museum Novitates*, 3141: 1-30

MacPhee, R. D. E., C. Flemming y D. Lunde. 1999. "Last occurrence" of the Antillean insectivoran *Nesophontes*: New radiometric dates and their interpretation. *American Museum Novitates*, 3264: 1-20.

MacPhee, R. D. E., M. A. Iturralde-Vinent y E. S. Gaffney. 2003. Domo de Zaza, an early miocene vertebrate locality in South-Central Cuba, with notes on the tectonic evolution of Puerto Rico and the Mona Passage. *American Museum Novitates*, 3394: 1-42.

Marshall, L. G. y R. Pascual 1978. Una escala temporal radiométrica preliminar de las edades-mamífero del Cenozoico medio y tardío sudamericano. *Obra del Centenario del Museo de La Plata. Argentina*, 5: 11-28.

Matthew, W. D. 1939. Climate and evolution. 2nd. edition. *New York Academy of Sciences, Special Publication,* 1: 1-123.

Matthew, W. D y C. de Paula Couto 1959. The Cuban edentates. *Bulletin of the American Museum of Natural History*, 117: 1-56.

Mayer, G. C. y J. D. Lazell 1988. Significance of frog in amber. *Science* 293: 1477-1478.

Mayo, N. A. 1969. Nueva especie de Megalonychidae y descripción de los depósitos cuaternarios de la Cueva del Vaho, Boca de Jaruco, La Habana. *Memorias Facultad de Ciencias, Universidad de la Habana. Serie Ciencias Bioógicas*, 3: 1-58.

Mayo, N. A. 1980. Nueva especie de *Neocnus* (Edentata: Megalonychidae, de Cuba) y consideraciones sobre la evolución, edad y paleoecología de las especies de este género. *Actas II Congreso Argentino de Paleontología y Bioestratigrafía y I Congreso Latinoamericano de Paleontología,* Buenos Aires, 3: 223-236.

Miller Jr., G.S. 1929. A second collection of mammals from caves near St. Michel, Haití. *Smithsonian Miscellaneous Collections,* 81(9): 1-30.

Morgan, G. S. y C. A. Woods. 1986. Extinction and the zoogeography of West Indian land mammals. *Biological Journal of the Linnean Society,* 28: 167-203.

Morgan, G. S. y J.A. Ottenwalder. 1993. A new extinct species of *Solenodon* (Mammalia: Insectivora: Solenodontidae) from late Quaternary of Cuba. *Annals Carnegie Museum,* 62(2): 151-164.

Olson, S. L. 1982. Biological archeology in the West Indies. *Florida Anthropologist,* 35: 162-168.

Patterson, B. y R. Pascual 1972. The fossil mammal fauna of South America. Pp: 247-309, *in: Evolution, mammals, and southern continents* (A. Keast, F.C. Erk y B. Glass, eds.). State University of New York Press, Albany.

Paula Couto, C. 1967. Pleistocene Edentates of the West Indies. *American Museum Novitates,* 2304: 1-55.

Pino, M. y N. Castellanos 1985. Acerca de la asociación de perezosos cubanos extinguidos con evidencias culturales de aborígenes cubanos. *Reporte de Investigación del Instituto de Ciencias Sociales,* 4: 1-29.

Poinar, G. O. 1988. Hair in Dominican amber: evidence for Tertiary land mammals in the Antilles. *Experientia,* 44: 88-89.

Poinar, G. O. y D. C. Cannatella. 1987. An upper Eocene frog from the Dominican Republic and its implications for Caribbean biogeography. *Science,* 237: 1215-1216.

Pregill, G. K. y S. L. Olson 1981. Zoogeography of the West Indian vertebrates in relation to Pleistocene climatic cycles. *Annual Review of Ecology and Systematics,* 12: 75-98.

Rega, E., D. A. MacFarlane, J. Lundberg y K. Christenson. 2002. A new Megalonychid sloth from the late Wisconsinan of the Dominican Republic. *Caribbean Journal of Science,* 38 (1-2): 11-19.

Rodríguez, R. O., Fernández y E. Vento. 1984. La convivencia de la fauna de desdentados extinguidos con el aborigen de Cuba. *Kobie (Serie paleoantropología y Ciencias Naturales),* 14: 561-566.

Rodríguez, R. O. y E. Vento 1989. *Paleohistología. Algunos desdentados extinguidos de Cuba (Megalonychidae).* Editorial Academia. La Habana.

Rodríguez, R. O. y G. Hernández. 1992. Bioquímica de algunos desdentados extinguidos de Cuba. *Archaeofauna,* 1: 105-108.

Rosen, D. E. 1975. A vicariance model of Caribbean biogeography. *Systematic Zoology,* 24: 431-464.

Simpson, G. G. 1940. Mammals and land bridges. *Journal of the Washington Academy of Sciences,* 30(4): 137-163.

Simpson, G. G. 1956. Zoogeography of West Indian land mammals. *American Museum Novitates,* 1759: 1-28.

Steadman, D. W., G. K. Pregill y S. L. Olson. 1984. Fossil vertebrates from Antigua, Lesser Antilles: evidence for late Holocene human-caused extinctions in the West Indies. *Proceedings of the National Academy of Sciences,* 81: 4448-4451.

White, J. L y R. D. E. MacPhee. 2001. The sloths of the West Indies: a systematic and phylogenetic review. Pp: 201–236, in: (C. A. Woods y F. E. Sergile, Eds.), *Biogeography of the West Indies; patterns and perspectives.* CRC Press, Boca Raton.

Williams, E. E. 1989. Old Problems and new opportunities in West Indian biogeography. Pp: 1-46, in: (C. A. Woods, Ed.), *Biogeography of the West Indies: past, present and future.* Sandhill Crane Press, Gainesville.

Woloszyn, B. W. y N. Mayo. 1974. Postglacial remains of a vampire bat (Chiroptera: *Desmodus*) from Cuba. *Acta Zoologica Cracoviensa,* 19(13): 253-266.

Earliest evidence for human-megafauna interaction in the Americas

Richard A. Fariña[1] and Reynaldo Castilla[2]

[1] Sección Paleontología, Departamento de Geología, Facultad de Ciencias, Universidad de la República, Iguá 4225, 11400 Montevideo, Uruguay (fari~a@fcien.edu.uy).
[2] Av. Artigas 1433, 90800 Sauce, Departamento de Canelones, Uruguay.

RESUMEN

La extinción de la megafauna en el Pleistoceno tardío es un tema de gran interés académico que también implica asuntos éticos, debido a la propuesta del impacto humano entre sus posibles causas. Las evidencias de la interacción humanos-megafauna son escasa, especialmente en América del Sur, donde este tópico está vinculado al debate sobre la fecha del arribo humano. Aquí se presentan los resultados de dos dataciones radiocarbónicas del material hallado en un sitio en el Arroyo Vizcaíno, Uruguay. Uno de los restos corresponde a una costilla y el otro a una clavícula, ambas pertenecientes a un mamífero gigante extinguido, el perezoso terrestre pleistoceno *Lestodon*. La clavícula muestra marcas de origen humano. Los análisis dieron resultados consistentes, entre 28.000 y 29.000 años atrás, una edad mucho más antigua que la que predice el presente paradigma de poblamiento de las Américas y de las dataciones aceptadas actualmente, que se agrupan alrededor de los 12.000 años atrás.
Palabras clave: datación radiocarbónica, paleoindio, perezoso terrestre, Uruguay, Cuaternario.

ABSTRACT

Megafaunal extinction in the late Pleistocene is a topic of great academic interest that also arouses ethical issues, due to the proposed impact of humans as its possible cause. Evidences on human-megafauna interaction are scarce, especially in South America, where this issue is entangled with the debate on the date of human arrival. Here we present the results of two radiocarbon datings of material found in a site in the Arroyo Vizcaíno, Uruguay. One of them was a rib and the other a clavicle, both belonging to an extinct giant mammal, the Pleistocene ground sloth *Lestodon*. The clavicle shows human-made marks. The analyses yielded consistent results, between 28 and 29 kybp, a much older age than predicted by the present paradigm of peopling of the Americas and from currently accepted datings, which cluster at about 12 kybp.
Keywords: radiocarbon dating, palaeoindian, ground sloth, Uruguay, Quaternary

INTRODUCTION

The arrival of *Homo sapiens* in the New World at the end of the Pleistocene was followed by the continental extinction of a high number of large mammal species, belonging to the orders Proboscidea, Artiodactyla, Perissodactyla, Xenarthra, Litopterna and Notoungulata. They disappeared in a few centuries, from Alaska to Tierra del Fuego (Barnosky *et al.*, 2004), with larger species having a stronger share of this extinction (Lessa and Fariña, 1996; Lessa *et al.*, 1997).

Apart from the influence of climatic change, some human induced causes have been proposed to explain the brevity and severity of this event: overkill by palaeoindians (*Blitzkrieg*), habitat modification by humans (*Sitzkrieg*) and extremely lethal diseases, perhaps also brought by humans, and combinations of some or all of them (Martin, 1984; Beck, 1996; MacPhee and Marx, 1997; Ferigolo, 1999).

Although recently the weight of the importance assigned to the human factor has grown (Barnosky *et al.*, 2004), evidences on human-megafauna interaction are scarce, especially in South America, where this issue is entangled with the debate on the date of human arrival (Miotti *et al.*, 2003). Here we present the results of two radiocarbon datings of material found in a site in the Arroyo Vizcaíno, Uruguay, that strongly modify our current view of this issue. One of the remains was a rib and the other a clavicle, both belonging to an extinct giant mammal, the Pleistocene ground sloth *Lestodon*. The clavicle shows human-made marks, extensively described in Arribas *et al.* (2001).

STUDIED SITE

The site containing the clavicle, the rib and many other remains of typical members of the Pleistocene South American megafauna (some individuals of *Lestodon* and three genera of glyptodonts: *Glyptodon*, *Doedicurus* and *Panochthus*) was found in the Arroyo Vizcaíno, near the town of Sauce, Departamento de Canelones, Uruguay (latitude: 34°35' S, longitude: 56°03' W). This fossil material was recovered from the sediments in the riverbed during a very severe drought in January 1997. These sediments were assigned to the late Pleistocene Sopas-Dolores Formation (Panario and Gutiérrez, 1999), typically composed of reddish brown (5 YR 5/4) deposits of reworked loess, with tectosillicate grains. From the geomorphological perspective, the site is a place where the stream becomes deeper, forming a natural pond on a substrate of Cretaceous sediments (Mercedes Formation).

METHODS

Although it lacks the sternal end, the clavicle is in good condition, with the outer bone layer well preserved on all surfaces (Fig. 1). It must have undergone only a very slight aeolic polishing. The 87 marks observed on the anterior surface, posterior surface, dorsal border and on the acromial articular surface preserved are very clear

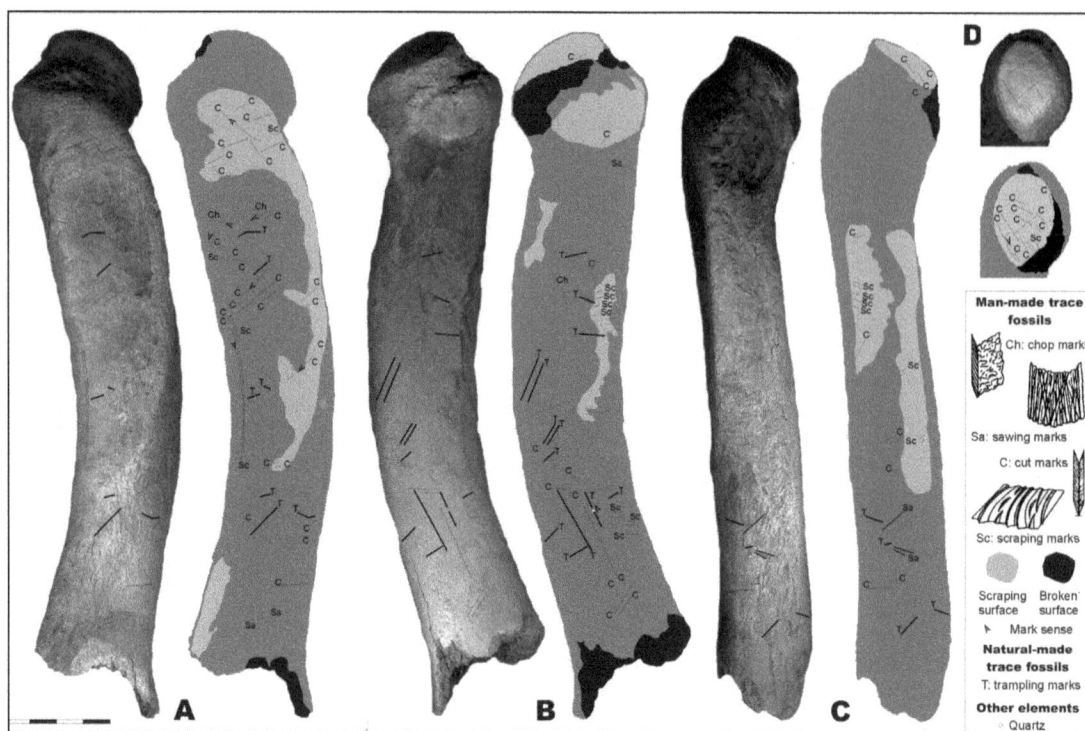

Figure 1. *Clavicle of Lestodon (A: anterior surface, B: posterior surface, C: dorsal border, D: acromial end) showing cut marks (C), chop marks (Ch), sawing marks (Sa), and trampling marks (T) at macro and mesoscale, with scraped surfaces (Sc), associated microstriae and broken surfaces (scale bar length in cm). Taken from Arribas et al. (2001). Diagram of cut mark sections in the figure modified after Noe-Nygaard (1989).*

(Arribas *et al.*, 2001). Apart from the naturally-made trampling marks (Lyman, 1994), all the four types of possible human-made marks (Noe-Nygaard, 1989) have been identified: chop, sawing, scraping and incisions or true cut marks (Fig. 2). They are especially associated with muscular attachment areas (Arribas *et al.*, 2001), suggesting they were made while accessing the scapulohumeral joint or the muscles under the scapula, possible places for dismembering the forelimb.

A sample was taken from the broken end of the clavicle. After dissolving the mineral fraction in cold 0.1N HCl, collagen was washed in cold 1.0M NaOH to remove secondary organics and then dried, measured for $^{13}C/^{12}C$ and dated by accelerator mass spectrometry (AMS) in Beta Analytic Inc., Miami, FL, USA. This sample, identified as A° Vizcaíno 2, yielded a measured age of 29 050 ± 290 BP (δ ^{13}C = -18.8 ‰; 29 150 ± 290 BP conventional radiocarbon age; Beta 206660). Another sample was taken from an accompanying rib (A° Vizcaíno 1), also assigned to *Lestodon*. The condition of this other bone is also very good and it was treated in the same way.

RESULTS

The sample taken from the marked clavicle, identified as A° Vizcaíno 2, yielded a measured age of 29 050 ± 290 BP (δ ^{13}C = -18.8 ‰; 29 150 ± 290 BP conventional

radiocarbon age; Beta 206660). The other sample, taken from an accompanying rib (A° Vizcaíno 1) yielded a similar age of 28 200 ± 230 BP (δ ^{13}C = -18.6 ‰; 28 300 ± 230 BP conventional radiocarbon age; Beta 204256).

DISCUSSION

In these cases, when a much unexpected age is obtained, the possibility of contamination must be properly discussed. We claim that it can be safely discarded, based on the following arguments. Percentage carbon from combustion is considered to be an evidence of good quality of the sample when a percentage higher than 10% is found. For our samples, Beta-206660 yielded 11% and Beta-204256 yielded 33% carbon from the combusted collagen, both above the minimum required, although with a disparity likely due to differences in preservation in the material and pre-treatment consequences. This should be taken as evidence against the presence of contamination. Had contamination accounted for differences in the carbon content of the collagen, it is reasonable to state the two dates would have been completely different, as would have the $^{13}C/^{12}C$ and $^{15}N/^{14}N$ ratios (see below).

Moreover, purity of collagen in both samples was assessed by visual observation of the collagen, combined with the value obtained for the $^{13}C/^{12}C$ and $^{15}N/^{14}N$ ratios. In the case of these samples, the collagen appeared

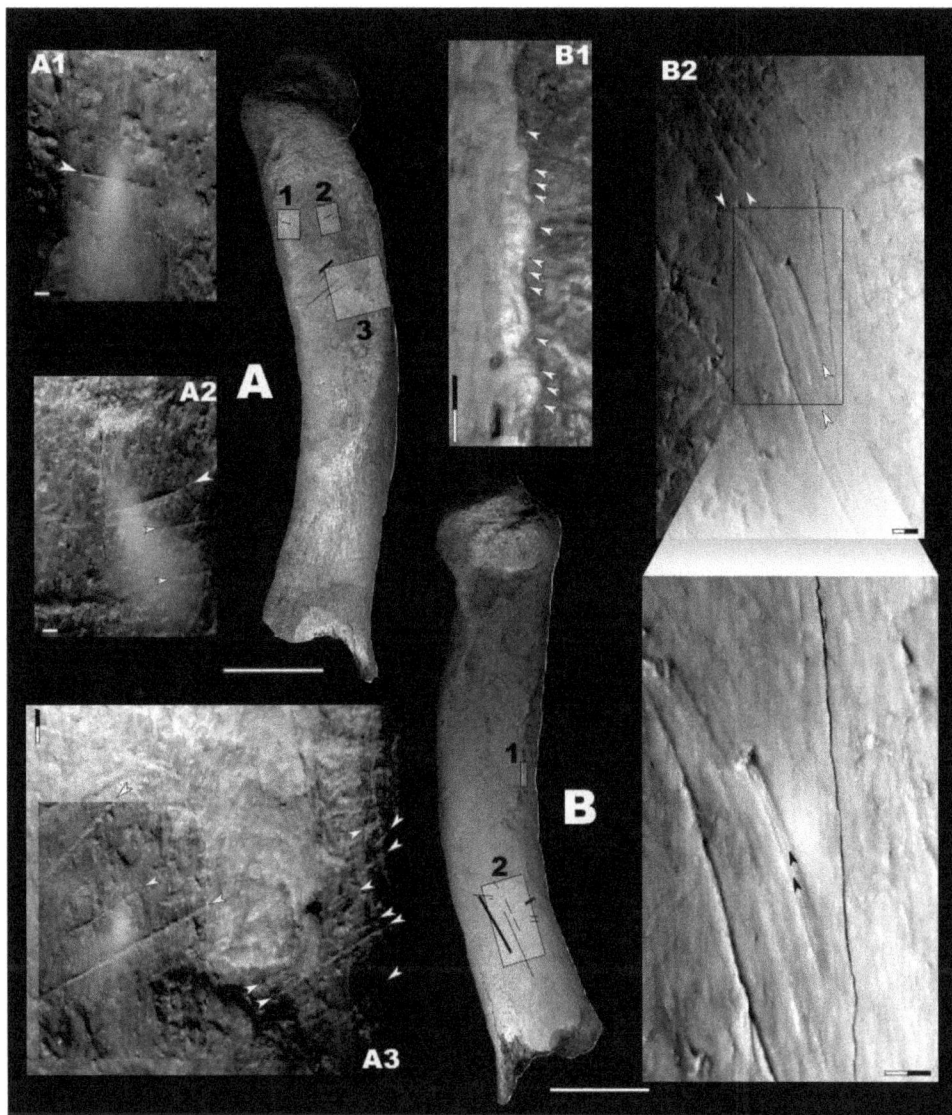

Figure 2. *Microphotographs of the observed cut marks (A: anterior face, B: posterior face). Chop marks on the anterior surface (A1 and A2) that have left two equally sized, convergent signs perpendicular to the main axis of the bone with cut marks associated, following the same direction. A3: set of parallel cut marks preserving the alignment at both sides of a depression, located in a muscle attachment surface. B1: part of a scraping surface, rendering these areas mechanically abraded, associated with a muscle attachment, with tens of parallel microstriae oblique to the main axis of the bone. B2: set of cut marks which left two consecutive, perfectly aligned cuts, probably due to a jump of the cutting edge, with visible inner microstriae. Bone scale in cm, microphotograph scale in mm. Taken from Arribas et al. (2001).*

normal at visual observation throughout the pre-treatments. Furthermore, the $^{13}C/^{12}C$ ratios were very typical of bone and the same (-18.6 and -18.8 ‰), and $^{15}N/^{14}N$ ratios were also the same (+10.7 for Beta 206660 and +10.3 ‰ for Beta 204256). It is important to note that the two samples were analysed at completely separate times, 3 months apart from each other. Given this, with collagen visually looking good in both cases, the $^{13}C/^{12}C$ and $^{15}N/^{14}N$ ratios being in good agreement with each other, and the two dates being statistically identical (three different lines of congruent evidence in spite of the extracted collagen has had completely different carbon contents), dating accuracy should be regarded as reliable and therefore the possibility of

contamination can be safely ruled out. In other words, for the dates not to be accurate, the analysed material would have to be entirely contamination with ^{13}C and ^{15}N ratios similar to a 28 ky-old bone, which of course is far from likely.

Those results imply a very much earlier human presence than usually accepted both in South America and in North America (Barnosky *et al.*, 2004; see also Dillehay, 1999, 2000). Most dates of earliest evidence of peopling cluster at about 12 000 BP (Miotti *et al.*, 2003; Barnosky *et al.*, 2004). However, a recent proposal of ancient coexistence of humans and megafauna comes from Santa Elina, a rock shelter in central Brazil (Vialou, 2003). In its Unit

III, numerous bones of the extinct ground sloth *Glossotherium* dated by U-Th as 27 000 ± 2 000 BP were found contiguous to lithic material, although further studies are needed to rule out a stratigraphic artefact. Those bones show no evidence of butchering.

The results discussed here suggests as a first attempt of colonisation before the climate became too harsh for human thriving as it approached the last glacial maximum (Markgraf, 2001; Lambeck *et al.*, 2002). In this view, that early population, living as far South as the present territory of Uruguay, may have gone extinct or moved to tropical latitudes. A second wave of immigrants must have taken the land only when the climate started to ameliorate in the last few millennia of the Pleistocene, once the glacial maximum was over.

Another consequence of these results has to do with the proposal of the *Blitzkrieg* or rapid overhunt as the cause of extinction of the megafauna (Martin and Klein, 1984). That early population had interaction with the species of the megafauna, either as hunters or carrion-eaters, but obviously did not drive them quickly to extinction. If the human impact was the decisive force in that extinction, it must have been so through the action of that possible later wave of colonisers, who might have taken advantage of the improved climatic conditions that must have favoured the growth of their populations.

Moreover, it can be speculated that perhaps the route of human migration through the Americas might have not been as simple as previously suggested (Martin and Klein, 1984; Barnosky *et al.*, 2004), with Behringia and Alaska as the starting point of a straightforward southbound journey. The possibility exists that early inhabitants may have colonised and even re-colonised North and South America travelling from each other more than once.

ACKNOWLEDGEMENTS

We are grateful to Alfonso Arribas, Ángeles Beri, Ernesto Blanco, Roberto Bracco, Serge Occhietti and Daniel Panario for their encouragement and useful suggestions. Gabriela Casanova helped in extracting one of the samples. Radiocarbon datings were partially funded by Proyecto CONICYT-Clemente Estable N° 6057.

LITERATURE CITED

Arribas, A., P. Palmqvist, J. A. Pérez-Claros, R. Castilla, S. F. Vizcaíno and R. A. Fariña. 2001. New evidence on the interaction between humans and megafauna in South American. *Publicaciones del Seminario de Paleontología de Zaragoza*, 5:228-238.

Barnosky, A. D., P. L. Koch, R. S. Feranec, S. L. Wing, and A. B. Shabel. 2004. Assessing the causes of late Pleistocene extinctions on the continents. *Science* 306:70-75.

Beck, M. W. 1996. On discerning the cause of late Pleistocene megafaunal extinctions. *Paleobiology*, 22:91-103.

Dillehay, T. D. 1999. The late Pleistocene cultures of South America. *Evolutionary Anthropology*, 7:206-216.

Dillehay, T. D. 2000. *The Settlement of the Americas: A New Prehistory*. Basic Books. New York.

Ferigolo, J. 1999. Late Pleistocene South America land-mammal extinctions: the infection hypothesis. *Quaternary of South America and the Antarctic Peninsula*, 12:279-299.

Lambeck, K., T. M. Esat and E.-K. Potter. 2002. Links between climate and sea levels for the past three million years. *Nature*, 419:199-206.

Lessa, E. P. and R. A. Fariña. 1996. Reassessment of extinction patterns among the late Pleistocene mammals of South America. *Palaeontology*, 39:651-662.

Lessa, E. P., B. Van Valkenburgh and R. A. Fariña. 1997. Testing hypotheses of differential mammalian extinctions subsequent to the Great American Biotic Interchange. *Palaeogeography, Palaeoclimatology, Palaeoecology*, 135:157-162.

Lyman, R. L. 1994. *Vertebrate Taphonomy*. Cambridge Manuals in Archaeology. Cambridge University Press. Cambridge.

MacPhee, R.D.E. and P. A. Marx. 1997. The 40,000-year plague: Humans, hyperdisease, and first-contact extinctions. Pp. 169-217, *in: Natural Change and Human Impact in Madagascar* (S. M. Goodman and B. D. Patterson, eds.). Washington DC. Smithsonian Institution Press.

Markgraf, V. (ed.). 2001. *Interhemispheric climate linkages*. Academic Press. San Diego.

Martin, P. S. 1984. Prehistoric overkill: the global model. Pp. 354-403, *in: Quaternary Extinctions: A Prehistoric Revolution* (P. S. Martin & R. G. Klein, eds). University of Arizona Press. Tucson.

Martin, P. S. and R. K. Klein (eds.). 1984. *Quaternary Extinctions: A Prehistoric Revolution*. University of Arizona Press. Tucson.

Miotti, L., M. Salemme and N. Flegenheimer (eds.). 2003. *Where the South Winds Blow: Ancient Evidence of Paleo South Americans*. Center for the Study of the First Americans, Texas A&M University Press. College Station.

Noe-Nygaard, N. 1989. Man-made trace fossils on bones. *Human Evolution*, 4:461-491.

Panario, D. & O. Gutiérrez. 1999. The continental Uruguayan Cenozoic: an overview. *Quaternary International*, 62:75-84.

Vialou, Á. V. 2003. Santa Elina Rockshelter, Brazil: Evidence of the Coexistence of Man and *Glossotherium*. Pp. 21-28, *in: Where the South Winds Blow: Ancient Evidence of Paleo South Americans* (L. Miotti, M. Salemme & N. Flegenheimer, eds.). Center for the Study of the First Americans, Texas A&M University Press. College Station.

La complejidad de los sistemas ecológicos en la explicación del registro arqueofaunístico de los cazadores recolectores de la Isla Grande de Tierra del Fuego

Sebastián Muñoz

Consejo Nacional de Investigaciones Científicas y Técnicas- Universidad de Buenos Aires, Argentina. (amunoz@filo.uba.ar).

RESUMEN

En este trabajo se analizan los niveles en que el aislamiento de la Isla Grande de Tierra del Fuego pudo afectar a los cazadores-recolectores que la habitaron y sus consecuencias para un abordaje arqueozoológico. Desde un punto de vista biogeográfico, y en escala evolutiva, se sugiere que la Isla Grande no se diferenciaría radicalmente del extremo continental en lo que hace al modo en que las principales variables biogeográficas podrían haber afectado a las poblaciones insulares. Desde un punto de vista ecológico se sostiene que estas características biogeográficas generales de la región afectaron de manera específica el rango de comportamientos de las distintas poblaciones locales, y que ello tiene consecuencias directas sobre las expectativas que formulamos para dar cuenta del registro arqueofaunístico por estos producidos.
Palabras clave: aislamiento, Tierra del Fuego, zooarqueología

ABSTRACT

In this paper, the levels at which the isolation of the Isla Grande de Tierra del Fuego may have affected the hunter-gatherers inhabiting the island are analysed, and the consequences for a zooarchaeological approach are discussed. It is suggested that from a biogeographical point of view and at an evolutionary scale, the Isla Grande does not differ substantially from the tip of mainland as regards the way the main biogeographical properties may have affected insular populations. From an ecological point of view, it is suggested that these general biogeographical characteristics of the region would have affected the range of behaviours of local human populations, and that this would have direct consequences on the zooarchaeological expectations.
Keywords: isolation, Tierra del Fuego, zooarchaeology

INTRODUCCIÓN

El objetivo de este trabajo es analizar el modo en que la complejidad inherente a los sistemas ecológicos puede afectar nuestras expectativas sobre la evidencia arqueozoológica generada por los cazadores-recolectores de Tierra del Fuego. Para ello se analizan conceptos que son de utilidad al momento de dotar de significado a la evidencia arqueozoológica y que han sido propuestos en la literatura arqueozoológica de los últimos años (ver Gifford-Gonzalez, 1991; Lyman, 1994; Marean, 1995; O'Connor, 1996; Marciniak, 1999).

El debate en torno al papel que los restos faunísticos pueden ocupar en las explicaciones arqueológicas tiene como punto de partida el reconocimiento de la complejidad existente entre la evidencia y los procesos que la originan. Lo que se busca es generar inferencias complejas, y con mayor grado de generalidad, sobre las causas que subyacen a los fenómenos bajo estudio para, de este modo, ampliar el conocimiento sobre las causas últimas que dan cuenta de las trazas fósiles que estudiamos y poder trascender los niveles de causalidad inmediatos (Gifford-Gonzalez, 1991). Así, las trazas son el reflejo de las interacciones de un organismo con elementos de su ambiente y pueden ser de distinto tipo, como por ej. las marcas de dientes o las huellas de pisadas (Gifford, 1981).

Como señala Gifford-Gonzalez, el problema radica en que un objetivo de esta clase no puede ser alcanzado con una mayor cantidad de trabajo al nivel de identificación de agentes tafonómicos, debido, principalmente, a que los contextos en los que se origina la evidencia son complejos y están jerárquicamente integrados. Como consecuencia de ello, los resultados de la interacción de las múltiples variables que los integran no son simples y tienden a expresarse en términos probabilísticos, involucrando una mayor ambigüedad inferencial, ambigüedad que se convierte, de este modo, en una propiedad de los sistemas estudiados y no en un problema de la información que manejamos (Gifford-Gonzalez, 1991).

NIVELES DE CAUSALIDAD

Redefinir los objetivos de la agenda de trabajo supone la utilización de categorías analíticas que sean concordantes con esta jerarquía de niveles de causalidad. Gifford-Gonzalez propuso seis (ver Tabla 1), que ordenadas de menor a mayor grado de generalidad incluyen la traza en sí, es decir el atributo visible de la acción de un proceso tafonómico, su causa física inmediata o agente causal, el efector o ítem o material que efectúa la traza y el actor, es decir la fuente de energía que crea una traza. Por encima del actor se encuentran las dos categorías más generales, es decir, las más altas en la jerarquía, que son las que consideramos en este trabajo. Nos referimos al contexto de comportamiento y al contexto ecológico. El primero

Categoría Analítica	Definición
Traza	El atributo visible de la acción de un proceso tafonómico
Agente Causal	Causa física inmediata
Efector	Item o material que efectúa la traza
Actor	La fuente de energía que crea la traza
Contexto de Comportamiento	Patrones de comportamiento que se busca estudiar
Contexto Ecológico	Tipo de ecosistema o medio ambiente en el que viven los actores

Tabla 1. Categorías analíticas propuestas por Gifford-Gonzalez, ordenadas jerárquicamente de menor a mayor. Tomado de Gifford-Gonzalez (1991: Fig. 2, traducción propia)

consiste en los patrones de comportamiento que se busca estudiar y el segundo esta definido por el tipo de ecosistema o medio ambiente en el que viven los actores.

La compleja relación entre estas diferentes categorías hace que resulte imposible explicar las de mayor generalidad, los comportamientos que dan origen a las trazas, por ejemplo, a través de las menos generales, como las relaciones entre traza y agente causal. Esto se debe a que los contextos en que se generan las trazas poseen propiedades emergentes no reducibles a un nivel inferior. Así, una misma traza puede ser producida por comportamientos diferentes según el contexto ecológico y social en el que efectivamente ocurre. Es necesario investigar, en consecuencia, las condiciones bajo las cuales estos diferentes comportamientos resultan esperables y las propiedades que para ello resultan relevantes en los restos óseos.

En otras palabras, para dar cuenta de las "relaciones de vida" y ampliar nuestra capacidad de interpretación sobre las relaciones de menor nivel jerárquico o "relaciones físico-mecánicas" (Gifford-Gonzalez, 1991) es necesario abordar las propiedades de cada que uno de los niveles jerárquicos en su propia complejidad, especialmente de aquellos más generales. Un primer paso en este sentido consiste en especificar las propiedades del contexto ecológico, ya que de esta manera podemos evaluar el rango potencial de comportamientos involucrados.

En este trabajo se presenta una primera evaluación del modo en que la complejidad inherente a los sistemas ecológicos puede afectar nuestras expectativas sobre la evidencia arqueozoológica generada por los cazadores recolectores de la Isla Grande de Tierra del Fuego. Más que un análisis definitivo sobre el problema lo que aquí se propone es una puerta de entrada para la demarcación del mismo, teniendo en cuenta que lo que se busca es acotar un rango posible de resultados y no una lista taxativa de estrategias y comportamientos posibles.

LA ISLA GRANDE DE TIERRA DEL FUEGO Y SUS CARACTERÍSTICAS BIOGEOGRÁFICAS

Consideramos que Tierra del Fuego ofrece un caso ilustrativo para discutir el modo en que la definición de las condiciones ecológicas bajo las que operaron las poblaciones humanas del pasado puede afectar a los

modelos relevantes para explicar el rango de comportamientos posibles ya que, por tratarse de una isla, algunas de las condiciones son más fácilmente acotables. En efecto, el extremo sur del continente americano esta formado por una variedad de islas que consisten, básicamente, en una serie de cimas montañosas inundadas por las aguas marinas (Peña y Barria, 1972, Humphrey y Péfaur, 1979, ver Figura 1). Por encima de los 52° S, estas islas conforman el archipiélago de Tierra del Fuego y Cabo de Hornos, que se encuentra separado del sur del continente por el Estrecho de Magallanes.

Para finales del Pleistoceno esta región ya se encontraba habitada por grupos de cazadores-recolectores (Massone, 1987; Borrero, 2001; Miotti y Salemme, 2003) y es desde el Holoceno medio en adelante que se ha propuesto una aceleración de los cambios en los procesos de adaptación en el sur del continente, cuya principal consecuencia fue la diversificación de estrategias propia del Holoceno Tardío (ver Yesner, 1990; Mena, 1991; Miotti y Salemme, 1999).

La perspectiva adoptada en éste trabajo es la que ofrece la biogeografía, especialmente la biogeografía ecológica, puesto que busca dar cuenta de los patrones en términos de interacciones entre los organismos y su medioambiente físico y biótico, en la actualidad y en el pasado reciente (Myers y Giller, 1988). Esta perspectiva de análisis es particularmente relevante para el caso fueguino puesto que, al tratar principalmente con el aspecto espacial del nicho, el hábitat y las dimensiones del rango de las especies y poblaciones, ofrece un ángulo de análisis que da cuenta de las consecuencias derivadas de su insularidad (Myers y Giller, 1988).

Las islas han sido particularmente importantes en los estudios biológicos desde Darwin y Wallace, y posteriormente para la ecología (MacArthur y Wilson, 1967; Brown, 1971), e incluso lo han sido en las investigaciones arqueológicas (Evans, 1973; Cherry, 1981; Kirch, 1986; Patton, 1996; entre otros). Sin embargo, es necesario reconocer que no existe una teoría unificadora de la biogeografía de islas, por lo que en cada caso es preciso tener presente, como se ve más adelante, el tipo de isla que estamos considerando y el organismo en cuestión (Whittaker, 1998). Por otro lado, para poder definir el contexto ecológico relevante a las poblaciones humanas del pasado es necesario reconocer que la

Figura 1. Localización de la Patagonia Meridional y el archipiélago Fueguino.

información que el presente nos brinda sobre el rango de respuestas humanas frente a situaciones ambientales determinadas no agota el rango potencial que las mismas pudieron tener en el pasado y frente a situaciones particulares distintas a las actuales. Lo mismo puede plantearse para los ecosistemas de los que estas poblaciones formaron parte.

En otras palabras, lo que proponemos es una estrategia de trabajo orientada a entender la complejidad ecológica en que se encuentran inmersas las poblaciones humanas. Hay dos aspectos importantes que hacen a la definición ecológica de Tierra del Fuego. Estos elementos surgen de su situación de insularidad y de su ubicación latitudinal (ver Figura 1).

INSULARIDAD

Los ambientes insulares han sido particularmente importantes en los estudios biogeográficos porque ofrecen la posibilidad de acotar dos variables importantes: grado de aislamiento y área. La teoría más clásica en biogeografía de islas es la propuesta por MacArthur y Wilson (1967). Sin embargo, este modelo ha sido criticado dentro de la ecología (por ej., Haila, 1990; Lomolino, 2000) y también en su aplicación arqueológica (Gamble, 1993; Patton, 1996).

La perspectiva tradicional que se ha ofrecido desde la ecología y la arqueología es que las islas pueden ser

vistas como laboratorios para el estudio de procesos ecológicos y culturales (MacArthur y Wilson, 1967; Keegan y Diamond, 1987). En lo cultural, se han enfatizado los factores que favorecieron la colonización, lo que representa un sesgo en favor de un tipo determinado de islas, las más aisladas, y de los medios a partir de los cuales tuvo lugar esta colonización (ver Gamble, 1993; Mondini y Muñoz 2003). La idea de islas como laboratorios se basa en que los procesos son semejantes a los operantes en las masas continentales pero que, en las islas, cualidades específicas tales como superficie, límites y clima tienen efectos importantes sobre las plantas y animales que en ellas habitan. Estos efectos tienen que ver con la reducción en la variabilidad de hábitats, la mayor y menor tasa de extinción e inmigración, respectivamente, y la existencia de mecanismos de dispersión diferenciales, así como una estabilidad poblacional alterada (Patton, 1996).

Aunque el modelo de islas- laboratorio reviste de utilidad para un planteo inicial del problema, el escenario resulta más complejo. Por ejemplo, algunos autores, como Patton (1996) han criticado las limitaciones de este modelo, principalmente porque no da cuenta de las relaciones entre insularidad y estructura social, que son centrales para entender la evolución de las sociedades humanas. Si bien el debate no está aún concluido, de lo presentado más arriba se desprende que al hablar de insularidad, las islas oceánicas han sido las que en general merecieron mayor atención, dado que en ellas las principales variables (distancia, área y configuración) son acotables. Asimismo, estas islas normalmente tienen una composición diferente de las masas continentales más próximas, puesto que suelen ser volcánicas o coralinas, lo que agrega una particularidad más al momento de discutir la adaptabilidad de las poblaciones y comunidades, ya que ofrecen limitantes medioambientales bióticos y abióticos particulares. Sin embargo, no todas las islas son oceánicas, puesto que existen también las continentales, como en el caso de Tierra del Fuego. Estas islas son las que formaron parte alguna vez de una masa continental, pero posteriormente quedaron aisladas, por el ascenso del nivel marino. Existen, asimismo, espacios aislados dentro de las masas continentales (como las cimas montañosas o los parques dentro de las ciudades) que pueden también definirse como islas.

Las principales características de la Isla Grande de Tierra del Fuego muestran que: es la isla más grande del archipiélago fueguino, con una superficie de aproximadamente 46.000 km² y una distancia de norte-sur de 300 km y una este-oeste de 400 km; su principal rasgo topográfico esta dado por los Andes Fueguinos, continuación de la cordillera de los Andes, que en la isla se ubican en sentido oeste-este; está separada del continente por el estrecho de Magallanes, y la primera y segunda angostura constituyen los puntos más cercanos al mismo, con una distancia aproximada de cinco y ocho km, respectivamente.

El hecho de que se trate de una isla continental ya nos sugiere el tipo de historia particular que debemos esperar en este caso. Como tal, su origen se encuentra ligado al ascenso del nivel marino de finales de Pleistoceno, por lo que la mayoría de sus rasgos toposféricos son semejantes a los del extremo meridional de la masa continental americana. Entre las características que Tierra del Fuego comparte con este extremo continental se incluyen:

a) que no existe una gran diferenciación entre la biota continental e insular debido a lo reciente de su aislamiento;
b) su ubicación latitudinal elevada, lo que hace que los procesos glaciarios hayan sido particularmente importantes para las posibilidades de colonización que tuvieron las distintas especies animales (Redford y Eisemberg, 1989);
c) que forma parte de un archipiélago mayor. Este archipiélago es, a su vez, parte de un extremo continental que en sí mismo, por debajo del paralelo de 38° S, constituye una península en un hemisferio oceánico (Morello, 1984).

En una escala continental, es importante tener en cuenta que el extremo del continente es una región periférica, y que como tal, debido a su relativo aislamiento, puede considerarse como una pseudo-isla (Simpson, 1964). Asimismo, por encontrarse próximas a los océanos, las penínsulas suelen tener un "empobrecimiento peninsular" que implica, entre otras cosas, una reducida renovación de poblaciones, en comparación con el interior de los continentes. Esto se debe, principalmente, a la proximidad a las masas de agua y a la reducción que presentan los medios terrestres próximos (Blondel, 1979).

En síntesis, las características mencionadas muestran que Tierra del Fuego es una isla, pero no una pequeña, aislada y con una topósfera diferente. En consecuencia es posible postular que las diferencias ecológicas muestren una acentuación de la insularización peninsular presente en el extremo sur de Patagonia, y que por lo tanto en conjunto conformen un gradiente que aumenta con la latitud, y que se corresponde, como señala Borrero (1994-1995), con una disminución de la tierra emergida. Podemos decir entonces que, aunque se trata de una isla, no posee características biogeográficamente relevantes, en términos de distancia, área y configuración como para plantear que las consecuencias del aislamiento sean muy marcadas. De este modo, no esperamos encontrar las características típicas derivadas del aislamiento que están presentes en las poblaciones insulares. Lo que deberíamos encontrar es, en cambio, la resultante de la acentuación de un gradiente de insularidad peninsular ya presente en el extremo continental.

LATITUD

Otras variables biogeográficamente importantes además de las configuracionales son la energía por unidad de superficie y la latitud. Estos dos factores suelen explicar las variaciones significativas observadas en la riqueza de especies de vertebrados herbívoros, aunque no la de carnívoros, para los que el área sigue siendo la variable más significativa (Hugget, 1995).

Como dijimos, la isla de Tierra del Fuego no representa una ruptura de los gradientes ambientales observados en la Patagonia continental, ya que las características ambientales en ella presentes son en parte consecuencia de las "constantes surpatagónicas", las que incluyen excentricidad en la localización, fuertes vientos del oeste, luminosidad que determina días muy cortos en invierno y extensos en verano, ausencia de un verano marcado y congelamiento del suelo (Bondel, 1988).

Debido a que a esa latitud constituye la única proyección terrestre en el océano, el clima de Tierra del Fuego es extremadamente oceánico. Como consecuencia de ello los veranos son fríos (8° a 11°C) y los inviernos moderados (-2° a 4°C). En el invierno todas las áreas costeras tienen temperaturas promedio por encima del punto de congelamiento (Bondel, 1988; Tuhkanen, 1992). Por lo tanto, a pesar de la alta latitud en que está ubicado el archipiélago fueguino, las condiciones climáticas están mucho más atemperadas que en otras regiones a una latitud equivalente.

Podemos decir entonces que, en lo que hace a la ecología de las poblaciones humanas, el cuadro ambiental derivado de la oceanidad sugiere que las mismas se habrían enfrentado a condiciones de alta latitud muy particulares. Esto plantea un problema al momento de establecer comparaciones con otras regiones del hemisferio sur, aparte de Patagonia, y del hemisferio norte, y requiere de un análisis cuidadoso.

Asimismo, las particularidades derivadas de la alta oceanidad, las características de la biota, así como la disminución progresiva del espacio disponible hacia el sur a escala continental afectan el rango de comportamientos esperados, lo que pudo haberse traducido, por ejemplo, en patrones de movilidad y asentamiento particulares. Por lo tanto, debemos generar modelos específicos para la región, ya que no es esperable que los generados para otras regiones en iguales latitudes sean explicativos de este contexto ecológico particular.

DISCUSIÓN

De los elementos presentados se desprende que la insularidad puede plantearse como un continuo. Abarca desde el aislamiento marcado, que implica un contexto ecológico diferente al de la masa de tierra más cercana, hasta el relativo, en cuyo caso se da una continuidad con esta última. Esta continuidad se expresa en los factores climáticos y latitudinales que pueden resultar, de esta manera, más importantes que el contexto ecológico específico de la isla para informar sobre las particularidades de los patrones que observamos.

El problema tiene que ver con la escala en que nos preguntarnos por los efectos de la insularidad en el sur de Patagonia. En un nivel muy general, evolutivo, nos interesa conocer el modo como definimos la insularidad y en qué medida podemos hablar de aislamiento en el caso de las poblaciones humanas de Tierra del Fuego. En una escala temporal más corta, ecológica, nos preguntamos por el modo en que estas condiciones afectan a los comportamientos relacionados con la explotación de recursos faunísticos.

Una rápida revisión de las características de Tierra del Fuego nos mostró que la isla no se diferencia marcadamente del extremo continental, y que, en consecuencia, en escala evolutiva, factores tales como el efecto de la distancia o el área no debieron ser extremadamente diferentes respecto del continente para las poblaciones humanas involucradas. Es decir, los efectos de insularidad no serían exclusivos de la isla sino que la trascienden, debido a que todo el extremo continental estaría afectado por el efecto de insularización derivado de su forma peninsular, y de allí la idea de gradiente. Por otro lado, en una escala ecológica nos encontramos con el problema de determinar el modo en que esta acentuación del gradiente de insularidad se manifiesta en el rango de comportamientos de estas poblaciones.

Desde el punto de vista de los cazadores-recolectores, podemos pensar que esta acentuación de la insularidad peninsular implicaría respuestas específicas para dar cuenta de las distribuciones particulares de recursos alimenticios en un espacio limitado y fragmentado. De este modo, es posible que las condiciones generales a las que se ve sometido el extremo continental en su conjunto se manifiesten de manera diferente en el rango de comportamientos característico de las distintas poblaciones locales. Esto se debe a que los cazadores-recolectores se adaptan en primera instancia a regiones locales, y de allí que las preguntas sobre la variación de las conductas humanas deban plantearse también en esta escala de análisis, dando cuenta tanto de las variables espaciales, como de las demográficas y sociales (Gamble, 1986). Es posible esperar entonces que la trayectoria seguida por las diferentes poblaciones no sea exactamente igual, ya que las distintas islas del archipiélago no presentan el mismo grado de aislamiento, ni de superficie, ni de recursos disponibles. Estas condiciones locales también inciden en el rango de comportamientos esperables.

Por ejemplo, otras islas distintas de la Isla Grande, por ser más pequeñas, habrían estado más afectadas por el efecto del área. De tal modo, sólo pudieron ser explotadas por lo que etnográficamente conocemos como adaptaciones con orientación marítima, distribuyéndose sobre la totalidad del archipiélago austral. Asimismo, esta distribución habría sido importante también en el marco de lo que Patton (1996) propone como la sociogeografía de islas, ya que ofrecería un elemento de conectividad entre poblaciones continentales e insulares que mitigaría las consecuencias del efecto fundador, permitiendo eventualmente el rescate de poblaciones y contrarrestando aún más el ya limitado efecto de aislamiento que impone la distancia en el archipiélago austral.

A lo largo del tiempo, esta diversidad de respuestas a condiciones locales de insularidad implicaron lo que podríamos definir en términos biogeográficos como una expansión de nicho, expresado en la ocupación activa que alguna de estas poblaciones hicieron de la superficie del espacio marítimo. Espacialmente observamos las consecuencias de este posible patrón biogeográfico, cuando incluimos islas tales como las Malvinas o de los Estados o Cabo de Hornos (ver Figura 2), donde el efecto de la distancia y el área pudieron jugar un papel mucho más importante: en el caso de las Malvinas, manteniéndolas al margen de los espacios terrestres y marítimos utilizados por los cazadores-recolectores patagónicos (aunque ver Buckland y Edwards, 1998), mientras que para la Isla de los Estados y Cabo de Hornos, el efecto del área habría impedido el establecimiento de poblaciones permanentes como las de la Isla Grande.

Lo que el patrón regional muestra, entonces, es que la respuesta a la insularización peninsular que sufre el extremo continental se habría dado a través de diferentes conjuntos de comportamientos, de los cuales la expansión del nicho evidenciada por las poblaciones canoeras constituiría una de las expresiones más evidentes. Quizás esto sea un rasgo particular de las poblaciones humanas de la región, en el sentido de respuestas específicas a condiciones de alta latitud pero muy oceánicas. A diferencia de lo que ocurrió en latitudes similares en el hemisferio norte, como la costa noroeste norteamericana o el mar Báltico, las condiciones locales habrían estimulado la formación de poblaciones insulares con alta movilidad y baja densidad poblacional relativa.

Como se vio, para los niveles superiores de la cadena trófica el espacio es una variable de peso, incluso mayor que para los niveles inferiores, y de allí que el rango de comportamientos de las poblaciones insulares incluyese la ocupación del espacio marítimo. Ahora bien, qué implica el análisis anterior para la definición del rango de comportamientos de las poblaciones que no ocuparon esos espacios marítimos, es decir lo que etnográficamente conocemos como cazadores pedestres.

Dado que las diferencias entre el extremo continental y la Isla Grande serían de grado y no de clase, es de esperar que la explotación de recursos en la isla plantee más una continuidad que una ruptura respecto de los comportamientos inferibles para el extremo continental. Esto no impide, como dijimos, que los efectos de la insularización se hagan más manifiestos en Tierra del Fuego, debido principalmente a que, por ser una isla, las condiciones locales hacen que la importancia que adquieren recursos tales como los marinos se acentúe. Por otro lado debe tenerse en cuenta, como señala Patton (1996), que este tipo de recursos amplían la diversidad de recursos y pueden contrarrestar uno de los postulados del modelo de MacArthur y Wilson (1967), que plantea la limitación de recursos en los espacios más restringidos.

Puede pensarse, entonces, que a partir de las diferencias originadas con la formación de la isla a comienzos del Holoceno, la oferta de recursos al norte y sur del estrecho de Magallanes haya involucrado un rango de comportamientos parcialmente superpuesto, dando lugar a algún grado de diferenciación. Esto correspondería a lo que Borrero (1989-1990) planteó en el modelo de evolución cultural divergente para la región. Por ejemplo, la importancia que el aprovechamiento de los mamíferos marinos (pinnípedos y cetáceos) tuvo en la Isla Grande haría menos marcado la utilización de otras fuentes de grasa (un recurso crítico a esa latitud; Borrero, 1992) como, por ejemplo, la que provee el tejido esponjoso de los huesos largos o el esqueleto axial de los ungulados (Muñoz, 2001).

Asimismo, las condiciones de marcada oceanidad no favorecerían una estrategia de almacenamiento y consumo diferido como las esperables si consideramos sólo la latitud, por lo que, al momento de decidir el nivel de procesamiento inicial y transporte posterior, variables tales como el estado nutricional del animal podrían tener más peso que la cantidad de presas disponibles. Desde el punto de vista del procesamiento, al no ser necesaria una gran cantidad de carcasas para ser procesadas al mismo tiempo, estas actividades se verían más estrechamente condicionadas por el destino que se le va a dar a las partes en cuestión, es decir, por los objetivos de consumo (Oliver, 1993). Esto se reflejaría, al menos parcialmente, en el patrón de trozamiento, como lo evidencian algunos conjuntos provenientes del sitio Tres Arroyos 1, en el norte de la isla (Muñoz, 2000).

Es posible derivar también expectativas para otros comportamientos diferentes de la caza, como lo es el carroñeo. Al respecto podemos esperar que éste tenga lugar con más frecuencia en el interior de la isla, y que esté orientado principalmente a obtener la médula ósea, recurso que tanto al norte como al sur del Estrecho de Magallanes ha sido siempre importante (Muñoz, 1997). Asimismo, el interior de la isla es el que presenta las condiciones de menor oceanidad y con períodos más largos de congelamiento de suelos (Tuhkanen, 1992), lo que se diferencia claramente de las condiciones presentes en otras partes de la isla, como la costa atlántica.

CONCLUSIONES

En este trabajo he explorado los principales elementos que hacen a la definición del contexto ecológico de la Isla Grande de Tierra del Fuego para entender el rango potencial de comportamientos de los cazadores-recolectores que la habitaron. El análisis estuvo dirigido a definir los niveles en que el aislamiento de la Isla Grande pudo ser importante para estas poblaciones y el modo en que esto afecta nuestra perspectiva de análisis arqueozoológico.

Desde un punto de vista biogeográfico, se sugiere que la Isla Grande no se diferenciaría radicalmente del extremo continental en lo que hace al modo en que las principales variables biogeográficas podrían haber afectado a las poblaciones humanas insulares. Esto se debe a sus características propias, tales como tamaño y diversidad fisiográfica, por un lado, y al hecho de que forma parte de un archipiélago del que no la separan grandes distancias, por otro, pero también a que el extremo continental, por su forma y localización, estaría siendo afectado por un proceso de isularización peninsular más general. Además, desde un punto de vista sociogeográfico se destaca el hecho que a partir del establecimiento de las adaptaciones con orientación marítima se habría dado un potencial de conectividad entre las distintas islas del archipiélago que habría mitigado otras consecuencias posibles a partir de su condición de isla. La importancia de este último aspecto debe, no obstante, ser investigada en profundidad, puesto que un factor crucial de los modelos de conectividad es la demografía de las poblaciones en cuestión (Patton, 1996). Desde un punto de vista ecológico, sin embargo, éstas características biogeográficas generales de la región afectaron de manera particular las estrategias de obtención de recursos de las distintas poblaciones locales.

La perspectiva presentada a lo largo de este trabajo buscó abordar el estudio de las poblaciones humanas, y su registro fósil y arqueológico, como parte de las comunidades ecológicas de las que forman y formaron parte. En este sentido podemos concluir que la estrategia de investigación no se limita a dar cuenta del significado ecológico contenido en los registros mencionados sino que implica reconocer la complejidad de los contextos en los que los mismos se formaron. El reconocer la especificidad de los sistemas bajo estudio, tiene consecuencias teóricas y metodológicas importantes puesto que nos pone en la necesidad de diseñar herramientas de conocimiento que sean concordantes con la naturaleza de los procesos estudiados.

A partir de elementos como los aquí presentados es posible comenzar a definir, entonces, el rango de comportamiento pudieron tener lugar para el aprovechamiento de los recursos faunísiticos, contextualizando las diferencias que surgen a partir del gradiente de insularización creciente en Fuego-Patagonia.

AGRADECIMIENTOS

A Eduardo Corona-M. por su invitación a participar del volumen. A Juan Bautista Belardi, Luis Borrero, Isabel Cruz, Mariana Mondini y Adriana Ruggiero por sus comentarios a versiones previas de este trabajo. La investigación fue realizada con una beca para completar doctorado de la Fundación Antorchas

REFERENCIAS CITADAS

Blondel, J. 1979. *Biogegraphie et Ecologie*. Alaez. Masson Editeur.

Bondel, C. S. 1988. *Geografía de Tierra del Fuego. Guia docente para su enseñanza*. Gobernación del Territorio Nacional de la Tierra del Fuego, Antártida e Islas del Atlántico Sur. Ushuaia.

Borrero, L.A. 1989-1990. Evolución Cultural Divergente en la Patagonia Austral. *Anales del Instituto de la Patagonia, Serie Ciencias Sociales*, 19:133-140.

Borrero, L. A. 1992. *Magallania: Divergent Evolution in the Southern Straits*. Manuscrito sin publicar.

Borrero, L. A. 1994-1995. Arqueología de la Patagonia. *Palimpsesto. Revista de Arqueología*, 4: 9-69.

Borrero, L. A. 2001. *El poblamiento de la Patagonia*. Emecé Editores, Buenos Aires.

Brown, J. H. 1971. Mammals on mountaintops: nonequilibrium insular biogeography. *American Naturalist*, 105:467-478.

Buckland, P. C y K. J. Edwards. 1998. Paleoecological Evidence for possible Pre-European Settlement in the Falklands islands. *Journal of Archaeological Science*, 25:599-602.

Cherry, J. F. 1981. Pattern and Process in the Earliest Colonization of the Mediterranean Islands. *Proceedings of the Prehistoric Society*, 47:41-68.

Evans, J. D. 1973. Islands as Laboratories for the Study of Culture Process. Pp. 517-520 *in: The Explanation of Culture Process: Models in Prehistory*, (A.C. Renfrew, ed.). Duckworth, London.

Gamble, C. 1986. *The Paleolithic Settlement of Europe*. Cambridge University Press, Cambridge.

Gamble, C. 1993. *Timewalkers. The Prehistory of Global Colonization*. Alan Sutton, Gloucestershire.

Gifford, D. P. 1981. Taphonomy and paleoecology: a critical review of archaeology's sister disciplines. Vol. 4. Pp. 365-438, *in: Advances in Archaeological Method and Theory*, (M. Schiffer, ed.). Academic Press, Nueva York.

Gifford-Gonzalez, D. P. 1991. Bones are Not Enough: Analogues, Knowledge, and Interpretive Strategies in Zooarchaeology. *Journal of Anthropological Archaeology*, 10:215-254.

Haila, Y. 1990. Towards an ecological definition of an island: a northwest European perspective. *Journal of Biogeography*, 17:561-568.

Humphrey, P. S. y J. E. Péfaur. 1979. *Glaciation and species richness of birds on austral south american islands*. Occasional Papers of the Museum of Natural History: 1-9. The University of Kansas, Lawrence.

Huggett, R. J. 1995. *Geoecology, an Evolutionary Approach*. Routledge, Nueva York.

Keegan, W. F. y J. Diamond 1987. Colonization of islands by humans: a biogeographical perspective. Vol. 10, pp. 49-92, *in Advances in Archaeological Method and Theory*, (M. Schiffer editor). Academic Press, Nueva York.

Kirch, P. V. 1986. *Island Societies: Archaeological Approaches to Evolution and Transformation*. Cambridge University Press, Cambridge.

Lomolino, M. V. 2000. A call for a new paradigm of island biogeography. *Global Ecology and Biogeography*, 9(1):1-6.

Lyman, R. L. 1994. Vertebrate Taphonomy. Cambridge University Press, Cambridge.

Marciniak, A. 1999. Faunal materials and interpretative archaeology-epistemology reconsidered. *Journal of Archaeological Method and Theory*, 6(4): 293-320.

Marean, C. W. 1995. Of taphonomy and zooarchaeology. *Evolutionary Anthropology*, 4: 64-72.

Massone, M. 1987. Los cazadores paleoindios de Tres Arroyos (Tierra del Fuego). *Anales del Instituto de la Patagonia. Serie Ciencias Sociales*, 17: 47-60.

McArthur, R. H. y E. O. Wilson 1967. *The Theory od Island Biogeography*. Princeton University Press, Princeton.

Mena, F. 1991. Cazadores recolectores en el área patagónica y tierras bajas aledañas (Holoceno medio y tardío). *Revista de Arqueología Americana*, 4: 131-163.

Miotti, L. y M. Salemme. 1999. Biodiversity, taxonomic richness and specialists-generalists during Late Pleistocene/Early Holocene times in Pampa and

Patagonia (Argentina, Southern South America). *Quaternary International*, 53/54: 53-68.

Miotti, L. y M. Salemme. 2003. When Patagonia was colonized: people mobility at high latitudes during Pleistocene/Holocene transition. *Quaternary International*, 109-110:95-111.

Mondini, M. y S. Muñoz. 2003. Behavioural variability in the so-called Marginal Areas from a Zooarchaeological Perspective: An Introduction. Pp. 42-45, *in: Colonisation, Migration, and Marginal Areas. A Zooarchaeological Approach*, (M. Mondini, S. Muñoz y S. Wickler, eds.).Serie de la 9th ICAZ Conference, Durham 2002. Oxbow Books, Oxford.

Morello, J. 1984. *Perfil Ecológico de Sudamérica,* vol. 1. Instituto de Cooperación Iberoamericana, Ediciones Cultura Hispánica.

Muñoz, A. S. 1997. Explotación y procesamiento de ungulados en Patagonia Meridional y Tierra del Fuego. *Anales del Instituto de la Patagonia, Serie Ciencias Sociales,* 25: 201-222.

Muñoz, A. S. 2000. El procesamiento de guanacos en Tres Arroyos 1, Isla grande de Tierra del Fuego, tomo 2. Pp. 499-517, *in: Desde el País de los Gigantes. Perspectivas Arqueológicas de la Patagonia,* Universidad de la Patagonia Austral, Río Gallegos.

Muñoz, A. S. 2001. El guanaco en la dieta de los cazadores-recolectores del norte de Tierra del Fuego. Análisis de dos casos procedentes del área Bahía Inútil-San Sebastián. Pp. 155-178, *in: El uso de los camélidos a través del tiempo*, (G. L. Mengoni Goñalons, D. E. Olivera y H. D. Yacobaccio, eds.). Ediciones del Tridente, Buenos Aires.

Myers A. A y P. S. Giller. 1988. Process, Pattern and Scale in Biogeography. Pp. 3-12, *in: Analytical Biogeography: an Integrated Approach to the Study of Animal and Plant Distributions,* (A. A. Myers y P. S. Giller, eds.). Chapman and Hall, London.

O'Connor, T.P. 1996. A critical overview of archaeological animal bone studies. *World Archaeology,* 28(1): 5-19.

Oliver, J. S. 1993. Carcass processing by the Hadza: bone breakage from butchery to consumption. Pp. 200-227, *in: From Bones to Behavior,* (J. Hudson, ed.). Center for Archaeological Investigations, University of Carbondale, Southern Illinois.

Patton, M. 1996. *Islands in Time. Island sociogeography and mediterranean prehistory.* Routledge, New York and London.

Peña, L. E. y G. Barria. 1972. El archipiélago de Cabo de Hornos y sus islas Navarino, Picton, Lenox, Nueva e islotes vecinos. *Anales del Museo de Historia Natural de Valparaíso,* 5: 195-199.

Redford, K. H. y J. F. Eisenberg 1989. *Mammals of the Neotropics, The Southern Cone*, vol. 2. Chicago University Press, Chicago.

Simpson, G. G. 1964. Species density of North American recent mammals. *Systematic Zoology,* 12:57-73.

Tuhkanen, S. 1992. The Climate of Tierra del Fuego. *Acta Botanica Fennica,* 145:1-64

Whittaker, R. J 1998. *Island Biogeography,* Oxford University Press, Oxford.

Yesner, D.R. 1990. Fueguians and other hunter-gatherers of the subantartic region: 'cultural devolution' reconsidered. Pp. 1-122, *in: Hunter-gatherer demography: past and present*, (B. Meehan y N. White, eds.). Oceania Monograph 30, University of Sydney. Sydney.

Humans and other mammals in Prehispanic Chihuahua

William L. Merrill[1] and Celia López González[2]

[1] Department of Anthropology, National Museum of Natural History, Smithsonian Institution.
[2] Centro Interdisciplinario de Investigación para el Desarrollo Integral Regional - Unidad Durango, Instituto Politécnico Nacional

RESUMEN

Se compararon los resultados de los análisis faunísticos realizados en tres sitios arqueológicos en el noroeste de Chihuahua, México —Cerro Juanaqueña, El Zurdo, and Paquimé— con el fin de explorar la diversidad de mamíferos presentes en el área y sus relaciones con los humanos a partir del establecimiento de asentamientos agrícolas (alrededor de 1300 a.C.). En los depósitos de estos sitios fueron encontrados casi todos los taxa previstos; sin embargo, debido a las diferencias en la metodología utilizada para recuperar y analizar los restos de fauna, resultó difícil determinar variaciones entre los sitios en cuanto a las interacciones hombre-mamífero. Los resultados sugieren que en los sitios analizados los mamíferos pequeños constituyeron pieza clave en la estrategia de supervivencia; la aparente importancia del búfalo (*Bison bison*) y el berrendo (*Antilocapra americana*) en el sitio más complejo se interpreta como indicador del consumo de estos animales en contextos ceremoniales, más que en la dieta diaria de los pobladores.
Palabras clave: mamíferos, arqueozoología, Chihuahua, recursos alimentarios

ABSTRACT

Faunal analyses from three archaeological sites in northwestern Chihuahua, Mexico—Cerro Juanaqueña, El Zurdo, and Paquimé— are compared to gain insights into the diversity of mammals present in the area and their relationships with humans following the emergence, around 1300 B.C., of agricultural settlements there. Almost all expected mammalian taxa are encountered in the deposits of these sites, but evaluating intersite variation in human-mammal interactions is challenged by disparities in the methods used to recover and analyze the faunal remains from them. An emphasis on small mammals in the subsistence strategies of the residents of all three sites is suggested. The apparent prominence of buffalo (*Bison bison*) and pronghorn antelope (*Antilocapra americana*) at the most complex of these sites is interpreted as reflecting the special use of these large herbivores in periodic public feasts rather than in daily diet.
Keywords: mammals, archaeozoology, Chihuahua, diet resources

INTRODUCTION

The multifaceted adaptation of humans and other mammals to one another over the course of hundreds of thousands of years has been a key component of processes that have transformed the world's ecosystems and mammalian life within them. In this essay, we explore some aspects of this mutual adaptation by focusing on the interaction between human beings and other mammals during the three millennia that preceded the arrival of Europeans in what is today the northern Mexican state of Chihuahua.

Humans have lived in Chihuahua for perhaps as long as 12000 years, but an analysis of their relationships with other mammals during this entire period is not yet possible. Of the hundreds of prehispanic settlements that have been identified in the state, few have been excavated and almost all of these date from after the introduction of maize agriculture from Mesoamerica to the region about 4000 years ago (Sayles, 1936; Brand, 1943; Phillips, 1989; Guevara Sánchez and Phillips, 1992; Phelps, 1998; Hard and Roney, 1998; Whalen and Minnis, 2001). On faunal remains, a thorough analysis has also been completed from the Villa Ahumada site in north-central Chihuahua, which dates from around A.D. 1200-1450. The results of this analysis are presented in the unpublished report of Polaco and Guzmán (n.d.) and summarized in Cruz Antillón and Maxwell (1999). This site is remarkable for the extremely high relatively

frequency of lagomorphs present, which represent over 98% of the total mammalian remains identified. Brief overviews of the faunal remains recovered from other archaeological sites in Chihuahua can be found in Lister (1958), Ascher and Clune (1960), Guevara Sánchez (1986), and Whalen and Minnis (2001).

Moreover, detailed faunal analyses have been published for only three archaeological sites, all located in the northwestern quadrant of the state. Here we compare the results of these three faunal analyses to gain insights into the diversity and distribution of mammalian taxa that existed in the past within this area of northern Mexico and the range of human-mammal interactions, as well as changes in these interactions, that occurred there. Because of differences in the approaches followed in excavating these three sites and analyzing the faunal remains recovered from them, as well as the absence of faunal analyses from other areas of Chihuahua and earlier periods of its history, our conclusions regarding the relationships between humans and other mammals in prehispanic Chihuahua are necessarily tentative. We hope, however, that our interpretations of the data currently available on these relationships will provide a point of reference and stimulus for future studies on the topic.

The Archaeological Sites. The three archaeological sites considered here –Cerro Juanaqueña, El Zurdo, and Paquimé – are all located within the semi-arid basin and

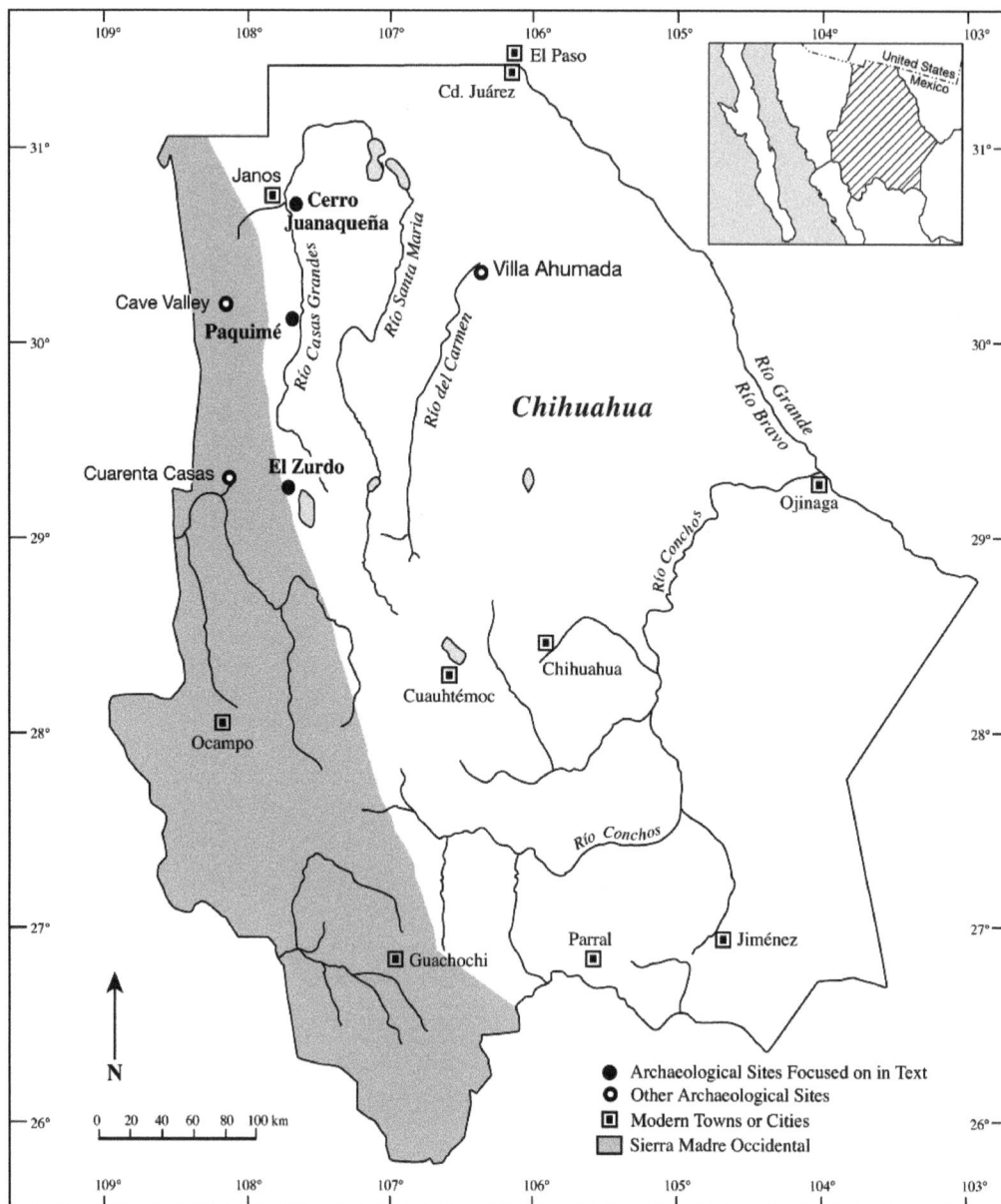

Figure 1. *Map of the analyzed area*

range country of northwestern Chihuahua, just east of the Sierra Madre Occidental mountain range (Figure 1). Cerro Juanaqueña and Paquimé are found in the valley of the northward-flowing Río Casas Grandes, at elevations of 1380 and 1480 masl respectively. Cerro Juanaqueña is 70 km north of Paquimé, which in turn is 90 km north of El Zurdo. El Zurdo is at a higher elevation than Cerro Juanaqueña and Paquimé, situated at 2200 masl in a narrow valley in the Babícora Basin, about 10 km northwest of the Laguna de Babícora.

Northwestern Chihuahua is characterized by considerable biodiversity (Schmidt, 1992; Brown, 1994). Three intergrading biotic communities, each associated with distinct but overlapping groups of plants and animals, are found in greater proximity to one another here than in any other part of the state: desertlands to the east, woodlands to the west, and grasslands in between. At the times these

sites were occupied, grasslands dominated the immediate environs of Cerro Juanaqueña and Paquimé, with woodlands nearby and desertlands within 50 km of both sites. El Zurdo probably was situated in a woodland setting, separated by about 100 km from the desertlands but by only 25 km or so from the grasslands (Hodgetts, 1996; Whalen and Minnis, 2001; Hard and Roney, 2005).

Cerro Juanaqueña, the oldest of the three sites, is the earliest agricultural settlement that has been excavated in all of northwestern Mexico, dating from 1300-1100 B.C., during the pre-ceramic, Late Archaic period (Hard and Roney, 2005). Overlooking a broad flood plain in the Río Casas Grandes valley, this site is known as a "cerro de trincheras" because it includes 550 trincheras, or terraces, constructed of stone and earth covering an area of 10 ha on a hill 140 m high. The archaeologists who excavated Cerro Juanaqueña have identified the terraces as house platforms rather than fields, and they have interpreted their location on the hillside as evidence that the site's residents needed to defend themselves and presumably their fields and food stores either from local foragers or other farmers (Hard and Roney, 1998, 2005).

The other two sites also were agricultural settlements, but they were established over a thousand years later than Cerro Juanaqueña, after the appearance of ceramics in the region. El Zurdo was a small settlement about one hectare in size that was occupied primarily during the two hundred year period between A.D. 1200 and 1400 but includes an earlier occupation dating back to at least A.D. 700 (Hodgetts, 1996; Kelley, *et al.*, 1999). Paquimé was contemporaneous with El Zurdo but was radically different from it. It was the largest agricultural settlement in prehispanic northwestern Mexico and the center of development of the Casas Grandes culture, one of the most complex cultural traditions in the history of the region. The Casas Grandes cultural sequence began in the first millennium A.D. and concluded when Paquimé was abandoned, around A.D. 1450. This sequence is divided into two periods: the Viejo period, from around A.D. 700 to 1200, and the Medio period, from A.D. 1200 to 1450. A poorly documented period, known as the Plainware period because it is characterized by undecorated ceramics, is presumed to precede the Viejo period and to date from around A.D. 150 to 700 (Di Peso, 1974, vol. 1; Phillips, 1989; Dean and Ravesloot, 1993; Whalen and Minnis, 2001).

The beginning of the Medio period is marked by the appearance of a distinctive Casas Grandes style of polychrome pottery, which was soon followed by a series of major cultural developments associated with a more elaborate division of labor and the organization of the local population into some form of social hierarchy. Among these developments were the construction of multistoried buildings in Paquimé and canals to irrigate nearby flood plain fields, the latter indicating the intensification of agriculture. Paquimé residents also produced or acquired through trade a wide range of high-quality articles, including items made of copper, turquoise, and shell and textiles woven from wild plant fibers and possibly cotton (Di Peso *et al.*, 1974; Woosley and Ravesloot, 1993; Doolittle, 1993; Schaafsma and Riley, 1999; Whalen and Minnis, 2001; Vargas, 2001).

Paquimé clearly was part of a long-distance trade network that extended from the southwestern United States to Mesoamerica, but its main sphere of interaction appears to have been relatively constricted. It likely encompassed the area from far northwestern Chihuahua or adjacent portions of southwestern New Mexico in the north east to the Río del Carmen drainage, south to the Babícora Basin, and west and southwest into the Sierra Madre Occidental, where the well-known archaeological zones of Cave Valley and Cuarenta Casas are located (see Figure 1) (Lister, 1953, 1958; Guevara Sánchez, 1984, 1986; Cruz Antillón and Maxwell, 1999; Kelly *et al.*,

1999; Whalen and Minnis, 2001; MacWilliams and Kelley, 2004).

Within this 30,000 km^2 area, Paquimé's elite probably exerted significant political influence over only Paquimé itself and adjacent settlements within a radius of about 30 km (Whalen and Minnis, 1999; Whalen and Minnis, 2001. Also, although Paquimé was much larger than either El Zurdo or Cerro Juanaqueña, it was significantly smaller than major centers in Mesoamerica. Phillips (1989) notes that, while the maximum population proposed for Paquimé is 4700 people, who lived in an area of 36 ha, the earlier Postclassic Mesoamerican center of Tula (located in the State of Hidalgo) is estimated to have covered 12 km^2 and to have had a population of 60,000 people.

The subsistence strategies of the residents of all three of these sites combined collecting wild plants and animals with maize agriculture. A domesticated amaranth may also have been cultivated at Cerro Juanaqueña, and beans (*Phaseolus* sp.), squash (*Cucurbita pepo*), gourd (*Lagenaria siceraria*), cotton (*Gossypium hirsutum*), and possibly agave or mescal (*Agave* sp.) were grown at Paquimé (Adams and Hanselka, n.d.; Whalen and Minnis, 2001; Di Peso *et al.*, 1974).

Domesticated turkeys (*Meleagris gallopavo*) also were raised at Paquimé and the remains of macaws have been recovered there. Both military macaws (*Ara militaris*) and scarlet macaws (*Ara macao*) are reported from Paquimé (Di Peso *et al.*, 1974; Minnis *et al.* 1993). Scarlet macaws are native to the tropical lowlands of southern Mexico and Central and South America, in contrast to military macaws and turkeys, both of which occur naturally in northern Mexico. The identification of these macaws, their status as domesticated or wild, and many other aspects of their place in the lives of the residents of this area remain to be resolved. Also, the researchers concur that these birds were valued primarily for their feathers rather than their meat and probably were attributed important symbolic significance as suggested by evidence that they were used in sacrifices (Di Peso *et al.*, 1974; Breitburg, 1993; Minnis, 1988; Minnis *et al.*, 1993). Similar uses of turkeys are documented for El Zurdo, where macaws may also have been present, but no evidence of these fowl has been discovered at Cerro Juanaqueña (Hodgetts, 1996; K. Schmidt, n.d.).

The only domesticated mammal in the area was the dog (*Canis familiaris*). In addition to protecting local residents and their settlements, dogs probably served as hunting companions and pack animals and, at Paquimé at least, may have been a source of meat as well (Di Peso *et al.*, 1974). Dogs presumably were found at all three settlements, but *Canis familiaris* is reported only from Paquimé. Because of the similarities among dogs, coyotes, and wolves, the specialists who completed the faunal analyses for Cerro Juanaqueña and El Zurdo were reluctant to identify any of the *Canis* remains from these sites as definitively those of domestic dogs (K. Schmidt, n.d.; Hodgetts, 1996).

The Faunal Analyses. A comparative analysis of the human-mammal relationships at these three sites is confronted by several challenges. The mammalian taxa present in the vicinity of these settlements would have been affected by the climatic conditions that prevailed at the times of their occupation, but the history of the climate of the region during the nearly three thousand years between the establishment of Cerro Juanaqueña and the abandonment of Paquimé is poorly known. Moreover, differences in the faunal repertoires reported for these sites undoubtedly reflect to some degree the different approaches that were followed in excavating these sites and recovering and analyzing the faunal remains from them.

With regard to the latter, the faunal analysis for Paquimé does not report the number of bone and bone fragments to which an identification could be assigned, a count known as the "Number of Identified Specimens" (NISP). Partial NISP counts for some mammalian taxa recovered at Paquimé are reported (Di Peso *et al.*, 1974). The only count given is the "Minimal Faunal Count," defined as "the smallest number of individuals of a species that can be demonstrated from a given provenience by age, sex, size, and duplication of elements" (Di Peso *et al.*, 1974). This "Minimal Faunal Count" is identical to that of

"Minimum Number of Individuals" (MNI), the term used in most zooarchaeological studies today (Grayson, 1984; Marshall and Pilgram 1993; Reitz and Wing, 1999).

Both NISP and MNI counts are provided for the faunal remains excavated at Cerro Juanaqueña and El Zurdo (Hodgetts, 1996; K. Schmidt, n.d.). It is unfortunate that NISP counts are not also available for Paquimé because the two counts offer distinct perspectives on the relative prominence of different taxa recovered from archaeological sites and each compensates for the biases of the other (Grayson, 1984; Marshall and Pilgram 1993; Reitz and Wing, 1999). Because NISP counts are not reported and are impossible to reconstruct for Paquimé, our analysis of the human-mammal relationships at the three sites relies by necessity on a comparision of the MNI counts from them. We do, however, present in Table 1 both the NISP and MNI counts for mammalian orders recovered from Cerro Juanaqueña and El Zurdo.

The specialist who analyzed the faunal remains from Paquimé also assigned species and occasionally even subspecies identifications to taxa represented in the remains, based on her assumption that the fauna of the Paquimé area in the prehispanic period corresponded to the taxa known to occur there or in other areas of the region today. In contrast, the zooarchaeologists who produced the faunal analyses for Cerro Juanaqueña and El Zurdo often identified remains no lower than the level

MINIMUM NUMBER OF INDIVIDUALS (MNI)						
ORDER	MNI Cerro Juanaqueña	% MNI Cerro Juanaqueña	MNI El Zurdo	% MNI El Zurdo	MNI Paquimé	% MNI Paquimé
Indeterminate Mammalia	0	0.00%	8	9.64%	21	2.56%
Lagomorpha	99	52.38%	17	20.48%	162	19.73%
Rodentia	47	24.87%	37	44.58%	72	8.77%
Carnivora	8	4.23%	14	16.87%	109	13.28%
Artiodactyla	35	18.52%	7	8.43%	457	55.66%
Totals	189	100.00%	83	100.00%	821	100.00%

NUMBER OF IDENTIFIED SPECIMENS (NISP)						
ORDER	NISP Cerro Juanaqueña	% NISP Cerro Juanaqueña	NISP El Zurdo	% NISP El Zurdo		
Indeterminate Mammalia	0	0.00%	149	15.80%		
Lagomorpha	1958	80.71%	289	30.65%		
Rodentia	323	13.32%	208	22.06%		
Carnivora	11	0.45%	167	17.71%		
Artiodactyla	134	5.52%	130	13.78%		
Totals	2426	100.00%	943	100.00%		

Table 1. NISP and MNI counts for mammalian orders. See text for details.

of genus, adopting the more conservative and defensible position that the identification of faunal remains should be based primarily on the remains themselves (Hodgetts, 1996; K. Schmidt, n.d.).

The excavation of these sites also was approached differently. In the case of both Cerro Juanaqueña and El Zurdo, less than 1% of each site was excavated, with 52m^3 of material excavated at Cerro Juanaqueña and about 120m^3 at El Zurdo. The excavations at Paquimé were extensive by comparison, but the researchers who completed this work do not provide an indication of the amount of material excavated; a rough estimate would be at least 15,500 m^3 (Robert Hard, 2004: pers. comm.). Moreover, the selection of areas to excavate varied from site to site. At Cerro Juanaqueña partial excavations were completed throughout most of the site while at El Zurdo the excavations focused on a few areas (Hard and Roney, 1998; Robert Hard, 2004: pers. comm.; Hodgetts, 1996: 151, 155). At Paquimé, about a quarter of the western half of the site that existed during the Medio period —the period from which almost all (98%) of the identified faunal remains derive— was excavated and another quarter site was trenched, but none of the eastern half was either trenched or excavated. (Di Peso et al., 1974; Wilcox, 1999).

Intra-site provenience data for faunal remains recovered at Paquimé and Cerro Juanaqueña demonstrate that different mammalian taxa were not distributed evenly across the sections of the sites that were excavated (Di Peso et al., 1974; K. Schmidt, n.d.). Because none of the sites was completely excavated, certain taxa may have been missed altogether. In addition, because the frequency of occurrence of these taxa also varied among the excavated sections, further excavation might alter the relative frequency of the taxa presented in the faunal analyses, particularly if new kinds of features or temporal components were discovered.

A similar range of variation characterizes the techniques employed to recover faunal remains from these three sites. This variation reflects to some degree differences in the methodologies that were current at the time when the excavations and faunal analyses were undertaken: the late 1950s through the early 1970s for Paquimé, the early 1990s for El Zurdo, and 1997-2004 for Cerro Juanaqueña. At Paquimé faunal materials were simply picked out of the excavations while at El Zurdo they were recovered through screening using 1/4 inch mesh. At Cerro Juanaqueña, 1/8 inch mesh was used for screening in the field and additional materials were recovered through flotation, in which a small subsample of the deposits was screened through 1/8 inch and 1/16 inch mesh and then minute bones were picked out by hand from the remaining sediment.

The impact of employing both screening and flotation and relying on finer-mesh screens is indicated by the fact that, even though the volume of earth excavated at El Zurdo was over twice that excavated at Cerro Juanaqueña, nearly ten times as many bones and bone fragments were recovered at Cerro Juanaqueña (33,165) than at El Zurdo (3,622) (K. Schmidt, n.d.; Hodgetts, 1996). For a controlled comparison of effect of different screen sizes on the recovery of the bones of small- and medium-sized mammals, see Shaffer and Sanchez (1994).

Of particular significance is the recovery at Cerro Juanaqueña of the bones of small fish through flotation. A total of 94 bones from small fish were recovered, 88 through flotation and only six through screening of dry soil; by comparison only 15 fish bone were recovered from El Zurdo. This difference may simply reflect the fact that Cerro Juanaqueña was located adjacent to a river while El Zurdo was not. However, the frequency of fish relative to other animal classes at these sites might also have been greater if both finer-mesh screening and flotation had been employed at El Zurdo and if all the excavated deposits at Cerro Juanaqueña had been subjected to flotation.

The enhanced recovery of small bones that are sufficiently large or intact to be identified also can compensate somewhat for the impact of the diverse factors that may affect the preservation of faunal remains in archaeological sites (see an overwiew in Reitz and Wing 1999). On the other hand, the recovery of significantly greater amounts of faunal material through the application of more sophisticated techniques does not automatically produce a comparable increase in identifiable specimens. The vast majority of the bone and bone fragments recovered from Cerro Juanaqueña was too small to be identified, so that the percentage of identified remains from this site (8.68%) was actually significantly lower than that from El Zurdo (50.11%).

The total count of bone and bone fragments recovered at Paquimé is not reported, but the lack of screening and flotation clearly limited the amount and kinds of faunal remain recovered there. The volume of excavated earth at Paquimé was approximately 300 times that excavated at Cerro Juanaqueña and 130 times that excavated at El Zurdo, but the "Minimum Number of Individuals" (MNI) identified from all classes of animals recovered at Paquimé was only about seven times that for Cerro Juanaqueña and eleven times that for El Zurdo; of these only 4 fish were identified, representing less than 1% of the total MNI count for Paquimé (see Table 2). Similarly, the bones of small mammals undoubtedly are underrepresented in the faunal materials recovered from both El Zurdo and Paquimé (Hodgetts, 1996). Over five times as many small mammal bones (rodents and lagomorphs) were recovered at Cerro Juanaqueña than at El Zurdo. The MNI count for small mammals identified at Cerro Juanaqueña is nearly three times that at El Zurdo and almost half that at Paquimé (see Table 3).

Given the fact that the techniques employed at El Zurdo were biased against the recovery of small bones, the high

CLASSES	MNI Cerro Juanaqueña	% MNI Cerro Juanaqueña	MNI El Zurdo	% MNI El Zurdo	MNI Paquimé	% MNI Paquimé
Fish	15	5.93%	2	1.19%	4	0.22%
Amphibians	4	1.58%	1	0.60%	0	0.00%
Reptiles	29	11.46%	2	1.19%	34	1.90%
Birds	16	6.32%	80	47.62%	932	52.04%
Mammals	189	74.70%	83	49.40%	821	45.84%
Totals	253	100.00%	168	100.00%	1791	100.00%
BIRDS						
Turkeys	0	0.00%	15	18.75%	344	36.91%
Macaws	0	0.00%	0	0.00%	503	53.97%
Aquatic Birds	1	6.25%	34	42.50%	24	2.58%
Other Birds	15	93.75%	31	38.75%	61	6.55%
Totals	16	100.00%	80	100.00%	932	100.00%
CLASSES WITHOUT TURKEYS & MACAWS						
Fish	15	5.93%	2	1.31%	4	0.42%
Amphibians	4	1.58%	1	0.65%	0	0.00%
Reptiles	29	11.46%	2	1.31%	34	3.60%
Birds	16	6.32%	65	42.48%	85	9.00%
Mammals	189	74.70%	83	54.25%	821	86.97%
Totals	253	100.00%	153	100.00%	944	100.00%

Table 2. MNI counts for vertebrate classes, for bird groups and, vertebrate without the main bird group. See table explanation in text.

COMMON NAME	MNI Cerro Juanaqueña	% MNI Cerro Juanaqueña	MNI El Zurdo	% MNI El Zurdo	MNI Paquimé	% MNI Paquimé
Small Mammals	146	77.25%	54	65.06%	234	28.50%
Deer or Antelope	17	8.99%	7	8.43%	407	49.57%
Bison	1	0.53%	0	0.00%	48	5.85%
Dogs or Coyotes	4	2.12%	4	4.82%	85	10.35%

Table 3. MNI counts for mammal groups. See text for details.

frequency (45%) of rodents relative to other mammalian taxa reported from this site suggests that rodents were a very important component in the local diet and possibly more significant than at Cerro Juanaqueña, where rodents represented about 25% of the total mammalian MNI counts (see Table 1). Some of the rodent remains at El Zurdo, as at Cerro Juanaqueña and Paquimé, undoubtedly are present because these small mammals entered the sites on their own. We do not believe, however, that the high relative frequency of rodents at El Zurdo can be accounted for solely as the result of their intrusion into the site. However, the converse argument cannot be adopted to account for the scarcity of rodents remains

reported from Paquimé. The low relative frequency of rodents (about 9%) could reflect either a lower reliance on rodents compared to other mammalian taxa by the residents of this site or simply a lower level of recovery of rodent bones because excavated deposits were not screened.

THE TAXA PRESENT

Subphyla and Classes. The diverse kinds of animals represented in the faunal remains from these three sites come almost entirely from the subphylum Vertebrata. The only non-vertebrate taxa reported are 69 species of marine mollusks recovered at Paquimé, which are associated with nearly four million shell ornaments. All these mollusks occur on Mexico's Pacific coast and presumably were imported to Paquimé from there (Di Peso et al., 1974; Foster, 1992; Bradley, 1999; K. Schmidt, n.d.).

Five classes of Vertebrata are represented in the faunal repertoire associated with these sites: bony fishes, amphibians, reptiles, birds, and mammals. The MNI counts and relative frequency of these five classes are presented in Table 2. Fish, amphibians, and reptiles are insignificant at all three sites. Birds also represent a minor component (less than 7.0%) of the faunal remains recovered from Cerro Juanaqueña but not at El Zurdo and Paquimé, where the relative frequency of birds is comparable to that of mammals.

The prominence of birds at Paquimé reflects primarily the recovery of large quantities of turkey and macaw bones, which were identified as representing 344 and 503 individuals respectively. Turkeys and macaws were afforded special treatment as evidenced by intentional burials of entire or decapitated birds and kept in distinctive pens (Di Peso et al., 1974; Minnis et al., 1993). 15 turkeys, including five intentionally buried, were found at El Zurdo. Although no macaw remains were discovered, the site yielded one donut-shaped stone identified as part of the front of a macaw nesting box like those used at Paquimé (Hodgetts, 1996; Minnis, et al., 1993).

Macaws represent over one-half and turkeys over one-third of the MNI counts for all birds recovered from Paquimé; together they constitute over 90% of the total bird MNI count. If macaws and turkeys are removed from consideration, the proportion of birds drops dramatically to 9% of the total MNI while that of mammals almost doubles to 87%. Excluding turkeys from the MNI counts for El Zurdo, however, has only a minor effect on the ratio between birds and mammals there: the percentage of birds in the total MNI for all vertebrate classes drops from 48% to 42% while the percentage of mammals rises from 49% to 54%.

The presence of significant numbers of waterfowl in the faunal remains from El Zurdo is the principal factor responsible for the prominence of birds at this site. Waterfowl, including species of grebes, herons, geese, swan, and ducks constituted 42% of the total bird MNI counts and 52% of these counts if turkeys are excluded. The high relative frequency of waterfowl at El Zurdo presumably reflects the proximity of this site to the Laguna de Babícora and would seem to indicate that these birds represented a significant component of local diet. Waterfowl also may have been of some significance at Paquimé, where they represented 28% of the total bird MNI counts after counts for turkeys and macaws are removed. In contrast, they appear to have been of negligible importance at Cerro Juanaqueña, where the

remains of only one aquatic bird, a duck, was identified (K. Schmidt, n.d.).

Mammalian Taxa Present. With these adjustments for the presence of turkeys and macaws, mammals emerge as the dominant class of vertebrates at all three sites. Four mammalian orders are represented in the faunal remains from these sites (see Table 1): lagomorphs (jackrabbits and cottontails), rodents, carnivores, and artiodactyls (antelope and deer plus bison and bighorn sheep at Paquimé and possibly Cerro Juanaqueña).

There is considerable variation among the three sites in the relative frequency of these four orders. In the case of each site, these frequencies fall into three clusters: 1) around 50%, 2) around 20%, 3) around 10%. At Cerro Juanaqueña, lagomorphs constitute over 50% of the total mammalian MNI count, while rodents and artiodactyls fall around 20%, and carnivores represent less than 5%. At El Zurdo, rodents are the dominant order, followed by lagomorphs and carnivores at about 20%, and artiodactyls at less than 10%. At Paquimé, artiodactyls are by far the most prominent order present, perhaps reflecting the bias in favor of large bones of the methods used to recover faunal remains there. In any case, artiodactyls constituted over 50% of the total mammalian MNI count, with lagomorphs around 20%, and rodents and carnivores around 10%.

The MNI counts for the different mammalian taxa identified in the faunal analyses from these sites are presented in Table 4, along with the percentage that each taxon represents of the total mammalian MNI count from each site. A few aspects of this table require explanation.

1. The MNI counts for Paquimé are for faunal remains comprised of unworked hard tissue (bone or teeth) encountered primarily in trash deposits. However, two species not represented in these remains were found among the artifact assemblage recovered from the site: the beaver (Castor canadensis) and the puma (Puma concolor). Their presence in the mammalian repertoire of Paquimé is indicated in Table 4 with an "x."

2. Two mammalian taxa —pocket mice (Perognathus sp.) and one genus of bats (Myotis sp.)— were reported in a preliminary analysis of the faunal remains from Paquimé (Di Peso et al., 1974). These genera were not included in the final faunal analysis from this site and are excluded from Table 4.

3. The single fox recovered from El Zurdo was identified as either Urocyon sp. or Vulpes sp. (Hodgetts, 1996). It is included in Table 4 as "Urocyon sp." based on modern distributions of these two genera. El Zurdo is located within the modern range of the gray fox (Urocyon cinereoargentus), while the kit fox (Vulpes macrotis) has been reported only from the desertlands of Chihuahua, to the north and east (Anderson, 1972).

4. The faunal analysis from El Zurdo also encountered

Order y Family	Lowest Level of Identification	MNI Cerro Juanaqueña	% MNI Cerro Juanaqueña	MNI El Zurdo	% MNI El Zurdo	MNI Paquimé	% MNI Paquimé
	Mammalia	0	0.00%	8	9.64%	21	2.56%
Lagomorpha							
Leporidae	Leporidae	14	7.41%	1	1.20%	0	0.00%
	Sylvilagus sp.	26	13.76%	6	7.23%	25	3.05%
	Sylvilagus audubonii	0	0.00%	0	0.00%	18	2.19%
	Lepus sp.	59	31.22%	10	12.05%	108	13.15%
	Lepus californicus	0	0.00%	0	0.00%	11	1.34%
Rodentia							
	Rodentia	21	11.11%	9	10.84%	11	1.34%
Scuridae	Sciuridae	1	0.53%	3	3.61%	0	0.00%
	Tamias sp.	1	0.53%	0	0.00%	0	0.00%
	Spermophilus sp.	0	0.00%	3	3.61%	0	0.00%
	Cynomys sp.	0	0.00%	3	3.61%	0	0.00%
Geomyidae	Geomyidae	0	0.00%	2	2.41%	0	0.00%
	Thomomys sp.	2	1.06%	14	16.87%	4	0.49%
	Thomomys bottae	0	0.00%	0	0.00%	1	0.12%
Heteromyidae	Perognathus sp.	12	6.35%	0	0.00%	0	0.00%
	Dipodomys sp.	1	0.53%	0	0.00%	1	0.12%
	Dipodomys merriami	0	0.00%	0	0.00%	17	2.07%
	Dipodomys ordii	0	0.00%	0	0.00%	9	1.10%
	Dipodomys spectabilis	0	0.00%	0	0.00%	18	2.19%
Castoridae	Castor canadensis	0	0.00%	0	0.00%	x	n/a
Muridae	Muridae	0	0.00%	1	1.20%	0	0.00%
	Peromyscus sp.	3	1.59%	0	0.00%	0	0.00%
	Sigmodon sp.	5	2.65%	0	0.00%	0	0.00%
	Neotoma sp.	1	0.53%	1	1.20%	7	0.85%
	Neotoma albigula	0	0.00%	0	0.00%	3	0.37%
	Microtus sp.	0	0.00%	1	1.20%	0	0.00%
	Ondatra zibethicus	0	0.00%	0	0.00%	1	0.12%
Carnivora							
	Carnivora	0	0.00%	4	4.82%	5	0.61%
Canidae	Canidae	2	1.06%	0	0.00%	1	0.12%
	Canis sp.	0	0.00%	4	4.82%	8	0.97%
	Canis familiaris	0	0.00%	0	0.00%	51	6.21%
	Canis latrans	4	2.12%	0	0.00%	26	3.17%
	Urocyon sp.	0	0.00%	1	1.20%	0	0.00%
	Urocyon cinereoargenteus	0	0.00%	0	0.00%	1	0.12%
Ursidae	Ursus americanus	0	0.00%	1	1.20%	1	0.12%
	Ursus arctos	0	0.00%	0	0.00%	1	0.12%
	Procyon lotor	0	0.00%	0	0.00%	1	0.12%
Procyonidae	Mustela sp.	0	0.00%	1	1.20%	0	0.00%
Mustelidae	Taxidea taxus	2	1.06%	1	1.20%	0	0.00%
	Mephitis sp.	0	0.00%	0	0.00%	1	0.12%
	Mephitis mephitis	0	0.00%	0	0.00%	1	0.12%
Felidae	Felidae	0	0.00%	0	0.00%	4	0.49%
	Puma concolor	0	0.00%	1	1.20%	x	n/a
	Lynx rufus	0	0.00%	1	1.20%	8	0.97%
Artiodactyla							
	Artiodactyla	15	7.94%	5	6.02%	23	2.80%
Cervidae	Odocoileus sp.	7	3.70%	1	1.20%	14	1.71%
	Odocoileus hemionus	0	0.00%	0	0.00%	65	7.92%
	Odocoileus virginianus	0	0.00%	0	0.00%	29	3.53%
Antilocapridae	Antilocapra americana	10	5.29%	1	1.20%	276	33.62%
Bovidae	Bison bison	1	0.53%	0	0.00%	48	5.85%
	Ovis canadensis	2	1.06%	0	0.00%	2	0.24%
Totals		189	100.00%	83	100.00%	821	100.00%

Table 4. *MNI counts for mammalian taxa. See explanation in text.*

the remains of one "large ungulate" and one "pig" (Hodgetts, 1996). Because no further information on these two taxa was provided, they are excluded from Table 4.

5. Humans also are not listed in Table 4 even though 20 artifacts encountered at Paquimé were made of human bone (Di Peso *et al.*, 1974). Unworked human bone also was recovered at Cerro Juanaqueña and El Zurdo (Schmidt, n.d.; Hodgetts, 1996).

Lagomorpha. The Lagomorpha, represented by jackrabbits and cottontails (both of the Leporidae family), was the predominant mammalian order only at Cerro Juanaqueña, but it clearly was important at both El Zurdo and Paquimé as well. The majority of faunal remains associated with this order from all three sites could be identified at least to the level of genus, revealing that at Cerro Juanaqueña and El Zurdo jackrabbits occurred approximately twice as frequently as cottontails and at Paquimé almost three times as frequently as cottontails.

Rodentia. Although only about half of the rodent remains from Cerro Juanaqueña could be identified to the level of genus, these identifications combined with those from El Zurdo and Paquimé do reveal some patterns in the relative frequencies of the different kinds of rodents discovered at these sites. The overwhelming majority (over 80%) of identified rodents from Cerro Juanaqueña and Paquimé come from two families: the Heteromyidae (pocket mice and kangaroo rats) and the Muridae (deermice, cotton rats, woodrats or packrats, voles, and muskrats). In contrast, no Heteromyidae are reported from El Zurdo and the Muridae represent less than 10% of the rodents encountered there.

Pocket gophers (*Thomomys* sp.), of the Geomyidae family, were by far the most prominent rodent taxa found at El Zurdo, representing almost 40% of all rodents and about 17% of all mammals recovered from the site. Pocket gophers also were found at Cerro Juanaqueña and Paquimé but at a much lower level than at El Zurdo, constituting less than 10% of the rodents present.

No examples of Scuridae (squirrels) were reported from Paquimé, but the remains of one chipmunk (*Tamias* sp.) were encountered at Cerro Juanaqueña, and a ground squirrel (*Spermophilus* sp.) was found at El Zurdo. The two species of ground squirrel most likely to have been present at this site were the small spotted ground squirrel (*S. spilosoma*) and the much larger rock squirrel (*S. variegatus*). Another Scuridae species found at El Zurdo was the prairie dog (*Cynomys* sp.), presumably the black-tailed prairie dog *(C. ludovicianus)*. Extensive prairie dog colonies are found today southwest of Cerro Juanaqueña and north of Paquimé, but the presence of this species was not documented at either of these sites.

The limited distribution of prairie dogs among these three sites is paralleled by that of muskrats (*Ondatra zibethicus*) and beavers (*Castor canadensis*), which were encountered only at Paquimé. One specimen of an immature muskrat was recovered from the trash deposits of a room at Paquimé, while the beaver was represented in the faunal remains by a single incisor stained by copper, discovered in deposits of another room with no special associations that would reveal its purpose (Di Peso *et al.*, 1974). Although the muskrat occurs in Chihuahua today primarily along the Río Bravo (Rio Grande) (Anderson, 1972), its range may have extended in the past to some of the other drainage systems in northern and eastern Chihuahua. The beaver also is found in Chihuahua today, along both the Río Bravo and the lower Río Conchos (Anderson, 1972), but the absence of any additional evidence of this large aquatic rodent at Paquimé or the other sites suggests that the beaver incisor may have entered Paquimé as a trade item from elsewhere.

Carnivora. Fifty percent or more of the identified carnivores present at all three sites were from the Canidae family, with the majority of these identified as species of *Canis*, including coyotes (*C. latrans*) and dogs (*C. familiaris*) but possibly not wolves (*C. lupus*). Foxes — probably the gray fox (*Urocyon cinereoargenteus*)— were reported in limited numbers from both El Zurdo and Paquimé but not Cerro Juanaqueña.

The other four families of carnivores found in Chihuahua today also were encountered in the faunal remains of least one of the three sites, but their presence varied considerably among the sites. Raccoons (*Procyon lotor*) and skunks (*Mephitis* sp.), from the Procyonidae and Mustelidae families respectively, were found only at Paquimé. Other genera from the Mustelidae were not encountered at Paquimé, like badgers (*Taxidea taxus*), which were reported from Cerro Juanaqueña and El Zurdo, and either weasels or ferrets (*Mustela* sp.), which occurred only at El Zurdo. It must be noted that the presence of badgers in the Paquimé area is indicated by the fact that they are depicted in the polychrome Casas Grandes effigy ceramics (Woolsey, 2001).

No members of the Felidae family appeared in the faunal remains of Cerro Juanaqueña, but both bobcats (*Lynx rufus*) and pumas (*Puma concolor*) were present at El Zurdo and Paquimé. At Paquimé, puma bones were documented only among the artifacts, most in association with the bones of several other large carnivores, including both the black bear (*Ursus americanus*) and the grizzly or brown bear (*Ursus arctos*), members of the Ursidae family. Both species of bear were also discovered in Paquimé's trash deposits, while at El Zurdo one black bear but no brown bears were encountered, and neither was identified in the faunal remains from Cerro Juanaqueña.

Artiodactyla. Over 70% of the artiodactyl remains recovered from El Zurdo and over 40% from Cerro Juanaqueña could not be identified beyond the level of the order. It is likely, however, that they were from either pronghorn antelopes (*Antilocapra americana*) or deer

(*Odocoileus* sp.), both of which were identified at these sites. At Paquimé large quantities of pronghorn antelopes were found, representing nearly 60% of the total artiodactyl MNI count. The ratio between pronghorn antelopes and deer at Paquimé was over 2:1, about the same as that between mule deer (*Odocoileus hemionus*) and white-tailed deer (*O. virginianus*).

The other family of artiodactyls found at Paquimé and probably at Cerro Juanaqueña was the Bovidae, which includes bighorn sheep (*Ovis canadensis*) and bison (*Bison bison*). This family was absent from El Zurdo, unless the single "large ungulate" reported among the faunal remains represented one of these species. At Cerro Juanaqueña, one bone was tentatively identified as bison and five others as possibly representing two bighorn sheep. Two bighorn sheep were also reported from Paquimé, but bison were prominent, constituting 10% of all the artiodactyls recovered from the site.

Mammalian Taxa Absent. Taken together, the faunal analyses from Cerro Juanaqueña, El Zurdo, and Paquimé present what appears to be a remarkably complete record of the mammals that lived in central and northwestern Chihuahua over nearly three millennia, between 1250 B.C. and A.D. 1450. Yet, the four mammalian orders documented from these sites constitute only half of the mammalian orders known to occur in the state of Chihuahua today. The four missing orders are Marsupialia, Insectivora, Chiroptera, and Edentata.

Both the Marsupialia and Edentata are represented today in Chihuahua by one species each: the Marsupialia by the opossum (*Didelphis virginiana*), the Edentata by the nine-banded armadillo (*Dasypus novemcinctus*). These species have been reported from southwestern Chihuahua but never northwestern Chihuahua, and both are known to have been expanding their ranges within the last century or so (Anderson, 1972; McManus, 1974; McBee and Baker, 1982).

Two species of Insectivora are known to occur in Chihuahua: *Sorex monticolus* (wandering shrew) and *Notiosorex crawfordii* (desert shrew). *Sorex monticolus* appears to be restricted to pine forests over 2000 meters and thus unlikely to occur in any of the sites considered here. *Notiosorex crawfordii* has a much broader distribution and possibly was found in the vicinity of these sites at the time of their occupation, even through it was not identified among the faunal remains (Anderson, 1972). The absence of this shrew may reflect the fact that even in areas where it occurs it is relatively rare.

The Chiroptera in Chihuahua include representatives of seven families of bats, and eight genera from three of these families have been documented in modern times in northwestern Chihuahua: *Antrozous* from the Antrozoidae family, *Tadarida* from the Molossidae family, and *Myotis, Pipistrellus, Eptesicus, Lasiurus,*

Corynorhinus, and *Idionycteris* from the Vespertilionidae family (Anderson, 1972; Hall, 1981; López-Wilchis and López-Jardinez 1999). Even though it is likely that the diversity of bat species at the time these sites were occupied was comparable to that of today, no bats were identified in the faunal remains of these sites. Their absence suggests that, despite their undoubted importance in the operation of the local ecosystem, they were of little significance in the economies of the human inhabitants of the sites as a source of meat or raw materials, although bat guano could have been used to fertilize cultivated fields (Pennington, 1963).

The only other mammalian taxa not reported in these analyses that are expected to have existed in this area during the prehispanic period are three genera of small mice from the Muridae family (*Baiomys, Onychomys,* and *Reithrodontomys*) and the gray wolf (*Canis lupus*). Although zooarchaeologists can identify *Baiomys, Onychomys,* and *Reithrodontomys* on the basis of their teeth and long bones, these particular body parts perhaps were not preserved sufficiently to allow an identification to the level of genus. About 25% of the total MNI count for rodents recovered from all three sites could not be assigned an identification below the level of Rodentia, and mice constituted less than 7% of the taxa that could be identified to the level of genus. In addition, recognizing these three Muridae genera is particularly challenging. The pygmy mouse (*Baiomys* sp.) is the smallest rodent in North America, the harvest mouse (*Reithrodontomys* sp.) also is quite small, and the grasshopper mouse (*Onychomys* sp.) is easily confused with *Peromyscus,* a genus of small mice documented at Cerro Juanaqueña but not El Zurdo or Paquimé (Anderson, 1972).

The apparent absence of the gray wolf from these sites is more puzzling, especially given its large size and the documented presence of all other large carnivores expected to have occurred in the area. It is possible that this wolf was represented in the canid remains that could not be identified below the level of family and genus. Because the three *Canis* species (dogs, coyotes, and wolves) can interbreed, distinguishing among them can be difficult. Schmidt (n.d.), who analyzed the faunal remains from Cerro Juanaqueña, identified the canid bones recovered from this site as either coyote (*Canis latrans*) or as simply *Canis,* concluding that they were less robust than would be expected if they were from the Mexican wolf (*Canis lupus baileyi*). Hodgetts (1996), who completed the faunal analysis for El Zurdo, gives "Dog, Wolf, Coyote" as the common names for "*Canis* sp." in the summary table of her results, but in her discussion she implies that these *Canis* remains represented either dogs or coyotes. In the faunal analysis for Paquimé, canid bones are identified as either coyotes or dogs. The possibility that some of these bones could have come from wolves is not mentioned at all (Di Peso *et al.,* 1974).

Except for dogs and coyotes, the MNI counts for large carnivores are very low at all three sites (see Table 4). This suggests that the residents of these sites seldom consumed these carnivores, either avoiding them or driving them away from their settlements and fields rather than killing them. In the case of gray wolves specifically, they perhaps were not hunted at all. Because they travel in packs and can move quite rapidly across considerable distances, hunting them is more difficult than other carnivores and also more dangerous: the hunter can quickly become the hunted (Mech 1974).

We also suspect that gray wolves did not venture close to the human settlements in prehispanic northwestern Chihuahua. We base this conclusion primarily on the evidence that coyotes were prominent in the vicinity of all three sites from this area considered here. The relationship between coyotes and wolves is antagonistic, and coyote populations tend to be significant only in areas where wolves are absent. Also, the preferred wild prey of wolves —primarily deer and other artiodactyls but rabbits and rodents as well— would have been readily available away from human settlements and, in the case of artiodactyls, probably more abundant there (Mech 1974; Bekoff 1977).

This situation changed radically during the Spanish colonial period with the introduction of Old World livestock, which drew wolves much closer to the human sphere and supported the dramatic growth of local wolf populations. Wolves became the dominant large carnivore across Chihuahua and much of western North America, maintaining this position until the nineteenth and early twentieth centuries, when the expansion of human settlement fragmented their habitats and campaigns of extermination eliminated them from most of the region (Leopold, 1959; Steffel, 1809; Mech, 1974). In contrast to wolves, which are strictly carnivorous and run in packs, coyotes are omnivorous and are solitary most of the time. They adapt readily to the increased proximity of humans, whose trash and domesticated animals provide them with additional sources of food. The negative impact of human expansion on the wolf population thus favored the expansion of coyotes into their former range.

The distribution of mammalian taxa. The absence of wolves, bats, the three genera of small mice, and the shrew confirms the obvious point that faunal remains recovered from archaeological sites reflect primarily human-animal interactions and only secondarily the diversity of animal taxa that occurred in the area of these sites. At the same time, these remains can provide important insights into the distribution of the taxa that are recovered, for time periods that precede by centuries or millennia written descriptions and biological collections of them.

Most of the mammalian taxa identified at Cerro Juanaqueña, El Zurdo, and Paquimé are still found in

these areas today, but the faunal analyses from these sites include some unexpected data on distributions. For example, the discovery of a muskrat at Paquimé suggests that the range of this species included river drainages other than the Río Bravo, the only place in Chihuahua where they are found today. Similarly, although it is generally accepted that bison occurred in northwestern Chihuahua in the prehispanic period, this conclusion is reinforced by the significant representation of bison in the faunal record from Paquimé (Di Peso et al., 1974). This record confirms the presence of bison in northwestern Chihuahua back at least a thousand years. If additional bone that can be definitely identified as bison is recovered at Cerro Juanaqueña or other sites in the area of comparable antiquity, this presence will be extended to three millennia.

Of even greater interest is the recovery of prairie dog bones from El Zurdo but not from Cerro Juanaqueña or Paquimé. Today prairie dog colonies are found in the vicinity of both Cerro Juanaqueña and Paquimé but not farther south, in the Babícora Basin where El Zurdo is located or elsewhere in Chihuahua (Anderson, 1972). However, the antiquity of these colonies in more southerly locations within the state is indicated by Late Pleistocene records of prairie dogs in both the Babícora Basin and in southeastern Chihuahua, near Jiménez (Alvarez, 1983; Messing, 1986). The first report of prairie dogs in far northwestern Chihuahua comes from the 18th century (Estolano de Escudero, 1777), suggesting a northward shift in prairie dog colonies after the arrival of Europeans to the region. We suspect that the principal factor responsible for this presumed shift was the introduction of large quantities of cattle, horses, and other livestock into the Babícora Basin during the early Spanish colonial period, in contrast to the Cerro Juanaqueña-Paquimé area, where livestock grazing was much less intensive (Almada, 1987; Griffen, 1979).

The apparent existence of prairie dog populations around El Zurdo may be linked to presence of the *Mustela* species reported there but not at Cerro Juanaqueña or Paquimé (Hodgetts, 1996). This presence is documented by a single mandible fragment, which could not be identified to the species level (Jonathan Driver, 2004: pers. comm.). One candidate is the long-tailed weasel (*Mustela frenata*), remains of which have been recovered from the deposits of the Villa Ahumada site, located in far northern Chihuahua about 180 km northeast of El Zurdo (Cruz Antillón and Maxwell, 1999; Polaco and Guzmán, n.d.). This site was occupied from around A.D. 1200-1450, coinciding with the final period of the El Zurdo occupation, and during this period both it and El Zurdo were situated near major lakes, where the long-tailed weasel often occurs (Sheffield and Thomas, 1997). In addition, it is the only *Mustela* species reported today from Chihuahua. Despite the assumption that it is widely distributed, however, only one specimen of it has been collected in modern times in the state, at Guachochi in the mountains of southwestern Chihuahua over 300 km south of El Zurdo (see Figure 1; Anderson, 1972; Sheffield and Thomas, 1997).

The only other possible identification for this *Mustela* species is the black-footed ferret (*Mustela nigripes*). This ferret has not been encountered in Chihuahua in modern times, and it has disappeared from all of its former range in western North America, avoiding extinction only by being maintained in captivity. However, its presence in prehispanic Chihuahua is documented from the Pleistocene deposits of Cueva de Jiménez in southeastern Chihuahua (Messing, 1986). Because prairie dogs were a preferred prey of the black-footed ferret, the co-occurrence of a *Mustela* species and prairie dogs at El Zurdo and the absence of both at Cerro Juanaqueña and Paquimé raises the possibility that the *Mustela* species from El Zurdo could have been *Mustela nigripes* (cf. Owen *et al.*, 2000).

HUMAN-MAMMAL INTERACTION

Formation of the Faunal Record. Understanding the interaction between humans and other mammals that took place at Cerro Juanaqueña, El Zurdo, and Paquimé requires as a first step a consideration of the circumstances under which the mammals would have come to form part of the faunal remains recovered from the sites. There are two main alternatives: 1) the mammals were attracted to the sites and either died on their own or were killed by the human inhabitants there; or 2) these residents intentionally introduced the mammals into the sites.

Three features of these settlements can be identified as potential attractions to wild mammals: cultivated fields, organic trash, and potential prey. Cultivated fields and trash deposits offered the kinds of disturbed environments and food sources attractive to a wide range of mammals. In fact, the existence of cultivated fields alone would have attracted many of the mammals documented from these sites because they are either herbivores or omnivores and often thrive in these kinds of environments (Linares, 1976; Neusius, 1996; Hodgetts, 1996; Reitz and Wing, 1999). Small mammals, like rabbits and many rodents, are frequently found in or around cultivated fields, and a wide range of larger mammals also are known to raid these fields, especially for maize, including coyotes, foxes, raccoons, deer, and bears. Large herbivores reported from these sites that were unlikely to have been encountered in and around these cultivated fields were pronghorn antelopes, bison, and bighorn sheep, which tend to range in open plains or rugged areas that would not have been ideal sites for cultivating crops.

The diversity of small mammals that presumably would have been associated with cultivated fields or trash deposits would have served to attract both omnivores and the few mammals in the area that are predominantly or exclusively carnivorous, including badgers and bobcats

primarily but also wolves. In addition, pumas may have approached the sites in search of deer or even bobcats, the remains of which frequently are encountered in the stomachs of pumas (Leopold, 1959). The captive fowl maintained at El Zurdo and Paquimé probably represented potential prey for some of these predators, for example, skunks, weasels, raccoons, foxes, and coyotes. Coyotes are notoriously adept at circumventing the devices that humans create to protect such fowl, and the presence of foxes at El Zurdo and Paquimé but not Cerro Juanaqueña, where no turkeys or macaws were recovered, suggests that foxes may have been motivated to enter these sites in part by the prospect of capturing these fowl. Domestic dogs also would have been vulnerable to some of the larger predators, but their ability to defend themselves probably precluded their falling victim with any frequency.

Although most of the mammals that appear in the faunal analyses considered here could have entered or approached the sites on their own, we can assume that at least some were brought into the settlements by their human residents. At the same time, the presence of a particular species of mammal in the faunal records of these sites does not necessarily indicate that it was used by the people who lived there. Rodent intrusion into archaeological deposits is the best known example of "non-cultural" mammalian presence. Such intrusion often can be recognized by the location of faunal remains in contexts that were clearly nesting areas or by the recovery of intact, non-charred bone or complete skeletons, which would suggest that the animal died *in situ*. In the absence of such evidence, however, the possibility that small rodents were an important component of local diet should not be discounted (Szuter, 1991a; Shaffer, 1992).

Site Catchment Areas. The faunal assemblages from Cerro Juanaqueña, El Zurdo, and Paquimé suggest that the residents of these sites collected the vast majority of mammals in areas quite close to their settlements, venturing farther a field only to hunt a very limited number of species (Hodgetts, 1996; Kelley *et al.*, 1999; Whalen and Minnis, 2001; Hard and Roney, 2005; K. Schmidt, n.d.). These species would have included those animals documented in the deposits of these sites that preferred habitats distinct from those that characterized the immediate environs of these settlements, for example, pronghorn antelopes in the case of El Zurdo and bighorn sheep in the case of Cerro Juanaqueña and Paquimé. Other mammals found relatively close to Cerro Juanaqueña and El Zurdo may have avoided Paquimé because of the density of settlements and human populations there. The residents of Paquimé may have organized hunting trips to acquire them or, alternatively, the residents of outlying areas may have brought some of these, especially larger game, to Paquimé to exchange for the exotic and luxury goods like shell ornaments that were produced or distributed there (Whalen and Minnis, 2001; cf. Di Peso *et al.*, 1974).

The size of the areas within which the residents of these three sites hunted and trapped mammals cannot be defined with precision, but it is possible that these areas did not extend much beyond a 30 km radius of these settlements. All of the mammalian taxa recovered from each of these sites are associated with ecological zones found within such a radius of them, and most of these taxa would have been attracted even closer to the settlements by their cultivated fields, trash deposits, or concentrations of potential prey. Even bison and bighorn sheep may have been available in the general vicinity of Paquimé and perhaps Cerro Juanaqueña. Di Peso *et al.* (1974) present historical evidence from the 16th to the 20th century that bison herds ranged into the Río Casas Grandes drainage, where both of these settlements are located, and the bison remains recovered from Paquimé include bones from animals of all ages and both sexes, suggesting year-round hunting. Similarly, bighorn sheep were reported in high desert ranges across much of northern and eastern Chihuahua until the 20th century (Leopold, 1959; Anderson, 1972).

The relatively restricted catchment's areas of these sites is also suggested by the fact that their faunal remains included no taxa associated with other, more distant ecological zones, even though at least some of these taxa presumably would have been highly valued as a source of meat. The most obvious examples of the latter are bison and bighorn sheep, which are entirely absent from El Zurdo even though they definitely were present in northwestern Chihuahua at the time that El Zurdo was occupied but in the area of Paquimé, 90 km to the north. Similarly, smaller mammals like tree squirrels (e.g., *Sciurus nayaritensis*) do not appear in the faunal remains from Cerro Juanaqueña and Paquimé but presumably were found in the mountains about 40 km to the south and west of these settlements, where they are known to occur today (Anderson, 1972). Of course, it would not be expected that special trips would have been undertaken to hunt such small mammals exclusively and if they were killed, the hunters may have consumed them away from the settlements.

The catchment areas of these sites can be divided into three general zones: 1) the settlements themselves, composed of both residential areas and cultivated fields; 2) uncultivated areas immediately adjacent to the settlements, where the residents gathered firewood, collected wild plants, and completed other kinds of activities; and 3) the grass- and scrublands beyond this intermediate area, where the level of human activity was relatively low. Small rodents and cottontail rabbits would have been encountered mainly in the first zone. The cultivated fields in this zone would have attracted deer, which along with jackrabbits would have been found primarily outside the settlements, in both disturbed areas closeby the settlements and in less disturbed areas farther away. Pronghorn antelopes, bison, and bighorn sheep would have remained farther from the settlements, in the semidesert grasslands and desert scrublands which

offered the kinds of vegetation and spaces that they prefer (Leopold, 1959; Anderson, 1972; Brown, 1994).

Mammal Procurement Strategies. The broad range of mammalian taxa recovered from these three sites suggests that their residents hunted or trapped almost any kind of mammal that they encountered, killing them to acquire food or raw materials, to defend their crops, or in the case of Paquimé and El Zurdo, to protect their captive fowl from predators. It also is possible that some of these mammals were either killed by other animals or died on their own and then brought into the sites by their residents. The importance of such scavenging in prehispanic Chihuahua is difficult to evaluate, but one case is documented from the late 18th century, in which Indigenous people in southwestern Chihuahua took a deer that had been recently killed and hidden by a puma (Steffel 1809).

Within this general procurement strategy, the residents of each of these sites may have developed more specific procurement strategies focused on different kinds of mammals. At Cerro Juanaqueña, the emphasis clearly was on rabbits, especially jackrabbits which occurred over twice as frequently as cottontails in the faunal assemblage of this site (see Table 4). Together these lagomorphs represent 52% of the total mammalian MNI count for Cerro Juanaqueña and exceeded by nearly 10% the combined MNI counts for rodents and artiodactyls. Their dominance is even more evident when the NISP counts for these three taxa are compared: lagomorphs constitute over 80% of the total NISP count for the site compared to less than 20% for rodents and artiodactyls together (see Table 1).

A comparable focus on one order may not have characterized the mammalian procurement strategies of the residents of El Zurdo and Paquimé. In the MNI counts for El Zurdo, the predominant mammalian order is rodents, with one family of rodents —Geomyidae, or pocket gophers— occurring with about the same frequency as all lagomorphs and over five times more frequently than artiodactyls (see Tables 1 and 4). The dominance of rodents fades, however, when the NISP counts for these taxa are taken into consideration. Rodents represent 22% of the total mammalian NISP count compared to 31% for lagomorphs.

The higher NISP count for lagomorphs can be attributed in part to the fact that their bones are larger than those of rodents and thus more likely to have been recovered by the techniques employed in the excavations at El Zurdo. This bias may be offset by the likelihood that a larger percentage of rodents than lagomorphs entered the site on their own, but it would be a mistake to dismiss the high relative frequency of rodents as simply the result of intrusion or to underestimate the importance of these rodents in the local diet. All of the rodent taxa encountered —pocket gophers primarily but also ground squirrels, prairie dogs, mice, rats, and voles— are edible and most are eaten by the Rarámuri, the principal Indigenous society in Chihuahua today (Bennett and Zingg, 1935; Pennington, 1963). In fact, even if half of the rodents recovered from El Zurdo were eliminated as intrusive, rodents would still represent over 25% of the total MNI count for the site.

In this regard, the prominence of pocket gophers is particularly intriguing. These small rodents make up almost 20% of the total mammalian MNI count at El Zurdo, in contrast to both Cerro Juanaqueña and Paquimé, where they constitute 1% or less of the MNI counts. Today pocket gophers are a common pest in the maize fields of the Rarámuri, who trap and eat them (Bennett and Zingg, 1935; Pennington, 1963). Shaffer (1992) reports a similar high frequency of these gophers at an agricultural settlement in southwestern New Mexico that was occupied between A.D. 600 and A.D. 1150, at about the same time as El Zurdo. He proposes that the presence of more cranial than postcranial skeletal elements of gophers can be interpreted as indicating that these rodents were processed by humans and thus introduced into the site by them, possibly as a source of food. Unfortunately, this possibility cannot be evaluated for El Zurdo because comparable data on the skeletal elements associated with gophers there are not available.

In light of these considerations, we can suggest that the residents of El Zurdo relied about equally on both rodents and lagomorphs and that these small mammals were much more significant in their diet than artiodactyls and other larger mammals. This focus is clearly indicated in Table 3, where the MNI counts for rodents and lagomorphs have been collapsed to form the category of "small mammals." Small mammals constitute about 65% of the total mammalian MNI count for El Zurdo and over 75% for Cerro Juanaqueña.

The evaluation of the relative significance of small versus large mammals at Paquimé is complicated by the fact that the bones of larger mammals were more likely to be recovered by the methods used there. The researchers who analyzed the deposits at Paquimé concluded that its residents emphasized artiodactyls over smaller mammals and proposed that bison provided them with their principal source of meat, however, the faunal analysis from Paquimé does not provide details of the body parts represented in the faunal assemblage, but in the case of bison, both "cranial material and post-cranial skeletal elements" are noted (Di Peso et al., 1974). They estimated that the carcass of one adult male bison was equivalent to that of 18 adult male pronghorns or 300 jackrabbits. If these equivalences are correct, then the adult male bison recovered from the site (around 15 of the total of 48 bison) would have been equivalent to 270 adult male pronghorns and 4500 jackrabbits. This figure for pronghorns is about the same as the total MNI count of 276 for pronghorns of all ages and both sexes actually recovered at Paquimé during the Medio period and is almost 40 times that for jackrabbits (MNI = 119).

No bison remains are reported from El Zurdo but one bone, a broken and charred mid-section of a left rib, was recovered at Cerro Juanaqueña that has been tentatively identified as bison (K. Schmidt, n.d; Robert Hard, 2005: pers. comm.). Given the quantity of meat that bison could have provided, it would be expected that the residents of Cerro Juanaqueña would also have hunted bison. The absence of additional bison remains suggests that these herbivores were rare in the Cerro Juanaqueña area when the site was occupied around three thousand years ago, in contrast to their apparent abundance two thousand years later in the vicinity of Paquimé, located seventy km south of Cerro Juanaqueña (Di Peso et al., 1974).

Researchers have demonstrated for other areas of western North America that the population sizes of bison and other artiodactyls vary significantly under different climatic regimes, with populations increasing during cooler, wetter periods, when grasses are more abundant, and declining during hotter, drier periods (Byers and Broughton, 2004; Speth, 2004; Adams and Van West, 2004). Perhaps the marked differences in the frequencies of bison reported from Cerro Juanaqueña and Paquimé reflect such climatic variations, but this hypothesis cannot be evaluated until the climatic history of northwestern Chihuahua is better known.

Assuming that the identification as bison of the rib fragment at Cerro Juanaqueña is correct, several alternative hypotheses can be offered for its presence. The residents of this settlement could have organized bison hunts away from the site, returning to Cerro Juanaqueña with only a few bones but with quantities of dried meat or hides, which would not have been preserved. They also could have acquired it through trade, but there are no other exotic items at the site that would indicate that such trade took place. It is also possible that the quantities of rabbits and rodents available either within the settlement or in nearby areas were sufficient to meet the needs of Cerro Juanaqueña's relatively small population, who hunted or scavenged for larger mammals like bison only occasionally to supplement the meat and raw materials provided by these more readily accessible small mammals. Determining whether one or another or some combination of these alternatives is preferable is impossible at this point because the data currently available are too limited.

With regard to Paquimé, Di Peso et al. (1974) argue that the need to provide meat for an expanding population motivated the residents of this settlement to increase their reliance on pronghorns and bison and that local hunters "ranged farther afield, leaving the grasslands and extending their hunting trips into the foothills and uplands for deer." That Paquimé experienced significant population growth during the time of its occupation is not in question, due perhaps to an influx of people from outlying settlements rather than a general population increase across the area (Paul Minnis, 2004: pers. comm.). However, whether its residents responded to the dietary needs of its growing population by modifying both the focus and range of their hunting activities requires further evaluation.

The point of reference that these researchers used to gauge long-term changes in the Paquimé procurement strategy was the obviously incomplete faunal record from the pre-A.D. 1200 Viejo period. Only 15 mammal individuals were identified for this period: two jackrabbits, three dogs, four antelope, five bison, and one "unknown bovine," presumably a bison (Di Peso et al., 1974). These extremely low MNI counts and the complete absence of deer and most other mammalian taxa indicate that this record is not a credible reflection of the Viejo period procurement strategy for Paquimé.

Whether changes in Paquimé's mammal procurement strategy occurred through time can be better evaluated by considering the more complete faunal record from the Medio period alone (Di Peso et al. 1974). Although the chronological relationships among the various components of the Paquimé site are not entirely clear (Whalen and Minnis, 2001), we will assume for the purposes of this essay that the faunal remains assigned to the Medio period by Di Peso et al. derive from this period. The division of this period into phases also is the subject of debate, but we use the chronology that distinguishes an earlier Buena Fe phase (A.D. 1200-1300) from a later Paquimé/Diablo phase (A.D. 1300-1450) (Phillips, 1989; Dean and Ravesloot, 1993).

The MNI counts for the deer, pronghorn, bison, and rabbit remains that could be dated to these two phases are presented in Table 5, along with the relative frequencies of these taxa. These data indicate that, despite significant growth in the human population in the area during the Medio period, the relative frequency of all four taxa remained more or less constant between the earlier and later phases. Moreover, although increasing population growth would be expected to have depleted the populations of mammals in the vicinity of Paquimé, there is no clear evidence that such depletion actually occurred. This fact is suggested by the paucity of mammal bone

recovered from smaller settlements near of Paquimé (Paul Minnis, 2004: pers. comm.; Michael Whalen, 2005: pers. comm.). The factors responsible for the contrast between these sites and Paquimé in the quantity of faunal materials encountered are unclear.

For example, over 70% of the rabbits recovered from the site were adults (Di Peso et al., 1974), perhaps reflecting their rapid maturation rate but also suggesting that local residents were not forced to rely on immature animals. The high reproductive capacity of both rabbits and rodents make them highly resistant to overhunting and, despite the fact that the techniques employed at Paquimé to recover faunal materials favored the recovery of the bones of larger mammals like artiodactyls over those of smaller mammals, rabbits and rodents together represent almost 30% of the total mammalian MNI count for Paquimé (see Table 1).

Although neither a significant decline in local mammal populations due to human population growth nor an increasing reliance on pronghorns, bison, and deer can be demonstrated for Paquimé, artiodactyls do appear to have been more significant in the mammal procurement strategy at this settlement than at either Cerro Juanaqueña and El Zurdo. We suspect that this inter-site variation reflects to some degree the impact of socio-political factors that operated at Paquimé but not at these other settlements.

Paquimé's size, elaborate architecture, extensive water-management systems, and many other characteristics indicate that the political organization there was more complex than that found at most other contemporaneous settlements north of Mesoamerica. However, Whalen and Minnis (2001) make a convincing argument that the political power of Paquimé's leaders was relatively limited and that they were able to organize and integrate the local population primarily by controlling the distribution of a variety of luxury goods and by staging major religious ceremonies and other public events, including large-scale feasts (cf. Dietler and Hayden, 2001).

TAXA	MNI Buena Fe Phase A.D.1200-1300	% MNI Buena Fe Phase	MNI Paquimé/Diablo Phase A.D. 1300-1450	% MNI Paquimé/ Diablo Phase	Difference
Leporidae	31	22.79%	67	22.26%	-0.53%
Odocoileus spp.	23	16.91%	47	15.61%	-1.30%
Antilocapra americana	56	41.18%	106	35.22%	-5.96%
Bison bison	7	5.15%	15	4.98%	-0.16%
Canis familiaris	2	1.47%	25	8.31%	+6.84%
Other Mammals	17	12.50%	41	13.62%	+1.12%
Totals	136	100.00%	301	100.00%	

Table 5. MNI counts for some mammal remains that could be dated. See text for details.

We suggest that these artiodactyls served as the principal source of meat prepared for such public feasts. These animals would have provided meat for significant numbers of people, and special hunts may have been organized to acquire them specifically for these events. Whalen and Minnis (2001) propose that the food distributed at these feasts included "large quantities of the heads of succulent plants such as agave and maguey" that were cooked in stone-lined earth ovens constructed of an outer ring of large stones 8-12 meters in diameter, surrounding a fire pit that ranged from 2-5 meters across. Meat could have been roasted in similar earth ovens, a practice well-known across much of Mexico today and documented in Chihuahua during the Spanish colonial period for both beef and agave (Steffel, 1809).

Such special-purpose use of bison and pronghorns would account for the prominence of these animals in Paquimé's faunal record. Although the residents of Paquimé probably consumed bison and pronghorns in other contexts as well, we expect that, as at Cerro Juanaqueña and El Zurdo, smaller mammals like rabbits and rodents were more important in their everyday diet than artiodactyls, with the possible exception of deer. Unlike pronghorns and bisons, however, hunting deer probably would not have inevitably required trips "into the foothills and uplands" or other areas away from the site. At least some deer would have been attracted to Paquimé's cultivated fields and also available in areas of less intensive human activity near the settlement.

In contrast to Cerro Juanaqueña and perhaps El Zurdo, dogs also appear to have been consumed with some frequency at Paquimé. The relative frequency of *Canis* spp. at Cerro Juanaqueña is quite low, in terms of both MNI (about 2%) and NISP counts (less than 1%). While the MNI relative frequency of *Canis* spp. at El Zurdo also is low (5%), the NISP count (123) is quite high, exceeded only by the NISP count for jackrabbits (196) and representing about 13% of the total mammalian NISP count for the site (Hodgetts, 1996). These figures suggest that the residents of El Zurdo but not Cerro Juanaqueña may have consumed canids. Of the potential mammalian meat sources considered in Table 5, only dogs shows a significant increase in relative frequency during the Medio period, and the remains of *Canis* sp. (which includes both dogs and coyotes) represented 10% of the total mammalian assemblage from the site (see Table 4). The fact that pups constituted over 30% of the total MNI count for *Canis* sp. possibly supports this conclusion; they may have been preferred as a meat source because their meat is tenderer than that of adults (Di Peso *et al.*, 1974). If dogs were consumed, they would have provided a more reliable and readily accessible source of meat than artiodactyls for Paquimé's growing human population, whose dietary needs may also have been met in part by increased agricultural production.

Although we have focused thus far on the contribution of mammals to the diet of the residents of Cerro

Juanaqueña, El Zurdo, and Paquimé, the importance of many of these mammals as a source of raw materials should be noted. Evidence of this role at Cerro Juanaqueña and El Zurdo is minimal. A total of only 14 specimens of worked mammal bone, including awls, a needle, and ornaments, were recovered from both sites, suggesting that the residents of these settlements produced their tools and other artifacts primarily from other materials, such as wood or stone (K. Schmidt, n.d.; Hodgetts, 1996). In contrast, the extensive assemblage of over 800 bone artifacts recovered from Paquimé indicates that the residents there relied on mammalian bone to create a wide range of items.

The researchers who initially excavated this site divided these artifacts into two general categories: utilitarian and non-utilitarian, with the latter subdivided into personal ornaments and "socio-religious paraphernalia" (Di Peso *et al.*, 1974). Over 95% of these artifacts were made of non-human mammalian bone, including all of the utilitarian objects and 90% of the non-utilitarian items; the remainder were made of bird bone. The utilitarian items consisted of such things as awls and stone-tool flakers. The personal ornaments included hair ornaments, pins, and beads while items like musical instruments and carved effigies were classified as socio-religious paraphernalia. Raw materials also would have been derived from the soft tissue of a wide range of mammals, but such materials are rarely preserved in open archaeological sites. However, items like sinew and rabbit fur, the latter apparently used in blankets, have been recovered from rockshelters in southwestern Chihuahua (Lister, 1958; Zingg, 1940).

The Paquimé bone artifacts also provide some indirect evidence for specialized hunting. Over 40% of the artifacts interpreted as having special ritual significance were made from bone from three large mammalian species: the black bear, the brown bear, and the puma (Di Peso *et al.*, 1974). Although the black bear and puma could have been killed by a single hunter with a bow-and-arrow or lance, the brown bear likely was hunted in groups. Spanish colonial period reports from northwestern and central Chihuahua indicate that brown bears were normally hunted by groups of men and killed with lances because bullets could not penetrate their thick fur (Estolano de Escudero, 1777; Rubio, 1778).

Given the notoriety of both black and brown bears as raiders of maize fields and the presence in these fields of mammals preyed upon by pumas, these animals might have been hunted relatively near Paquimé as well as El Zurdo, where remains of both black bear and puma were recovered. These large mammals may have also been the focus of expeditions undertaken farther from the settlements, and the residents of all three sites probably organized communal hunts of jackrabbits and artiodactyls to complement the hunting, trapping, and scavenging activities of individuals (Kent 1989; Szuter 1991b).

CONCLUSIONS

Understanding the relationship between humans and mammals in the history of prehispanic Chihuahua requires detailed faunal data from a much broader range of archaeological sites than are currently available. Nonetheless, the faunal analyses for Cerro Juanaqueña, El Zurdo, and Paquimé offer the opportunity to begin discerning the outlines of this relationship during a crucial time in this history: the 3000 year period between the introduction of agriculture to the region and the arrival of Europeans there.

By far the most significant development that affected this relationship was the introduction of agriculture itself. The modifications to the local environment that were the consequence of agricultural practices, especially cultivated fields, created new ecological niches that attracted and probably promoted the population growth of a wide range of mammal species, including herbivores, omnivores, and carnivores. In addition to their impact on predator-prey dynamics in the area, these changes would have fostered the redistribution of mammalian species across the landscape, with greater concentrations of certain species in closer proximity to human settlements than ever before. As a result, a more localized strategy for procuring meat and raw materials could be sustained.

A comparison of the faunal remains from these three sites suggests that lagomorphs, especially jackrabbits, were the most important mammalian taxon in local diet. Other species –for example, rodents at El Zurdo and perhaps dogs at Paquimé– were prominent at one site but not the others, reflecting perhaps variations in the abundance and accessibility of these species or in the food preferences of the residents of the different settlements. Deer were relatively insignificant at all three sites, and the high frequency of pronghorns at Paquimé possibly reflected not their importance in everyday diet but rather their use, along with bison, as a source of meat for public feasts. This proposed specialized use of large herbivores at Paquimé, if accurate, is paralleled by the symbolic significance that its residents appear to have attributed to large carnivores, as evidenced in the bone artifacts discovered at this site.

Mammals were the principal source of meat at all three sites, but the importance of meat to their residents is difficult to assess. For example, Hard and Roney (2005) propose that Cerro Juanaqueña was occupied for 200 years and that the human population during this period averaged 200 people. Because about 0.2% of the site was excavated, a rough estimate of the quantities of fauna that might be recovered if the site was completely excavated can be obtained by multiplying the MNI counts for each taxa by a factor of 500. The most prominent mammalian order in the faunal remains recovered from this site were rabbits, the MNI count for which was about 100 individuals. Multiplied by 500, the estimated MNI count for rabbits from the entire site would be 50,000 rabbits or

about 1.25 rabbits per person per year, a figure that clearly is much too low. Applying the same formula to the MNI count for artiodactyls (35) from Cerro Juanaqueña produces a figure of 0.44 artiodactyls per person per year, which is more reasonable but probably also too low.

Such MNI counts are obviously of limited value in estimating the quantities of animals that were acquired by the residents of this and the other two northwestern Chihuahua settlements considered here, but the faunal analyses from these sites do offer important insights into the animal species with which they interacted and to a more limited extent the relative importance of different species to them. This information has already contributed to the formulation of initial reconstructions of the diet and subsistence strategies of the prehispanic populations of the region (Di Peso et al., 1974; Hodgetts, 1996; Whalen and Minnis, 2001; Hard and Roney, 2005; Schmidt, n.d.).

These models undoubtedly will be refined and elaborated as additional data accumulate from a variety of other sources, like analyses of floral remains, coprolites, and human bone. Historical and ethnographic information from the Spanish colonial and post-colonial periods can also be useful as long as it is recognized that the majority of this information was recorded after local ecological relations were significantly disrupted. Future reconstructions presumably will revise current understandings but also confirm what already seems evident: that the prehispanic farming societies of northwestern Chihuahua relied on a broad range of animals and plants for their survival and that their ability to engage in agricultural activities depended at least in part on their continued use of the mammals and other wild resources that had sustained for millennia the non-agricultural foraging societies that preceded them.

ACKNOWLEDGMENTS

We would like to express our appreciation to the following individuals who provided data, commentaries, or other assistance crucial to the completion of this essay: Karen Adams, Joaquín Arroyo, Marcia Bakry, Greta de León, Jonathan Driver, Diego García, Robert Hard, Arthur MacWilliams, Paul Minnis, Oscar Polaco, John Roney, Kari Schmidt, Maria Sprehn, Carla Van West, and Michael Whalen. The map is a slightly modified version of one prepared by Arthur MacWilliams. We are grateful to him for granting us permission to use it and to Greta de León and Marcia Bakry for adapting it for this essay. The research presented here was supported by the Comisión Nacional para el Conocimiento y Uso de la Biodiversidad (Project X011), the Smithsonian Institution, and the Instituto Politécnico Nacional.

LITERATURE CITED

Adams, K. R., and J. K. Hanselka. n.d. Plant Use in the Late Archaic Period, in: *Early Farming and Warfare* in *Northwest Mexico* (R. J. Hard and J. R. Roney, eds.). Volume in preparation.

Adams, K. R. and C. R. Van West. 2004. Subsistence through Time in West-Central New Mexico and East-Central Arizona. Pp. 10.1-10.52, *in: Archaeological Data Recovery in the New Mexico Transportation Corridor and First Five-Year Permit Area, Fence Lake Coal Mine Project, Catron, County, New Mexico* (C.R. Van West and E. K. Huber, eds.). Volume 2, Part II: Synthetic Studies. Draft Technical Series. Statistical Research, Tucson.

Almada, F. R. 1987. *Diccionario de Historia, Geografía y Biografía Chihuahuenses.* Gobierno del Estado de Chihuahua, Chihuahua.

Álvarez Solórzano, T. 1983. Notas sobre algunos Roedores Fósiles del Pleistoceno de México. *Anales de la Escuela Nacional de Ciencias Biológicas, México,* 27:149-163.

Anderson, S. 1972. Mammals of Chihuahua: Taxonomy and Distribution. *Bulletin of the American Museum of Natural History,* 148:149-410.

Ascher, R., and F. J. Clune, Jr. 1960. Waterfall Cave, Southern Chihuahua, Mexico. *American Antiquity,* 26:270-274.

Bekoff, M. 1977. *Canis latrans. Mammalian Species,* 79: 1-9.

Bennett, W. C., and R. M. Zingg. 1935. *The Tarahumara: An Indian Tribe of Northern Mexico.* University of Chicago Press, Chicago.

Bradley, R. J. 1999. Shell Exchange with the Southwest: The Casas Grandes Interaction Sphere. Pp. 213-228, *in: The Casas Grandes World* (C. F. Schaafsma and C. F. Riley, eds.). University of Utah Press, Salt Lake City.

Brand, D. D. 1943. The Chihuahua Culture Area. *New Mexico Anthropologist,* 7:115-158.

Breitburg, E. 1993. The Evolution of Turkey Domestication in the Greater Southwest and Mesoamerica. Pp. 153-172, *in: Culture and Contact: Charles C. Di Peso's Gran Chichimeca* (A. I. Woosley and J. C. Ravesloot, eds.). Amerind Foundation and the University of New Mexico Press, Dragoon and Albuquerque.

Brown, D. E., (ed.). 1994. *Biotic Communities: Southwestern United States and Northwestern Mexico.* University of Utah Press, Salt Lake City.

Byers, D. A., and J. M. Broughton. 2004. Holocene Environmental Change, Artiodactyl Abundances, and Human Hunting Strategies in the Great Basin. *American Antiquity,* 69:235-255.

Cruz Antillón, R., and T. D. Maxwell. 1999. The Villa Ahumada Site: Archaeological Investigations East of Paquimé. Pp. 43-53, *in: The Casas Grandes World* (C. F. Schaafsma and C. F. Riley, eds.). University of Utah Press, Salt Lake City.

Dean, J. S., and J. C. Ravesloot. 1993. The Chronology of Cultural Interaction in the Gran Chichimeca. Pp. 83-103, *in: Culture and Contact: Charles C. Di Peso's Gran Chichimeca* (A. I. Woosley and J. C. Ravesloot,

eds.). Amerind Foundation and the University of New Mexico Press, Dragoon and Albuquerque.

Dietler, M., and B. Hayden (eds.). 2001. *Feasts: Archaeological and Ethnographic Perspectives on Food, Politics, and Power.* Smithsonian Institution Press, Washington.

Di Peso, C. C. 1974. *Casas Grandes, A Fallen Trading Center of the Gran Chichimeca.* Volumes 1-3. Amerind Foundation, Dragoon.

Di Peso, C. C., J. B. Rinaldo, and G. J. Fenner. 1974. *Casas Grandes, A Fallen Trading Center of the Gran Chichimeca.* Volume 8: Bone-Economy-Burials. Amerind Foundation, Dragoon.

Doolittle, W. E. 1993. Canal Irrigation at Casas Grandes: A Technological and Developmental Assessment of Its Origins. Pp. 133-151, *in: Culture and Contact: Charles C. Di Peso's Gran Chichimeca* (A. I. Woosley and J. C. Ravesloot, eds.). Amerind Foundation and the University of New Mexico Press, Dragoon and Albuquerque.

Estolano de Escudero, M. 1777. *Relación Geográfica del Valle y Presidio Reformado de San Buenaventura.* Unpublished manuscript, Biblioteca Nacional, Madrid, Manuscrito 2449, ff. 7, 74-79; Manuscrito 2450, ff. 235-236.

Foster, M. S. 1992. Arqueología del Valle de Casas Grandes: Sitio Paquimé. Pp. 229-282, *in: Historia General de Chihuahua I: Geología, Geografía y Arqueología* (A. Márquez-Alameda, ed.). Universidad Autónoma de Ciudad Juárez y Gobierno del Estado de Chihuahua, Ciudad Juárez.

Grayson, D. K. 1984. *Quantitative Zooarchaeology: Topics in the Analysis of Archaeological Faunas.* Academic Press, New York.

Griffen, W. B. 1979. *Indian Assimilation in the Franciscan Area of Nueva Vizcaya.* Anthropological Papers of the University of Arizona No. 33. University of Arizona Press, Tucson.

Guevara Sánchez, A. 1984. *Las Cuarenta Casas: Un Sitio Arqueológico del Estado de Chihuahua.* Cuadernos de Trabajo 27, Departamento de Prehistoria, Instituto Nacional de Antropología e Historia, México.

Guevara Sánchez, A. 1986. *Arqueología del área de las Cuarenta Casas, Chihuahua.* Colección Científica 151, Instituto Nacional de Antropología e Historia, México.

Guevara Sánchez, A., and D. A. Phillips, Jr. 1992. Arqueología de la Sierra Madre Occidental en Chihuahua. Pages 187-213, *in: Historia General de Chihuahua I: Geología, Geografía y Arqueología* (A. Márquez-Alameda, ed.). Universidad Autónoma de Ciudad Juárez y Gobierno del Estado de Chihuahua, Ciudad Juárez.

Hall, E. R. 1981. *The Mammals of North America.* 2 volumes. 2d. edition. John Wiley & Sons, New York,

Hard, R. J., and J. R. Roney. 1998. A Massive Terraced Village Complex in Chihuahua, Mexico, 3000 Years Before Present. *Science,* 279:1661-1664.

Hard, R. J., and J. R. Roney. 2005. The Transition to Farming on the Rio Casas Grandes and in the Southern Jornada Mogollon in the North American Southwest. *In: Current Research on the Late Archaic Across the Borderlands* (B. J. Vierra, ed.). University of Texas Press, Austin, in press.

Hodgetts, L. M. 1996. Faunal Evidence from El Zurdo. *The Kiva*, 62:149-170.

Kelley, J. H., J. D. Stewart, A. C. MacWilliams, and L. C. Neff. 1999. A West Central Chihuahuan Perspective on Chihuahuan Culture. Pp. 63-77 in *in: The Casas Grandes World* (C. F. Schaafsma and C. F. Riley, eds.). University of Utah Press, Salt Lake City.

Kent, S., ed. 1989. *Farmers as Hunters: The Implications of Sedentism.* Cambridge University Press, Cambridge.

Leopold, A. S. 1959. *Wildlife of Mexico.* University of California Press, Berkeley.

Linares, O. F. 1976. "Garden Hunting" in the American Tropics. *Human Ecology*, 4: 331-349.

Lister, R. H. 1953. Excavations in Cave Valley, Chihuahua, Mexico. *American Antiquity,* 19:166-169.

Lister, R. H. 1958. *Archaeological Excavations in the Northern Sierra Madre Occidental, Chihuahua and Sonora, Mexico.* Series in Anthropology 7, University of Colorado Press, Boulder.

López-Wilchis, R. and J. López-Jardínez. 1999. *Los Mamíferos de México Depositados en Colecciones de Estados Unidos y Canadá.* Vol. 2., Universidad Autónoma Metropolitana Unidad Iztapalapa, México.

MacWilliams, A. C., and J. H. Kelley. 2004. A Ceramic Period Boundary in Central Chihuahua. Pp: 247-264, *in: Surveying the Archaeology of Northwest Mexico* (G. E. Newell and E. Gallage, eds.). University of Utah Press, Salt Lake City.

Marshall, F., and T. Pilgram. 1993. NISP vs. MNI in Quantification of Body-Part Representation. *American Antiquity*, 58:261-269.

McBee, K. and R. J. Baker. 1982. *Dasypus novemcinctus. Mammalian Species*, 162:1-9

McManus, J. J. 1974. *Didelphis virginiana. Mammalian Species*, 40:1-6

Mech, L. D. 1974. *Canis lupus. Mammalian Species*, 37:1-6.

Messing, H. J. 1986. A Late Pleistocene-Holocene Fauna from Chihuahua, Mexico. *Southwestern Naturalist*, 31:277-288

Minnis, P. E. 1988. Four Examples of Specialized Production at Casas Grandes, Northwestern Chihuahua. *The Kiva*, 53:181-194.

Minnis, P. E., M. E. Whalen, J. H. Kelley, and J. D. Stewart. 1993. Prehistoric Macaw Breeding in the North American Southwest. *American Antiquity*, 58:270-276.

Neusius, S.W. 1996. Game Procurement among Temperate Horticulturalists: The Case for Garden Hunting by the Dolores Anasazi. Pp. 273-288, in: *Case Studies in Environmental Archaeology* (E. J. Reitz, L. A. Newsome, and S. J. Scudder, eds.). Plenum Press, New York.

Owen, P. R., C. J. Bell, and E. M. Mead. 2000. Fossils, Diet, and Conservation of Black-footed Ferrets (*Mustela nigripes*). *Journal of Mammalogy*, 81:422-433.

Pennington, C. W. 1963. *The Tarahumar of Mexico: Their Environment and Material Culture.* University of Utah Press, Salt Lake City.

Phelps, A. L. 1998. An Inventory of Prehistoric Native American Sites in Northwestern Chihuahua. *The Artifact*, 36:1-175.

Phillips, D. A., Jr. 1989. Prehistory of Chihuahua and Sonora, México. *Journal of World Prehistory*, 3:373-401.

Polaco, O. J., and Guzmán, A. F. n.d. *Restos de Fauna del Sitio Arqueológico de "Los Moctezumas", Municipio de Villa Ahumada, Chihuahua.* Unpublished report, No. Z-484, Laboratorio de Arqueozoología "M. en C. Ticul Álvarez Solórzano," Instituto Nacional de Antropología e Historia, Mexico City, September 7, 1996.

Reitz, E. J., and E. S. Wing. 1999. *Zooarchaeology.* Cambridge University Press, Cambridge.

Rubio, J. F. 1778. *Compendio de las Noticias que Su Majestad ordena se puntualicen para el Conocimiento de la Geografía de la Misión de Coyachic y de el Real de Santa Rosa Cucihuriachic.* Unpublished manuscript, Biblioteca Nacional, Madrid, Manuscrito 2449, ff. 173-179.

Sayles, E. B. 1936. *An Archaeological Survey of Chihuahua, Mexico.* Medallion Papers 22. Gila Pueblo Foundation, Globe.

Shaffer, B. S. 1992. Interpretation of Gopher Remains from Southwestern Archaeological Assemblages. *American Antiquity*, 57: 683-691.

Shaffer, B. S., and J. L. J. Sanchez. 1994. Comparisons of 1/8"- and 1/4"-Mesh Recovery of Controlled Samples of Small-to-Medium Sized Mammals. *American Antiquity*, 59: 525-530.

Sheffield, S. R. and H. H. Thomas. 1997. *Mustela frenata. Mammalian Species*, 570:1-9

Schaafsma, C. F., and C. F. Riley, (eds.). 1999. *The Casas Grandes World.* University of Utah Press, Salt Lake City.

Schmidt, R. H. 1992. Chihuahua: Tierra de Contrastes Geográficos. Pp 45-101, *in: Historia General de Chihuahua I: Geología, Geografía y Arqueología* (A. Márquez-Alameda, ed.). Universidad Autónoma de Ciudad Juárez y Gobierno del Estado de Chihuahua, Ciudad Juárez.

Schmidt, K. M. n.d. Faunal Remains. *In: Early Farming and Warfare in Northwest Mexico* (R. J. Hard and J. R. Roney, eds.). Volume in preparation.

Steffel, M. 1809. Tarahumarisches Wörterbuch, nebst einigen Nachrichten von den Sitten und Gebräuchen der Tarahumaren, in Neu-Biscaya, in der Audiencia Guadalaxara im Vice-Königreiche Alt-Mexico, oder Neu-Spanien. Pp. 293-374, *in: Nachrichten von verschiedenen Ländern des Spanischen Amerika, aus eigenhändigen Aufsätzen einiger Missionare der*

Gesellschaft Jesu. Johannes Christian Hendel (C. G. von Murr, ed.). Halle.

Szuter, C. R. 1991a. Hunting by Hohokam Desert Farmers. *Kiva,* 56: 277-291.

Szuter, C. R. 1991b. *Hunting by Prehistoric Horticulturalists in the American Southwest.* Garland, New York.

Vargas, V. D. 2001. Mesoamerican Copper Bells in the Pre-Hispanic Southwestern United States and Northwestern Mexico. Pp. 196-211, *in: The Road to Aztlan: Art from a Mythic Homeland* (V. M. Fields and V. Zamudio-Taylor, eds.). Los Angeles County Museum of Art, Los Angeles.

Whalen, M. E., and P. E. Minnis. 1999. Investigating the Paquimé Regional System. Pp. 54-62, *in: The Casas Grandes World* (C. F. Schaafsma and C. F. Riley, eds.). University of Utah Press, Salt Lake City.

Whalen, M. E., and P. E. Minnis. 2001. *Casas Grandes and its Hinterland: Prehistoric Regional Organization in Northwest Mexico.* University of Arizona Press, Tucson.

Wilcox, D. R. 1999. A Preliminary Graph-Theoretic Analysis of Access Relationships at Casas Grandes. Pp. 93-104, *in: The Casas Grandes World* (C. F. Schaafsma and C. F. Riley, eds.). University of Utah Press, Salt Lake City.

Woosley, A. I. 2001. Shadows on a Silent Landscape: Art and Symbol at Prehistoric Casas Grandes. Pages 164-183, *in: The Road to Aztlan: Art from a Mythic Homeland* (V. M. Fields and V. Zamudio-Taylor, eds.). Los Angeles County Museum of Art, Los Angeles.

Woosley, A. I., and J. C. Ravesloot, (eds.). 1993. *Culture and Contact: Charles C. Di Peso's Gran Chichimeca.* Amerind Foundation and the University of New Mexico Press, Dragoon and Albuquerque.

Zingg, R. M. 1940. Report on the Archeology of Southern Chihuahua. Center of Latin American Studies 1, Contributions of the University of Denver III. Denver.

Revelación del color de caballos a partir de ADN antiguo y su implicación en sociedades medievales

Cristina Valdiosera

Centro Mixto UCM-ISCIII de Evolución y Comportamiento Humanos y Becaria del Consejo Superior de Investigaciones Científicas, España (cvaldiosera@isciii.es).

RESUMEN

Durante mucho tiempo, los genetistas y los criadores de animales se han mostrado interesados en estudiar tanto el modo de acción de los genes responsables del color de la piel y el pelo, así como su vía de herencia. En este trabajo utilizamos un nuevo sistema para la identificación del color en caballos medievales a partir de ADN antiguo. Analizamos secuencias de ADN nuclear correspondientes a las mutaciones asociadas a los colores rojizo (o alazán) y negro de los genes MC1r y ASIP, obtenidos a partir de una muestra de dientes de 10 caballos provenientes de tres sitios arqueológicos medievales europeos: Sutton Hoo (Inglaterra), Birka y el Antiguo Uppsala (Suecia). Con esta muestra se observan diferencias de color en los caballos que podrían estar asociadas a elementos sociales. A pesar de su carácter preliminar, los resultados muestran la importancia de éste método para los estudios arqueozoológicos y paleontológicos.

Palabras clave: MC1r, ASIP, Arqueozoología medieval, color piel, Caballos, ADN antiguo

ABSTRACT

For a long time, geneticists and animal breeders have been interested in the way of action of the responsible genes of coat and hair colour and the way that these are inherited. We used in this work a new system to identify the coat colour in medieval horses using ancient DNA. We analysed nuclear DNA sequences corresponding to mutations associated to black and chestnut colours in Mc1r and ASIP genes from teeth of 10 horses recovered from three archaeological medieval sites from Europe: Sutton Hoo (England), Birka and Old Uppsala (Sweden). This sample shows colour differences in the horses that could be associated to cultural and social differences. However, this preliminary result shows the potential importance of the method for archaeozoological or palaeontological research.

Keywords: MC1r, ASIP, medieval archaeozoology, coat colour, horses, ancient DNA

INTRODUCCIÓN

La relación entre hombre y caballo ha sido importante desde la prehistoria. Sin duda, el impacto que tuvo el primer evento de domesticación influyó fuertemente en el curso de la civilización (McFadden, 1994; Levine *et al.*, 2003; Mashkour, 2005).

En Eurasia, el incremento de restos de caballos (*Equs caballus*) en los depósitos arqueológicos de hace aproximadamente 6000 años, sugiere el momento y el lugar de los primeros eventos de domesticación (Vilà *et al.* 2001). Fue así que las sociedades adquirieron y controlaron los caballos, con ello se incrementó la movilidad de las personas para recorrer distancias mas largas y más rápido, al mismo tiempo, podían cargar y desplazar mayor cantidad de cosas como armas, material, alimentos, entre otras. Además, los caballos suministraban carne y leche para las poblaciones. Esto resultó en una mayor comunicación entre pueblos, lo que trajo como consecuencia cambios en la estructura social, al darse un mayor intercambio cultural y económico, debido a que podían explotar zonas más grandes, diversos ambientes, tener familias más grandes, mantener un mayor contacto con otras sociedades para intercambio de comercio, además, de que el ámbito militar se vio fuertemente beneficiado (Levine, 1999); finalmente todo este cambio llevó a la transformación de las sociedades antiguas.

Históricamente, los caballos no fueron únicamente importantes por los beneficios en las actividades físicas que proporcionaron, sino que también lo eran cultural e ideológicamente, ya que se consideraban un símbolo de estatus y prestigio. Por ejemplo, para los griegos y romanos, las castas de los caballos eran importantes ya que cada una de ellas se utilizaba con un propósito distinto, ya fuera para la guerra, la caza, el transporte o las carreras, además, de que determinadas castas eran reservadas para ciertas clases sociales (Lidén *et al.*, 1998).

En la época medieval también los caballos fueron de gran importancia, tanto para las sociedades Germánicas como para las Escandinavas y Británicas, en los aspectos religiosos, culturales y económicos. Ello se expresa en que es común encontrarlos representados ya sea en pinturas de arte, en artefactos o descritos en la literatura, de manera particular son mencionados con frecuencia en poemas épicos como el de Beowulf (Collinder, 1988) o en las sagas Islándicas. En el primero se hace referencia a la llegada del rey Hrothgar montando a caballo mientras el resto de la gente lo sigue a pie (Lidén *et al.* 1998), lo cual nos corrobora la idea de la importancia de estos animales en relación directa al estatus de las personas. Además, también se han encontrado repetidas veces caballos enterrados en tumbas de personas asociadas a una clase social alta, tal como es el caso de Sutton Hooy el Antiguo Uppsala.

Por otra parte, no únicamente el caballo como tal era importante, sino que también su color pudo tener un significado relevante para estas sociedades, por ejemplo, en el conocido *Bayeaux Tapestry* es posible apreciar la distinción de colores en el pelaje de los caballos.

Debido al rápido deterioro de los tejidos blandos, en los restos paleobiológicos de vertebrados no es posible conocer la apariencia externa de los ejemplares, como el color de la piel o el pelo, sino que únicamente podemos observar esqueletos o fragmentos de huesos y dientes. Afortunadamente los rasgos físicos, tales como el color de la piel o el pelo al igual que otros varios más, tienen una base genética y, debido los avances en el desarrollo de técnicas genético-moleculares y el estudio en ADN antiguo, es posible la recuperación de pequeños fragmentos de ADN en material arqueológico o paleontológico y así poder investigar el color del pelaje en estos caballos.

En este trabajo, presentamos resultados preliminares de pruebas realizadas a dientes de 10 caballos provenientes de tres sitios arqueológicos de culturas germánicas con distintos estratos sociales. Las pruebas se basaron en la extracción y secuenciación de ADN antiguo para conocer la coloración fenotípica de estos caballos.

La molécula de ADN. Para conocer el pasado, los paleontólogos y arqueólogos recurren a la búsqueda de claves en piedras, pinturas, herramientas, cerámicas, huesos, artefactos, tumbas, incluso polen y plantas que puedan llevar a la reconstrucción de eventos que no hemos presenciado, tales como el clima, la forma de vida, cultura, tecnología e incluso el aspecto físico de los seres vivos de la época.

Sin embargo, existe otro tipo de evidencia del pasado. Cada una de las células que constituye el cuerpo de un organismo lleva dentro el material genético, en él se guarda toda la información de cómo funciona y cómo esta constituido este organismo. Este material genético es el ácido desoxirribonucleico (ADN) y se hereda de generación en generación. La información que lleva cada molécula de ADN, va escrita en forma de código en una secuencia formada por cuatro nucleótidos, Adenina (A), Citosina (C), Timina (T) y Guanina (G). Estos nucleótidos se conforman en dos cadenas complementarias unidas entre sí formando una doble hélice. La unión de estas dos cadenas se debe a la presencia de puentes de hidrógeno entre los nucleótidos. Finalmente, el esqueleto del ADN está compuesto por nucleótidos unidos a grupos de azucares (desoxiribosa) que a su vez están unidos a grupos fosfato (Sykes y Renfrew, 2000)

Existen dos tipos principales de ADN, el ADN mitocondrial (ADNmt) y ADN nuclear (ADNn). Las principales diferencias entre estos dos tipos de ADN, además de su origen, son que el ADNmt se encuentra en miles de copias por célula y es heredado únicamente por

línea materna, mientras que el ADNn se encuentra en una única copia por célula y es heredado por ambas líneas, materna y paterna. Además, el ADNmt presenta una tasa de mutación muy alta en comparación con el ADNn, lo que quiere decir, que en el ADNmt encontramos un mayor número de cambios registrados que en el ADNn, lo que representa mayor diferenciación entre individuos, poblaciones y especies. Esto tiene grandes implicaciones en la evolución, por lo que para determinados estudios, el ADNmt proporciona mayor información, lo cual no resta importancia a la información proporcionada por el ADNn.

El ADN es muy sensible y propenso a diferentes formas de daño, por lo que la vida media de esta molécula se ve seriamente limitada (Poinar, 2002).

Degradación del ADN. La degradación de esta molécula comienza justo al momento de la muerte del organismo y, dicho deterioro esta impulsado por diversos factores fisico-quimicos que afectan directamente su composición química y biológica.

A través de la hidrólisis, el ADN se ve afectado principalmente por dos procesos, la depurinación y la deaminación (Hofreiter, 2001). La primera se caracteriza por la pérdida de residuos de adenina y guanina, ésta ocurre diariamente a tasas muy altas, lo que lleva al rompimiento del ADN. Mientras que la deaminación sucede cuando los residuos de citosina producen la formación de uracilo, lo que puede causar la inserción de bases incorrectas durante la llamada PCR (en inglés, *Polymerase Chain Reaction*) y, por tanto dar resultados erróneos. De esta manera, no solo se produce la fragmentación del ADN, sino que también se ve modificada químicamente.

Existen otros procesos degenerativos como la oxidación, que afecta a las bases nitrogenadas así como a los grupos de azúcar y fosfato que forman el esqueleto del ADN (Hofreiter, 2001). Sin embargo, la depurinación es el principal proceso que conduce a la degradación de ADN en casi cualquier medio ambiente, la cual se expresa en términos de su edad térmica, esto es el número de años requeridos a una temperatura constante de 10°C para producir la degradación calculada con respecto a su historia térmica (Smith *et al.*, 2001), lo que implica que a temperaturas más altas, se acelera dicho proceso llevando a un alto y rápido deterioro del ADN.

El hueso esta compuesto por una fracción inorgánica (30%) y una orgánica (70%). En la primera encontramos principalmente minerales como la hidroxiapatita y en menor proporción fluorapatita, la segunda esta compuesta por proteínas, dentro de las cuales un 90% corresponde al colágeno (Götherström, 2001).

La influencia de factores ambientales, a los cuales el tejido óseo ha sido expuesto, también son de gran importancia en la preservación de ADN. Se ha comprobado que la mayor degradación del ADN se lleva a cabo justo después de la muerte debido a la presencia de microorganismos y a la actividad enzimática de las endonucleasas (Götherström, 2001). Por otro lado, un medio ambiente seco y alcalino, con bajas temperaturas y en ausencia de luz ultravioleta favorecen considerablemente la preservación del material genético, tal sería el caso de restos que han permanecido en cuevas o *permafrost* (Nielsen-Marsh, 2002). El tiempo es otro factor importante, pero no determinante para que se produzca o no la degradación, ya que simplemente, entre más antiguo sea el tejido, mas degradado estará el material genético.

Finalmente, todos los factores mencionados anteriormente están relacionados unos con otros (Nielsen-Marsh, 2002), de manera que, si el tejido óseo ha estado expuesto a un medio favorable para la estabilidad de los minerales que componen el hueso y desfavorable para la presencia de microorganismos, el proceso de degradación será llevado a cabo por procesos químicos que actúan lento a lo largo del tiempo y, que parecen estar controlados por la temperatura y el pH del medio.

El trabajo con ADN antiguo. A pesar de los enormes avances en las técnicas moleculares que se han desarrollado en los últimos años, los estudios con ADN antiguo requieren el seguimiento de rigurosos protocolos de higiene para controlar los tan comunes problemas de contaminación.

Sin embargo, este tipo de análisis representa actualmente una herramienta importante para la realización de estudios evolutivos, filogenéticos, ecológicos, demográficos, históricos, etc., debido a que proporcionan datos independientes a los obtenidos con estudios morfológicos y a los basados en el registro fósil. Por otro lado, el estudio de ADN antiguo en las especies animales resulta más fácil de tratar, y por tanto, proporciona datos más fiables de los que se pueden obtener con el que proviene de la especie humana. Esto es debido a la susceptibilidad que presentan las muestras de ser contaminadas por ADN de la persona o personas que las trabajan en el laboratorio, así como de las personas que hayan manipulado los huesos durante y después del momento de excavación.

El ADN antiguo. Generalmente, se entiende por ADN antiguo el estudio de éste ácido nucleico obtenido de tejidos preservados, principalmente dientes y huesos, que van desde unas décadas hasta unos cientos de miles de años (Dalèn, 2002). Las diferencias entre ADN antiguo y moderno son, por un lado, el nivel de fragmentación y por otro la cantidad de moléculas iniciales de ADN original. Esto significa que en tejidos antiguos el ADN puede encontrarse en pequeños y pocos fragmentos, generalmente hasta algunos cientos pares de bases, sin embargo, es más común que no quede ni un solo resto de ADN.

En proporción, las cantidades de la molécula original en material antiguo están constituidas en gran parte por ADN de bacterias y hongos, otro es el ADN moderno y solo una pequeña parte pertenece al ejemplar en cuestión. Por esta razón, para su obtención y análisis se deben tomar medidas de seguridad adicionales tales como mantener en sitios independientes y alejados de cualquier otro donde se trabaje con ADN moderno, tanto los laboratorios de extracción como el de preparación de PCR. Además de efectuar tratamientos continuos con cloro en el equipo de laboratorio con cloro y contar con luz ultravioleta en el sitio de trabajo, así como ropa protectora y máscaras (Hofreiter, 2001).

Cabe mencionar, que debido al escaso número de copias por célula y a los procesos de degradación de las moléculas de ADN en los organismos después de su muerte, la extracción de ADNn es sumamente difícil de conseguir en tejidos antiguos. Por esta razón, los estudios de ADNmt son más comunes y es el método mas aceptado cuando se trabaja con material prehistórico (Göterström, 2001).

Polimorfismos de nucleótido único (SNP's). Los SNP's (*Single Nucleotide Polymorphism*) son los cambios de un solo nucleótido en una determinada posición dentro de una secuencia de ADN (Figura 1), estos cambios varían entre individuos, por lo que son excelentes marcadores genéticos para realizar estudios evolutivos, de genética de poblaciones y de flujo génico entre poblaciones.

Individuo 1	CCCTGTTAGGA**A**CTGGGGAATCAGG
Individuo 2	CCCTGTTAGGA**T**CTGGGGAATCAGG

Figura 1. *Secuencia hipotética de ADN de dos individuos, donde sólo se representan los nucleótidos, en negrita se muestra el nucleótido que cambia y que representa el SNP.*

Debido al alto grado de degradación del ADN en material antiguo, la probabilidad de amplificar con éxito fragmentos cortos es mayor que la de amplificar fragmentos largos. Por esta razón, se diseñan *primers* (fragmento de ADN a través del cual, la polimerasa pude iniciar la síntesis de ADN) específicos que flanqueen el SNP y así recuperar fragmentos de ADN de alrededor de 50 pb incluyendo los *primers*.

Dos sistemas genéticos para determinar la coloración de pelaje en caballos a través de ADN antiguo. Para el mundo de la genética y para los criadores de animales, la vía de herencia que siguen determinadas características, como el color del pelaje en animales, ha sido de gran interés durante mucho tiempo, aunque la determinación de los genes que intervienen en este proceso y su modo de acción, corresponden a la investigación que se ha efectuado dentro de la era de la genética molecular, aproximadamente en las últimas tres décadas.

Se ha establecido que el color de la piel y del pelo, en la mayoría de los mamíferos, esta determinado por genes compartidos entre distintas especies. Estos genes pueden actuar de dos vías, ya sea directamente sobre los melanocitos o sobre la síntesis del pigmento, por lo que se entiende que las variaciones en la coloración del pelaje son el resultado de mutaciones en estos genes que se expresan de acuerdo a la vía que utilizan (Rieder *et al.*, 2001).

Dos de estos genes son el gen Extensión, también denominado receptor 1 de melanocortina (MC1r), gen responsable del receptor de la hormona estimulante de los melanocitos (MSHr); así como la proteína de señalización agouti (ASIP) que actúa como antagonista del gen MC1r.

Es bien conocido que los caballos presentan una gran variedad de patrones de coloración en el pelo, sin embargo estos corresponden a la combinación de tres colores básicos que son, el rojizo o alazán, el negro y el castaño. Algunos de ellos se identifican muy bien por un color muy particular indicando un estado de homocigosis para ese determinado locus (Rieder *et al.*, 2001).

En este trabajo hemos desarrollado un sistema para la identificación del color del pelaje en caballos a través de la extracción de ADN antiguo en material arqueológico, recuperado a partir de los dientes, provenientes de tres sitios distintos: Sutton Hoo, en Inglaterra, así como el Antiguo Uppsala y Birka, ambos en Suecia. Este sistema ha sido diseñado únicamente para la identificación de los colores rojizo y negro.

La acción conjunta de los loci Extensión E (codificador del gen MC1r) y Agouti A (codificador del gen ASIP) es la responsable de la expresión y distribución de los colores rojizo y negro en el pelaje de los caballos (Rieder *et al.*, 2001).
El locus E se presenta en dos variantes, una dominante (E) y una recesiva (e), La forma dominante (E) controla la expresión del pigmento negro, mientras que su forma recesiva (e) restringe su distribución únicamente a la piel, haciendo que todo el pelaje sea rojizo, pero que solo se expresa en una combinación homozigota recesiva (ee). Por su parte el locus A presenta una variante dominante (A) que limita la distribución del color negro a ciertos puntos del cuerpo y una recesiva (a), que restringe en absoluto la distribución de este color.

El color rojizo es una variante importante en el color del pelaje en caballos que se caracteriza por carecer completamente de pigmentación negra o café. Es uno de los rasgos que en los mamíferos sigue un tipo de herencia de tipo clásica o mendeliana, además de ser un alelo recesivo del gen MC1r, que se origina en la sustitución de un solo nucleótido (SNP) (Marklund *et al.*, 1996). Este mismo gen en su forma dominante, homocigota (EE) o

heterocigota (Ee), se expresará como color negro en el pelaje de los caballos.

Por otra parte, el color negro en los caballos está determinado por la combinación de una supresión de 11 pares de bases en el gen ASIP, asociada a la condición recesiva del locus A y la dominante del locus E (Rieder *et al.*, 2001). En otras combinaciones se expresarán el color castaño o el rojizo (Tabla 1).

ASIP/MC1r	+ AA	+ Aa	+ aa
EE			
	Castaño	Castaño	Negro
Ee			
	Castaño	Castaño	Negro
ee			
	Rojizo	Rojizo	Rojizo

Tabla 1. *Posibles combinaciones alélicas de los genes mc1r y asip y su expresión fenotípica en caballos.*

MATERIAL Y MÉTODOS

Se utilizaron dientes de 10 caballos provenientes de tres sitios arqueológicos distintos, Sutton Hoo (Inglaterra), el Antiguo Uppsala y Birka (Suecia). Los restos de caballos encontrados en los dos primeros sitios pertenecen a enterramientos de barcos en sociedades germánicas, que normalmente se interpretan como pertenecientes a altos estratos sociales, ya sea de reyes, grandes guerreros o mujeres y hombres con una posición importante dentro de la sociedad. Mientras que los caballos provenientes de Birka fueron encontrados en capas culturales donde se vivía el día a día hace aproximadamente 1000 años, a principios de la época medieval.

Se diseñaron *primers* específicos que flanquearan el SNP asociado al color rojizo en el gen MC1R y otro más que flanqueara la supresión de 11pb en el gen ASIP asociada al color negro. Dado que ambas mutaciones son marcadores de ADN nuclear, su recuperación de material antiguo es sumamente difícil

Para la extracción de ADN, se taladraron cada diente hasta obtener, aproximadamente, 100mg de polvo de hueso. A este polvo se le agregó 1ml de buffer colagenasa (1mM EDTA, 10mM NaCl, 10mM Tris-HCL pH 7.5) que contiene 4mg de colagenasa (Sigma C 0130), las muestras se dejaron incubar durante toda la noche a 37°C. Después de centrifugar por 5 minutos a 6000rpm, se desechó el sobrenadante y se añadió 1ml de buffer fosfato (0.2M K_2HPO_4, pH 7.5) para extraer el ADN. Este último extracto se dejó incubar a temperatura ambiente durante 15 minutos, se centrifugó por 5 minutos a 12000rpm y se filtró el sobrenadante utilizando filtros Microcon® (Millipore), lavándolo dos veces con un buffer de unión y lavado (*bind and washing buffer*: 1M NaCl, 5mM Tris-HCL pH 7.5, 0.5mM EDTA). A partir de la filtración se obtuvo un extracto concentrado de aproximadamente 50µl el cual se diluyó en 1ml de buffer de unión y lavado.

A este último extracto se le añadieron 0.05pmoles de primers biotinilados: ASIP1F, ASIP1R, MC1rF y MC1rR, y calentó durante 10 minutos a 100°C, para desnaturalizar el ADN e hibridar los *primers* con cada una de las hebras de la región del ADN blanco (*target*). Después de una hora de enfriamiento, se agregó al extracto 4µl de microesferas magnéticas cubiertas de estreptavidina (Dynabeads® M-280), que inmovilizan al templete de ADN, se dejaron reposar 15 minutos a temperatura ambiente. Posteriormente, se aplicó una técnica de separación mediante un concentrador de partículas magnéticas (DYNAL® MPC-S) para "pescar" los templetes de ADN previamente seleccionados e inmovilizados, obteniendo un volúmen final de 20µl, de los cuales 9µl se utilizaron para una sola reacción de PCR. Cada reacción de PCR contenía 3 U de HotStarTaq™ DNA Polymerase (Quiagen), buffer para PCR 1 x (Qiagen) 2.5mM $MgCl_2$, 200 µM de cada dNTP, y 0.2µM de cada *primer* en un volumen total de 25µl. Las amplificaciones se hicieron a través de un Termociclador (Eppendorf) con un primer paso de activación de 10 min a 95°C, seguido por 55 ciclos a 94°C por 30 seg, 57°C por 45 seg, 72°C por 30 seg para los primers ASIP, y exactamente los mismos pasos para los primers MC1R a excepción del paso tres que cambió a 62°C por 45 seg. Finalmente, se prosiguió con la pirosecuenciación de los productos de PCR (Ronaghi *et al.*, 1998; Ronaghi, 2003).

Los resultados obtenidos en la primera extracción fueron reproducidos en un laboratorio independiente.

RESULTADOS

La amplificación de fragmentos de ADN nuclear, MC1R y ASIP fue exitosa en los 10 dientes de caballo provenientes de tres sitios arqueológicos medievales distintos. De acuerdo con la Tabla 2, ni en el diente proveniente del Antiguo Uppsala (Batg) y ni en los dos de Sutton Hoo (SH15 y SH18) se encontró la secuencia completa (A) del fragmento flanqueado en el gen ASIP, sino únicamente la supresión de 11pb (a). Este hecho puede tener dos posibles explicaciones, por un lado, que existiera un genotipo heterocigótico pero el alelo dominante (A) se haya deteriorado, por lo que no pudo ser extraído o amplificado. La otra posibilidad es que se trate efectivamente de un genotipo homocigótico recesivo. En el resto de las muestras, todas ellas provenientes de Birka, no se detectó el alelo recesivo "a".

Del gen MC1r no se encontró en ninguno de los dientes la secuencia que tuviera el SNP recesivo(e), por el contrario, se obtuvo la secuencia correspondiente al alelo dominante (E). Al no encontrarse alelos recesivos, también se puede pensar que hubo deterioro con el tiempo, que su amplificación no fuera posible o que se trata de un condición genotípica homocigótica dominante(EE). En este caso, la presencia de un genotipo

homozigoto dominante no es relevante, ya que con la presencia de un alelo dominante "E" queda descartada la posibilidad de expresión de color rojizo en el pelaje de los caballos (Tabla 2).

Muestra	Sitio	Genotipo ASIP	Genotipo MC1r	Color
8688 A'	Birka	A_	E_	Castaño
6200 B'	Birka	A_	E_	Castaño
O56 A	Birka	A_	E_	Castaño
6971 B	Birka	A_	E_	Castaño
4263 C	Birka	A_	E_	Castaño
6940 D	Birka	A_	E_	Castaño
8373 E	Birka	A_	E_	Castaño
SH 15	Sutton Hoo	a/a	E_	Negro
SH 18	Sutton Hoo	a/a	E_	Negro
Batg	Antiguo Uppsala	a/a	E_	Negro

Tabla 2. *Alelos observados en cada una de las 10 muestras y el color asociado a su condición genotípica.*

Dado que este sistema esta diseñado para identificar los colores rojizo y negro del pelaje de los caballos, al no encontrar el alelo recesivo (e) en el gen MC1r se descarta la expresión fenotípica del color rojizo en el pelaje de los 10 caballos analizados. Como se observa en la tabla 1, los caballos de Sutton Hoo y el Antiguo Uppsala al presentar un genotipo que hemos interpretado como homozigoto recesivo (aa) en el gen ASIP y un alelo dominante (E) en el gen MC1r, el resultado solo puede ser un fenotipo de color negro para el pelaje de estos caballos.

En este sistema no incluimos un marcador específico para el color castaño, sin embargo, por dos razones los caballos provenientes de Birka se consideran de éste color. La primera, porque no presentan ni la mutación asociada al color rojizo ni la mutación responsable del color negro, y la segunda, por que las combinaciones posibles de los alelos encontrados tanto en el gen ASIP como en el MC1R en estas muestras solo pueden expresarse físicamente en el pelaje de los caballos como color castaño (Tabla 2).

DISCUSIÓN

Los resultados obtenidos en este estudio son indicativos de que el color del pelaje de los caballos no es igual en los dos tipos de depósitos arqueológicos de donde provienen las muestras. Por un lado, tenemos los caballos negros de Sutton Hoo y el Antiguo Uppsala, que son cementerios de barcos enterrados asociados a la clase social alta. Esta relación puede entenderse si se considera que los caballos negros son escasos, puesto que corresponde a un carácter recesivo, y por lo tanto, poco frecuente en la población convirtiéndose así en un elemento distintivo.

Por su parte, en asentamientos de menor estrato social como Birka, los caballos no son ni rojizos ni negros, sino un color distinto, en nuestros resultados es interpretado como castaño, un color quizás menos significativo socialmente.

Aún cuando se establece la diferencia de colores en los caballos, el significado cultural preciso de ella debe ubicarse a la luz de las interpretaciones del sitio, lo que sale fuera de los marcos de este trabajo. Sin embargo, el origen de las muestras sugiere que esa diferencia de color pudiera marcar una distinción entre clases sociales o tener un significado de carácter ideológico, cultural, religioso dentro de las sociedades germánicas en épocas medievales.

A partir de estos datos, algunas de las preguntas que debe resolver el estudio arqueológico son si los caballos negros, enterrados en las tumbas de Sutton Hoo y el Antiguo Uppsala, pertenecieron en vida a estas personas, si los utilizaban en sus actividades diarias o solo en ocasiones especiales o bien, si a la muerte del personaje, eran traídos y enterrados en sus tumbas como un regalo especial.

CONCLUSIONES

De acuerdo con los datos obtenidos, el color de los caballos muy probablemente jugó un papel muy importante en las sociedades germánicas medievales, ya que en los entierros de clase alta se encuentran caballos de color negro, que es poco frecuente; mientras que en los de clases bajas, aparecen caballos con piel castaño, los más comunes. No se encontraron individuos de carácter rojizo (alazán). Sin embargo, estos son resultados de tipo indicativo, ya que se requiere una muestra mayor para obtener resultados concluyentes.

No obstante, la importancia de este trabajo, radica principalmente, en que desde un punto de vista metodológico, se han conseguido obtener fragmentos de ADN nuclear, por medio de un nuevo sistema a través del cual es posible determinar el color del pelaje en caballos que dejaron de existir hace alrededor de 1000 años.

Este sistema representa una herramienta potencial para futuros trabajos arqueozoológicos y paleontológicos, ya que el color del pelaje de los animales es una característica de relevancia histórica, en lo cultural y religioso, así como biológica, en lo ecológico, evolutivo y filogenético.

AGRADECIMIENTOS

Quisiera agradecer a Anna Linderholm y Dra. Kerstin Lidén por prestar las facilidades necesarias para la realización de este trabajo en el Archaeological Research Laboratory, Universidad de Estocolmo, al Dr. Anders Götherström por su colaboración y supervisión del trabajo y por prestar las facilidades para la secuenciación de muestras en el Evolutionary Biology Center, Universidad de Uppsala, al Profesor Juan Luis Arsuaga del Centro Mixto UCM-ISCIII de Evolución y Comportamiento Humanos, Madrid y al Dr. Colin Smith por su tiempo dedicado a la revisión de este trabajo y sus valiosos comentarios, Museo Nacional de Ciencias Naturales.

LITERATURA CITADA

Collinder, B. (trans.). 1988. *Beowulf.* (Poema tradicional, traducción al sueco de 1954). Natur och Kultur. Estocolomo.

Dalén, L. 2002. *Ancient DNA. A Biological Perspective.* Department of Zoology, Stockholm University. Estocolmo.

Götherström, A. 2001. Acquired or inherited prestige?, Molecular studies of family structures and local horses in Central Svealand during the Early Medieval period. *Theses and papers in Scientific Archaeology 4.* Archaeological Research Laboratory, Stockholm University. Estocolmo.

Hofreiter, M., D. Serre, H. Poinar, M. Kuch y S. Pääbo. 2001. Ancient DNA. *Nature Reviews Genetics*, 2: 353-359.

Levine, M. A. 1999. Botai and the Origins of Horse Domestication. *Journal of Anthropological Archaeolgy*, 18: 29-78.

Levine M. A., C. Renfrew y K. Boyle (eds.). 2003. *Prehistoric steppe adaptation and the horse.* McDonald Institute for Archaeological Research. Oxford.

Lidén, K., A. Götherström y H. Ellegren. 1998. "Alia vero gens ibi moratur Suehans, quae velud Thyringi equis utuntur eximiis" or the excellent horses in Svealand. *Laborativ Arkeologi*, 10 (II): 59-64.

Marklund, L., M. Moller, J. Sandberg, y K. Andersson, L. 1996. A missense mutation in the gene for the melanocyte-stimulating hormone receptor (MC1R) is associated with the chestnut coat color in horses. *Mammalian Genome*, 17: 895-899.

Mashkour, M. (ed). 2005. *Equids in time and space.* Oxbow Books, London.

McFadden, B. J. 1994. *Fossil Horses : Systematics, Paleobiology, and Evolution of the Family Equidae.* Cambridge University Press. Cambridge.

Nielsen-Marsh, C. 2002. *Biomolecules in fossil remains. Multidisciplinary approach to endurance.* The Biochemical Society. London.

Poinar, H. 2002. The Genetic Secrets Some Fossils Hold. *Accounts of Chemical Research*, 35(8): 676-684.

Rieder, S., S. Taourit, D. Mariat, B. Langlois y G. Guérin. 2001. Mutations in the agouti (ASIP), the extension (MC1R), and the Brown (TYRP1) loci and their associations to coat color phenotypes in horses (*Equus caballus*). *Mammalian Genome*, 12: 450-455.

Ronaghi, M. 2003. Pyrosequencing for SNP genotyping. *Methods Molecular Biology*, 212: 189-195.

Ronaghi, M., M. Uhlen, y P. Nyren. 1998. A sequencing method based on real-time pyrophosphate. *Science*, 281: 363-365.

Smith, C., A. T. Chamberlain, S. M. Riley, A. Cooper, B. C. Stringer y M. J. Collins. 2001. Not Just Old but Old and Cold? *Nature,* 410: 771-772.

Sykes, B. y C. Renfrew. 2000. Concepts in Molecular Genetics. Pp: 13-22, in: *Archaeogenetics: DNA and the population prehistory of Europe* (Renfrew, C. y Boyle, K. eds.). McDonald Institute for Archaeological Research. Oxford.

Vilá, C., J. Leonard, A. Götherström, S. Marklund, K. Sandberg, K. Lidén, R. Wayne, y H. Ellegren. 2001. Widespread origins of domestic horse lineages. *Science,* 291: 474-477.

Human and animal taphonomy in Europe: a physical and chemical point of view

Colin Smith,[1] Miranda Jans,[2] Cristina Nielsen-Marsh,[3] Matthew Collins[3]

[1] Museo Nacional de Ciencias Naturales (CSIC), C/Jose Gutierrez Abascal, 2, 28006 Madrid, España. e-mail csmith@mncn@csic.es
[2] Institute of Geo- and Bioarchaeology, Faculty of Earth and Life Sciences, Vrije Universteit, De Boelelaan 1085, 1081 HV Amsterdam, The Netherlands
[3] BioArch, Departments of Biology and Archaeology, University of York, York YO10 5YW, UK

RESUMEN

La tafonomía del hueso es considerada como un proceso físico-químico, donde una diversidad de factores pueden afectar su contenido, provocando cambios a la estructura mineral y orgánica. En un amplio estudio Europeo se han medido diversos aspectos de la degradación física y química del hueso, donde hemos revelado al menos cuatro tipos diferentes de preservación del hueso. Uno de ellos, el ataque microbiano es un tipo de degradación significativamente más frecuente en los huesos humanos que en los de animales. Este patrón puede ser interpretado como el producto de diferentes rutas tafonómicas, donde específicamente los restos humanos son más propensos a la putrefacción. Otros tipos de preservación son, el hueso bien preservado, la fosilización rápida y el hueso quemado. La distribución de los tipos de preservación sugiere que la tafonomía temprana es un factor clave en la degradación del hueso, mas que en lugar de un proceso de largo plazo.
Palabras clave: hueso, tafonomía, ataque microbiano, parámetros diagéneticos

ABSTRACT

Bone taphonomy can be considered a physical and chemical process. A number of factors can affect the bone, causing changes to the structure, mineral and organic content. By measuring aspects of the physical and chemical degradation of bone in a European wide study we have revealed at least four different types of bone preservation. One type of degradation, microbial attack, is observed significantly more frequently in human bones than animal bones. This pattern can be interpreted as being the result of different taphonomy pathways, specifically, that human remains are more likely to putrefy. Other types of preservation observed are well preserved bone, rapid fossilisation and burnt bone. The distribution of the types of preservation indicates early taphonomy is a key factor in bone degradation, rather than longer-term processes.
Keywords: bone, taphonomy, microbial attack, diagenetic parameters

INTRODUCTION

The study of humans and animals in archaeology often involves the study of bones and teeth, the most ubiquitous materials that survive from vertebrates. Archaeologists have developed many techniques with which to extract information from archaeological teeth and bones and as a result skeletal material can provide data on a number of levels. Traditional morphological analysis can provide data on the evolution of species, or domestication of animals. Furthermore, from the analysis of bone assemblages it may be possible to infer farming strategies, or site formation processes.

Ever since the advent of radiocarbon dating bone has come under increasing scrutiny as a source of information at the chemical level. Bone mineral can be used to infer diet from isotopic ratios of carbon and strontium (see Lee-Thorp and van der Merwe, 1991, and refs therein; Lee-Thorp et al., 2000; Sillen and Sealy, 1995) or make palaeoclimatic inferences from phosphate oxygen (Iacumin et al., 1996). Bone mineral is also used for Uranium series dating (Millard and Hedges, 1995). New scientific techniques extracting and analysing biomolecules, e.g. stable isotope analysis of collagen or ancient DNA studies are being increasingly applied to archaeological and fossil bone. Bone proteins can be

used to investigate palaeodiet, (Ambrose and DeNero, 1986) and are routinely used for radiocarbon dating of bone (Hedges and Law, 1989).

DNA extracted from bone and been used to provide data to help answer a number of archaeological questions. It can be used to identify the sex of remains that is otherwise difficult morphologically, e.g. where diagnostic parts of the skeleton are missing, or in infants (e.g. Götherström et al., 1997; Mays and Faerman, 2001), and used to reveal patterns of kinship amongst individuals (Hummel and Herrmann, 1996). Ancient DNA (aDNA) extracted from bone has also been used to provide data on the genetic relationship between modern humans, ancient humans and Neanderthals (Krings et al., 1997; Ovchinikov et al., 2000; Krings et al., 2000; Schmitz et al., 2002; Caramelli et al., 2003; Serre et al., 2004). It has also been used to study other phylogenetic questions, with particular relevance to zooarchaeology, questions of domestication of species (e.g. Vilà et al., 2001; Leonard et al., 2002). Bone is also a source from which to extract DNA from foreign organisms, such as that of leprosy, tuberculosis and malaria (e.g. Haas et al., 2000; Taylor et al., 1996).

Bone lipids have been a somewhat overlooked resource, but can potentially be exploited for isotopic studies and thus palaeodietary reconstructions (Stott and Evershed, 1996; Stott *et al.*, 1997; Stott *et al.*, 1999). Like DNA, bone is also a source of lipids from foreign organisms (Gernaey *et al.*, 2001). The use of such techniques is continuing to expand and is constantly pushing back the boundaries of what we can learn from ancient bones.

All the above information is inferred from the physical remains of humans and animals that survive in archaeological sediments i.e. the death assemblage. When making this type of retrodiction archaeologists have to be aware that the death assemblage is not a simple or direct record of the living animals as taphonomic processes alter bone assemblages (and individual bones) as they pass from being living animals into the fossil record. As a result of the taphonomic processes the bone structure, physical and chemical properties changes and as a result the information that can be gleaned from the bones can be lost or altered so that it does not truly reflect the living assemblage.

Traditional approaches to taphonomy have generally focussed on processes that affect the gross macro or microscopic preservation and the spatial movement of bones, such as weathering, trampling, scavenging, movement by water (e.g. Shipman, 1981; Lyman, 1994). These processes can leave characteristic marks on the surface of bones and can alter the gross composition of an assemblage. Often these destructive processes affect more labile skeletal elements, and thus cause a bias in assemblages in favour of more robust animals, sexes or skeletal elements. Most of these events occur when bones are exposed on the ground surface prior to burial. In the burial environment bone is less likely to move and thus the destructive mechanisms after burial tend to be chemically driven; that is dissolution of the bone mineral and hydrolysis of organic biomolecules. Thus after burial it is these chemical processes that will determine what state of preservation the bone is in if it survives at all.

With reference to the analysis of (bio-) chemical data from the bone, the physico-chemical state of preservation is very important as different types of preservation will yield different types of information. Thus chemical analysis has not only led to new areas of study and new knowledge, but new problems. Problems such as - How do taphonomic processes affect the results of the analyses that are carried out? How long do these biomolecules last in the archaeological and geological record? The result is that taphonomy must also encompass the study of bone at the physico-chemical level in order to understand how these changes may affect the new types of data being generated. Moreover, the technology that provides the new analytical techniques also provides new methods to examine bone taphonomy, providing new opportunities to gain new perspectives for old taphonomic questions.

Traditional macro and microscopic techniques of bone taphonomy have thus been complemented with the use of simple measurements or 'diagenetic parameters' that described the state of bone preservation in terms of its physical and chemical properties (Hedges *et al.*, 1995). In order to understand the physical and chemical deterioration of bone we must understand the structure and chemical composition of intact living bone, the taphonomic processes and how these work at a chemical and microscopic level, and thus the resultant traits of archaeological bone.

FRESH BONE

Bone is a complex physical and chemical composite which makes up the majority of vertebrate hard tissue, i.e. the skeleton. It consists mainly of the protein collagen and a mineral similar to a carbonated hydroxyapatite, in close association. It is the degradation of these two main phases (and the breakdown of their close interaction) that are the key to understanding bone degradation. The structure and properties of bone are a function of its composite nature, however, it is simplest to describe it in terms of its various components. A detailed overview of bone structure and chemistry is given in Lowenstam and Weiner (1989), and Currey (2002) and with particular reference to diagenesis by Nielsen-Marsh *et al.*, (2002) and Collins *et al.*, (2002), only a brief summary is given here.

Structure. There are two main structures in bone at the microscopic level; cortical or compact and trabecular or cancellous bone. Cortical bone makes up the shafts of the long bones whereas the proximal and distal ends of the long bones are trabecular bone. These types of bone are at a microscopic level made of lamellar bone, i.e. they are made of discrete layers of bone. As bone is formed, e.g. during growth or repairing a fracture, the bone lacks the lamellate organisation. This type of bone is called woven bone, and contains more mineral than lamellar bone.

A common form of the lamellar structure is Haversian bone seen in cortical bone, where the lamellae (layers of parallel mineralised collagen fibres) are arranged concentrically around a central Haversian canal. The Haversian canals run parallel to the length of the bone, and are connected to the medullary cavity and each other, carrying blood vessels, nerve fibres and connective tissue; they are also connected transversely to the periosteum. Surrounding the Haversian canal are the concentric rings of the lamellae, within which are a number of osteocyte lacunae. Osteocytes are bone cells that maintain the bone matrix, and are contained within the osteocyte lacunae, which are interconnected by a system of canaliculi. Haversian bone is constructed of repeating units of Haversian canals surrounded by several layers of lamellae, each unit is called an osteon. Not all bone has the Haversian system, e.g. trabecular bone, where the lamellae are arranged in simple rows or folds.

Bone has a porous structure due to its network of blood vessels and osteocyte lacunae and canaliculi, and the small size of the mineral crystals. It has an internal surface area estimated to be between 85-170m^2g^{-1}. Nielsen-Marsh and Hedges (1999) estimated the pore volume of modern bovine long bone to be ~ 0.0445cm^3g^{-1}. Assuming a bone density of ~1.9gcm^{-3} the porosity is approximately 8% by volume, similar to figures for modern human specimens (5-10%, although increasing with age) given by Feik *et al.*, (1997).

Protein. Approximately 30% of the bone (by weight) is protein. Type I collagen accounts for around 90% of the bone protein in mature healthy bone. Collagen, like bone as a whole, has a hierarchical structure. At the smallest level of organisation collagen is made up of a conservative pattern of amino-acid residues (every third residue is a glycine, and this is often bound to a proline residue). This configuration in the primary structure gives the protein secondary structure the ability to coil tightly and rigidly, and for each coil to fit into tight association with other collagen molecules. This association is further strengthened by cross-linking between the molecules.

Type 1 collagen actually exists as a macromolecule constructed from three chains twisted together around each other along a common axis in a right handed coil to form a type I collagen macromolecule about 300 nm in length and 1.5 nm in diameter. The ends of the molecule, telopeptides, are non helical. These molecules are ordered into fibrils where the molecules are aligned in a staggered fashion. Fibrils can be bound into fibres and in turn the fibres into fibre bundles.

In physiological solution collagen is an insoluble protein, however as it is denatured, e.g. by heating or chemical bond breaking, the rigid collagen structure fails and the molecule becomes soluble gelatine, a transformation with important archaeological implications.

Other proteins exist in the bone tissue such as: sialoproteins, proteoglycans, phosphoproteins, osteonectin and osteocalcin (bone Gla protein). The roles of all these proteins are not fully understood, most seem to play a role in mineralization, remodelling of the bone, and demineralisation. Other proteins can be associated with the bone, such as immunoglobulins and blood serum proteins, e.g. albumin.

Mineral. Bone mineral is usually described as a non-stoichiometeric form of calcium hydroxyapatite (unit cell is given as $Ca_{10}(PO_4)_6(OH)_2$), sometimes referred to as bioapatite. Bioapatite is non-stoichiometric as it is up to 5-10% calcium deficient and has a number of other ions substituted into the structure, e.g. OH^- substituted with F^-, and Ca^{2+} with Pb^{2+}, Sn^{2+} and Sr^{2+}. Significantly carbonate ions (both carbonate CO_3^{2-} and bicarbonate HCO_3^-) are present in bioapatite at approximately 3-5%. These carbonate ions can be structural, that is substituted for phosphate ions in the lattice, or adsorbed onto the crystal or hydration layers. Bioapatite crystals are very small (2-5 x 40-50 x 20-25 nm) which means that the

structure of bone has a very large surface area. This large surface area means that the crystals are very reactive, an important feature in the physiological role of bone in the body, and one that affects bone taphonomy in the *post mortem* environment.

The bone mineral is embedded within the collagen fibre structure, and possibly within the gap zone of the collagen fibres. The crystals in bone *in vivo* are small, either plate like or needle shaped. Their size increases with the age of the individual to a maximum. There can also be crystal size variation between species.

The microscopic structure, collagen and mineral are the key components when considering bone diagenesis as it is these parts that create the main structure of the bone. It is important to note that there are other components such as lipids, DNA and other proteins found in bone and provide information for archaeologists, but are not key structural parts of the bone and as yet have not been widely studied in terms of taphonomic processes.

ARCHAEOLOGICAL BONE

Archaeological bone is the result of taphonomic processes and is thus different, physically and chemically from bone. The vast array of taphonomic pathways results in an equally incomprehensible amount of variation in bone preservation. Skeletons and their constituent elements come in a range of preservational types, where they can de articulated, or not, and the elements scattered and fragmented. Archaeological bone is often stained a different colour and physically weaker than modern bone. The most usual taphonomic outcome is complete destruction of the bone, however archaeological bone can be almost as well preserved as that of modern bone, or alternatively completely fossilised, where the organic material has been destroyed and the mineral replaced by more geologically stable minerals.

Bone degradation mechanisms. At the physico-chemical level bone preservation can be defined by four key aspects: protein preservation (i.e. collagen loss), mineral preservation (increase in crystallinity and loss of mineral carbonate), histological preservation (and damage caused by microbes) and increases in porosity.

A review of biomolecular degradation of bone can be found in Collins *et al.*, (2002), only a brief summary of collagen degradation is given here. Collagen degradation will proceed via chemical hydrolysis or hydrolysis catalysed by enzymes produced by microbes. It is anticipated that the chemical hydrolytic degradation will be slow, and the rate of degradation will be related to the temperature of the burial environment. However the rate of degradation may increase if the mineral collagen interaction is disrupted by changes in the mineral. The loss of collagen will also cause an increase the porosity of the bone.

Microbial degradation of collagen is expected to be more rapid than chemical hydrolysis, but the presence of intact mineral will inhibit enzymolysis and thus it is only likely to proceed after some mineral dissolution. Child (1995) proposed a scheme where micro organisms will initially feed on the soft tissue of a cadaver, then invade the bone structure through the natural spaces. Although the system may at first be aerobic, microbial growth leads to consumption of the oxygen and thus anaerobic conditions. Under anaerobic conditions proteins will be fermented, a by-product of which is the production of fatty acids. This may lower pH, dissolving mineral, exposing bone collagen to enzymolysis. *In extremis* this may lead to complete dissolution of the bone. Putrefaction of a corpse is therefore likely to be a requisite first step for microbial attack of bone. Microbial attack of bones is a well documented phenomenon and has been known about for at least two decades (Hackett, 1981). Garland (1987) describes four types of microscopic focal destructions (MFDs) observed under light microscopy of polished sections of archaeological bone, which are attributed to the incidence of bacterial and/or fungal attack. Concurrent with the destruction of the microstructure and collagen loss, is an increase in the bone porosity, and surrounding some microbially affected areas are areas of increased crystallinity (Jackes *et al.*, 2001).

As mentioned above bone mineral *in vivo* consists of small thermodynamically unstable crystals maintained by the homeostatic process of the body. After death homeostasis is no longer maintained, and the crystals are liable to change. In archaeological bone the most significant changes in the mineral will be brought about by interaction with the soil water. The effects of the soil water on bone will be controlled by its chemistry (pH, dissolved ions) and the hydraulic regime at the site (Hedges and Millard, 1995), both of which may in turn be controlled to some extent by the local geology. The interaction of soil water and bone mineral will cause three key changes to occur in the bone mineral: dissolution of the mineral, change in crystallinity of the mineral, and the absorption of exogenous ions.

Mineral dissolution is the loss of bone mineral - the mineral is dissolved in the soil water, and transported away from the bone. Dissolution of the bone mineral leads to an increase in the porosity of the bone, which in turn exposes more surface area of the bone to interact with soil water. This process can be self perpetuating and ultimately catastrophic, as has been demonstrated in laboratory experiments by Pike and Nielsen-Marsh (2001). Dissolution of the bone mineral is dependent on the severity of the soil water and hydraulic regime, however if it occurs its logical conclusion is the total destruction of the bone (as the collagen is exposed to other destructive factors).

If the environment of the bone is more benign then only partial dissolution of the smallest crystals or recrystallisation of the bone mineral are likely to be the main processes of mineral alteration. These phenomena result in an overall increase in the crystallinity of the bone mineral. The term crystallinity is used to cover a number of properties pertaining to the crystals that make up the bone mineral, these include crystal size, order and perfection. Whilst the notion of crystallinity remains somewhat vague, measurements of archaeological and palaeontological bone crystallinity have been used to gauge the extent of mineral change during taphonomic processes. Changes in crystallinity have been assessed using a crystallinity index of a powdered sample of bone, measured either by the X-ray diffraction pattern of the sample (e.g. Hedges *et al.*, 1995, Person *et al.*, 1995), or using the phosphate contour in the infrared spectrum of the powder after it has been incorporated into a potassium bromide pellet (Weiner and Bar-Yosef, 1990). Using Fourier transform infrared spectroscopy (FTIR) enables the identification of other mineral phases, e.g. diagenetic calcite, and also semi quantitative assessment of the carbonate: phosphate ratio. It has been noted that carbonate substitution in the lattice does effect the crystallinity of apatite, thus the two factors are related (Newesley, 1989). Nielsen-Marsh and Hedges (2000) note that there is a relationship between the carbonate: phosphate ratio and the crystallinity index of archaeological bone but that it is slightly different to that of the manufactured apatites observed in Newesley (1989).

In a precipitative environment exogenous ions will become incorporated into the bone mineral lattice as recrystallisation occurs. Sodium, strontium, magnesium and the rare earth elements are often incorporated, as well as uranium and fluorine. Some of these substitutions have been studied in detail, as they are significant for archaeological interpretations and studying fossilisation processes. The effect of uranium uptake in fossil bone is benign to the bone survival, but the diagenetic mode of uptake is of interest for the application of uranium series dating (Millard and Hedges 1996). The incorporation of rare earth elements has also been investigated as a tool to investigate the formation of fossil bone assemblages (Trueman, 1999). The isomorphic nature of bioapatite means that these substitutions can occur without detriment to the stability of the lattice. Indeed, the observed increase in crystallinity of archaeological bone mineral indicates that the mineral is more stable. The nature of the bone mineral will thus reflect the most stable form that the mineral can take depending on its environment, be that brushite, hydroxyapatite or fluorapatite. If the bone mineral is ultimately unstable it will dissolve

Bone porosity has been identified as a key factor in the diagenesis of archaeological bone. Mineral diagenesis is controlled by interaction of the mineral and the soil water, as mentioned above. It can be argued that the key to bone survival is the preservation of the pore structure. If the pore structure remains unaltered then the mineral can remain relatively intact and in turn the organic molecules will survive better in the archaeological record. The pore structure of archaeological bone has been investigated by water sorption porosimetry and mercury intrusion porosimetry. Using the water sorption technique Hedges *et al.* (1995) have revealed that archaeological bone is more porous than its modern counterpart, and that the porosity increases in line with other diagenetic parameters (e.g. nitrogen loss). Nielsen-Marsh and Hedges (2000) interpret an increase in microporosity (pore volume in pores < 4 nm radii) as being associated with collagen loss, however an increase in macroporosity is possibly due to mineral dissolution. Studies investigating pore structure using a nitrogen adsorption technique, however, indicate that both macro- and microporosity may increase with worsening bone preservation (De La Cruz Baltazar, 2000). Using mercury intrusion porosimetry (HgIP) Nielsen-Marsh and Hedges (1999) demonstrated that very distinct changes to the pore structure occur when protein is removed from the bone in the laboratory using hydrazine hydrate. They also demonstrated that archaeological bone can have a large increase in the pore volume of pores with radius 0.1-10 μm possibly due to microbial attack of the bone. This level of detail revealed by mercury intrusion porosimetry has shown this technique to be a powerful tool for extending our knowledge of the pore structure of archaeological bone.

These general modes of decay given above are difficult to separate from each other as one aspect of decay will impact on another and they can be concurrent. For example, the bone mineral is prone to dissolution (and possible recrystallisation) in soil waters however the presence of the collagen in close association with the mineral will passivate the crystal surfaces and thus retard this process. Similarly the mineral may impede microbial attack of the collagen, protecting it from enzymatic attack. Thus the two phases are self sustaining. One of the factors controlling the rate of mineral dissolution is the porosity of the bone, as this will control the amount of water in contact with mineral surfaces (Millard and Hedges 1995). As the collagen is consumed by microbes the bone becomes more porous and thus mineral dissolution will potentially be increased, furthermore, the more mineral dissolved the more porous the bone becomes.

DIAGENETIC PATHWAYS

The changes in the physical and chemical properties of bone can be measured using simple 'diagenetic parameters' such as; % collagen assay, crystallinity index, histological index, and porosity (details of these methods are given in Nielsen-Marsh et al, 2002). The diagenetic parameters measure physical and chemical attributes of the bone these parameters will differ from those of modern bone depending on the taphonomic history of the bones. Using this approach Hedges *et al.*,

(1995) described some general taphonomic trends in bone, and building on this work Nielsen-Marsh and Hedges (2000) noted the importance of site specific factors in bone taphonomy.

Hedges (2002) suggested that the focus of the research needs to be a philosophical framework of thinking about bones with 'starting points' and 'end points' linked via 'diagenetic trajectories'. That is, we should focus on how does a bone arrive at a type of preservation? By what mechanism and what forces have been acting on an archaeological bone to make it the way it is? It is possible, given the complexity of, number of and interaction of the processes involved that the same type of preservational state could be arrived at by a number of different mechanisms and thus it is important that we focus on studying the mechanisms not just the results of taphonomy. Owing to the wide variety of possible diagenetic pathways such a model must simplify and furthermore identify the key parameters that have the most influence on bone preservation.

THE EUROPEAN PROJECT

More than 250 bones from 41 archaeological sites were analysed using the diagenetic parameter approach. The aim of the project was to investigate types of bone preservation across a number of archaeological sites from different countries in Europe with particular reference to the prevailing soil conditions. The sites ranged from Northern Sweden to Southern Italy and from Turkey to the Netherlands and England. The ages ranged from pre modern and late Medieval to Neolithic and included grave fields and settlement areas, as well as refuse dumps. The sites came from a number of environmental situations for example some were waterlogged others from calcitic *terra rosa* soils and the range of locations includes different climatic variations.

Where possible bone samples were taken from the mid shaft of long bones, but the samples did include examples of some flat bones. Soil samples were also taken from the surrounding soil (in the grave or feature cut) and from other locations at the sites.

The state of bone preservation was characterised in terms of diagenetic parameters: collagen preservation was quantified by acid demineralisation assay, mineral changes were investigated using fourier transform infrared spectroscopy (FTIR) and the splitting factor and carbonate phosphate ratio calculated (Wiener and Bar-Yosef, 1990). The extent of microbial attack was semi-quantified using the Oxford histological index, and porosity was investigated using mercury intrusion porosimetry. Details of the experimental methods can be found in Nielsen-Marsh *et al.*, (2002). Soil samples were characterised by a number of different parameters including particle size analysis, pH and ionic concentrations, total organic matter.

The large amount of data produced by measuring a number of different parameters on a large number of samples bones renders it impossible to give a detailed analysis of all the data here, further analysis can be found in Kars and Kars (2002). The potential range of variation in bone preservation types is very large, however it was possible to identify four major states of bone preservation based on the diagenetic parameter values and propose different mechanisms that may have caused them. These states of preservation are outlined here.

TYPES OF PRESERVATION

Well preserved bones. A number of bones in European deposits remain well preserved: they retain large amounts of collagen and display relatively small changes in crystallinity index, and porosity, i.e. in terms of their diagenetic parameter results they are almost exactly the same as modern bone. The majority of these bones come from urban (medieval) organic rich sediments. Such sediments are evidently benign to bone preservation and are anoxic or near anoxic and have very stable hydraulic regimes, hence mineral and organic parts of the bone remain intact.

Microbial Attack. A common form of degradation is microbial attack. Microbial attack is characterised by the appearance of microscopic focal destructions (mfd) in the bone microstructure. These mfd have been described by Hackett (1981) as linear longitudinal, budded, lamellate and centrifugal tunnels (or Wedl tunnels) depending on their size, shape, and the presence of a hypermineralised rim. The first three types are assumed to be the result of bacterial action and contain pores that are consistent with the diameter of bacteria ~ 0.5 μm. Wedl tunnelling is more consistent in size with fungal hyphi (5-10 μm) and is thus more likely produced by fungi. The amount of damage to the visible histological structure (and thus microbial attack) is semi quantified in archaeological bone using the Oxford histological Index (Hedges *et al.*, 1995 and updated Millard, 2001), where 5 denotes a well preserved bone, values of 3 and 2 intermediate values and 0 indicates that less than 5% of the original structure can be identified.

In the European data set the distribution of damage was similar to that seen previously (Hedges *et al.*, 1995) with the majority of bones having either Histological index values (HI) 5 or 0 or 1, with few bones having intermediate values. In addition to the destruction of the microstructure there is also a correlated increase in the porosity of the bone in pores of diameter >0.1-10μm (with peak values at 0.6 and 1.2μm), a decrease in the collagen content and increase in splitting factor.

'Apigliano type preservation'. 'Apigliano type bone' is a type of bone preservation exemplified by the material found from the site of Apigliano in southern Italy. 'Apigliano type bone' has a number of characteristics of bone in the early stages of fossilisation as described by

Pfretzschner (2000). Like well-preserved bone the histological preservation of 'Apigliano type' bone is generally good (HI5), with the exception of a number of cracks (or microfissures) in the structure (as many as 80-100% of the osteons being cracked). Most of the other diagenetic parameters are highly altered: the collagen yield is <5% often 0% by weight, the splitting factor is often very high >4.0, the carbonate phosphate value low 0.1.There is a large increase in the pore volume of pores with diameter 0.01-0.1μm which is attributed to the chemical loss of collagen and is similar to that observed in chemically deproteinated bones (Nielsen-Marsh and Hedges, 1999).

Collagen loss in these bones is more rapid than that predicted from the laboratory experiments, but is not microbially mediated. The bone samples from Apigliano were recovered from articulated human skeletons, and thus unusual preparation (e.g. cooking) is unlikely. One possible explanation is that the graves had been limed, however it was not possible to recreate a similar state of preservation using heat accelerated liming experiments in the laboratory (Smith *et al.*, 2002). It is possible that this type of diagenetic pathway is the result of extreme diagenetic conditions during early taphonomy. The rapid collagen loss may be the result of early mineral diagenesis, sufficient to alter the collagen mineral interaction, resulting in the collagen being more labile and rapidly lost.

Burnt Bone. Burnt bone shows a similar pattern of diagenetic parameters to fossilising or 'Apigliano type' bone, i.e. low collagen, highly altered mineral, however the microcracking is not always associated with burnt bone, and the pore structure of burnt bone is different to that of 'Apigliano type' bone, burnt bone having increased porosity in the pore size ~0.1-10μm diameter pores, not 0.01-0.1μm.

SUMMARY AND MECHANISMS

Although every bone has its own unique state if preservation the above categories are a useful simplification. The types of preservation can be summarised in terms of their diagenetic parameter values (Table 1) and examples of the mercury intrusion pore distribution graphs are given in Figure 1. It should also be noted that the most probable outcome of taphonomic change is the complete destruction of the bone and that the descriptions given above are of course the exceptions, i.e. the bones that have survived to be analysed.

More than one type of preservation can be found at one site, (although it was unusual to find well preserved and 'Apigliano type' material at the same site), but at most sites the soils were found to be more or less homogenous, thus the state of preservation does not appear to be related to the soil conditions. This implies that the main distinctions between these preservational types are not the results of long term processes, but that the point of

State of preservation	% 'collagen'	C:N ratio of 'collagen'	%N of whole bone	Infrared Splitting Factor	Carbonate: Phosphate ratio	Bulk Density (gcm-3)	Skeletal Density (gcm-3)	Pore volume (0.01-0.1µm diameter)	Pore volume (>0.1µm<10 µm diameter)	Pore volume (>10µm-70µm diameter)	Histological Index	Cracking Index (%)
Modern bovine bone	22.7	3.2	4.2	2.8	0.43	1.9	2.1	0.0514	0.0235	0.0209	5	0
Well Preserved	15+	3.2	2.8	3	0.4+	1.9	2.1	0.05-0.1	<0.1	0.02+	5	0
'Fossilising'	<5	3.2-30	<1	>3.9	0.1	1.0-1.5	2.5-3.0	0.3-0.4	<0.1	0.02+	5	100
Microbially Attacked	0-20	3.2-30	0-4	3-4	0.3-0.4	1.5-1.8	2.3-2.5	0.05-0.25	0.2-0.3	0.02+	0-4	0-100
Burnt bone	0	n/a	0	>4	<0.1	2.0	3.0	<0.05	0.1-0.2	<0.05	5	0-20

Table 1. *Typical diagenetic parameter values for types of bone preservation found in European Holocene bone.*

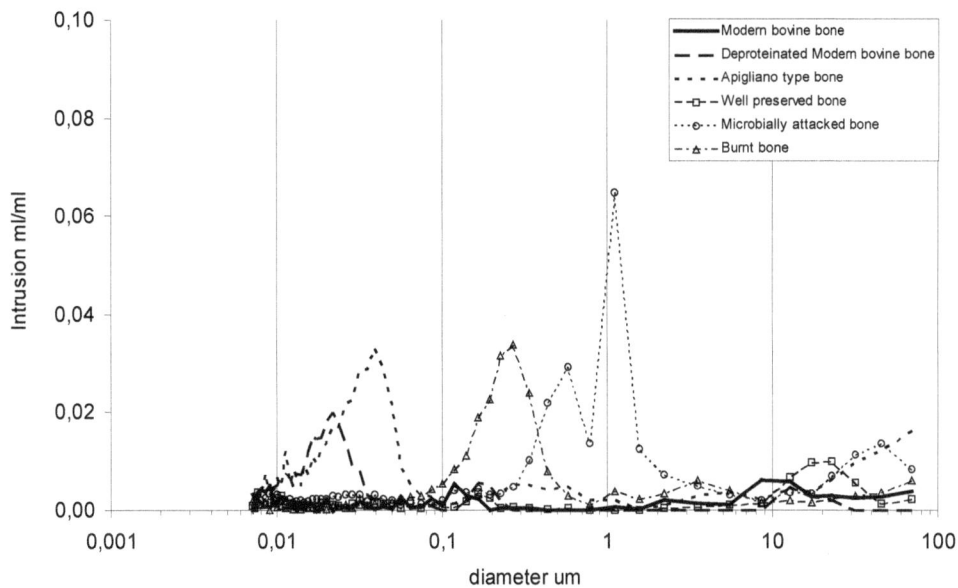

Figure 1. *Typical pore size distributions for type of bone preservation as measured my mercury intrusion porosimetry.*

differentiation occurs very early on in the bone taphonomy, probably before burial. The different patterns of distribution of microbial attack between humans and animals appears to support this interpretation, indicating early taphonomy rather than long term deposition might be crucial in differentiating diagenetic trajectories.

Animals vs. Humans. The prevalence of and distribution of types of mfd, is different between animal and human bones. Jans *et al.*, (2004) demonstrated that in this data set 75% of human bones had microbial attack and only 57% of animal bones (χ^2 (1, $N = 261$) = 7.5, $P \leq 0.01$). Further more if only bacterial attack is considered the difference is more marked, with 74% for humans and only 34% in animals. Hence, human bones show more evidence of microbial attack and bacterial is more prevalent than fungal attack, whereas, animal bone has less attack, the majority of which is fungal attack.

This difference can be interpreted as reflecting a difference between the taphonomy of humans and animals in this data set. The majority of the human

remains were excavated from deliberate burials whereas the animals were usually excavated from refuse deposits and had been deposited after food processing. The humans would therefore have been buried as cadavers and thus had large amounts of flesh in contact with the bone, and are likely to have putrefied firstly in oxic and then anoxic conditions (Child, 1995), hence the prevalence of bacterial attack. Animal bone on the other hand was deposited mainly without flesh (possibly after cooking) in ditches and pits and could possibly be exposed for sometime before burial. Thus bone under these circumstances is more likely to be exposed to fungal attack in an oxygenated atmosphere than bacterial attack.

The key factor in microbial attack appears to be putrefaction, whereas in well preserved bone, the key factors are lack of putrefaction and benign soil conditions. The cause of peculiarly rapid decay of the 'Apigliano type' bone remains unknown (Smith et al, 2002), however, again the lack of microbial attack is a prerequisite and presumably harsh environmental/soil conditions. The preservation of burnt bone is the result of the bone being burnt. Bone burnt in such an extreme fashion renders it as a mineral pseudomorph of the bone without organic material and thus prevents subsequent microbial attack.

We can thus start to build a model of bone taphonomy where the initial putrefactive stages of soft tissue decomposition are the key factor in determining the microbial pathway and perhaps the soil conditions dictate whether the bone is well preserved or undergoes the processes that create 'Apigliano type bone'.

Long term diagenesis. In a study of sections of fossil bones (Pleistocene and older) Trueman and Martill (2002) found very few bones had evidence of microbial attack, in contrast to the findings of Holocene bones described here. This is interpreted as meaning that during the course of long term diagenesis microbially attacked bones are less likely to survive, thus fossil collections are predominantly made up of histologically intact specimens.

It is known that microbial attack can occur very early in the taphonomic process (Bell *et al.*, 1996; Yoshino *et al.*, 1991). Furthermore the results of this study indicate that whether a bone undergoes microbial attack or not is determined early in the taphonomic history and this concurs with the observed distribution of microbial attack between humans and animals (Jans *et al.*, 2004), implying putrefaction may be the cause of microbial attack.

We observe that microbial attack occurs very early in the taphonomic process and is also a key factor in determining the long term survival prospects of bone. Therefore we can conclude that one of the key factors that determines whether bone survives in to the fossil record is determined very quickly after the death of the organism and thus whilst fossilisation may be the result of other long-term processes, the fate of many bones will be determined in the first few hundred years of deposition.

CONCLUSIONS

Bones can provide a wealth of data for archaeologists and are coming under increasing scrutiny using new technologies and chemical methods. Taphonomic processes however alter bone and bone assemblages and can bias and alter the data within the bones. One approach to understanding taphonomic changes at the microscopic and chemical level has been to employ simple measurements of changes to the bones structure, mineral and organic biomolecules. Using this approach to analyse bone excavated from Holocene archaeological deposits in Europe we have been able to describe 4 types of bone preservation: well preserved bone, microbially attacked bone, 'Apigliano type bone' and burnt bone.

The state of preservation does not appear to be related to the soil conditions of the site, but to the taphonomic history of the bone before burial. Human bones display more incidence of microbial attack than animals and have more bacterial attack than fungal attack, whereas in animals the reverse is true. We interpret this as being the result of differing taphonomic histories where deliberately buried human bodies are more likely to undergo putrefaction than animal remains discarded after food processing. It is also possible that the distinction between the microbial and non-microbial degradation pathways impacts on the long term preservation of bone. It is interesting to note that the human interaction with animals, specifically how they are processed for food may have a profound impact on their taphonomy and in turn what we can learn about them from the archaeological record.

The types of bone preservation and pathways described here are simplistic and are not comprehensive. It is probable that in other climatic regimes, type of soils and archaeological settings, not sampled here will produce other types of preservation, particularly outside of Europe. Another limitation of the study is the range of diagenetic parameters used. Using different methods will reveal different aspects or more detail of bone degradation and could reveal other modes of diagenesis.

ACKNOWLEDGEMENTS

This work was carried out as part of the Degradation of Bone as an Indicator in the Deterioration of the European Archaeological Property project funded by the EU (ENV4-CT98-0712). The authors would like to thank everyone who worked on this project providing data and discussion.

LITERATURE CITED

Ambrose, S. A., and M. J. DeNiro. 1986. African human dietary reconstruction using collagen carbon and nitrogen isotope ratios. *Nature*, 319:321-324.

Bell, L. S., Skinner, M. F. and S. J. Jones. 1996. The speed of post mortem change to the human skeleton and its taphonomic significance. *Forensic Science International*, 82:129-140.

Caramelli, D., Lalueza-Fox, C., Vernesi, C., Lari, M., Casoli, A., Mallegni, F., Chiarelli, B., Dupanloup, I., Bertranpetit, J., Barbujani, and G. Bertorelle. 2003. Evidence for a genetic discontinuity between Neandertals and 24,000-year-old anatomically modern Europeans. *Proceedings of the National Academy of Sciences of the U.S.A.*, 100:6593-6597.

Child, A. M. 1995. Microbial taphonomy of archaeological bone. *Studies in Conservation*, 40:19-30.

Collins, M. J., Nielsen-Marsh, C. M., Hiller, J., Smith, C. I., Roberts, J. P., Prigodich, R. V., Wess, T. J., Csapo, J., Millard, A. and G. Turner-Walker. 2002. The survival of organic matter in bone: a review. *Archaeometry*, 44:383-394.

Currey, J. D. 2002. *Bone: Structure and Mechanics.* Princeton University Press, Princeton.

De La Cruz Baltazar, V. 2000. *Studies on the State of Preservation of Archaeological Bone.* Unpublished PhD Thesis, University of Bradford. Bradford.

Feik, S. A., Thomas, C. D. L. and J. G. Clement. 1997. Age-related changes in cortical porosity of the midshaft of human femur. *Journal of Anatomy*, 191:407-416.

Garland, A. N. 1987. A histological study of archaeological bone decomposition. Pp 109-126, *in: Death, Decay and Reconstruction: Approaches to Archaeology and Forensic Science* (A. Boddington, A. N. Garland and R. C. Janaway, R. eds.) Manchester University Press, Manchester.

Gernaey, A. M., Minnikin, D. E., Copley, M. S., Dixon, R. A., Middleton, J. C. and C. A. Roberts. 2001. Mycolic acids and ancient DNA confirm an osteological diagnosis of tuberculosis. *Tuberculosis*, 81:259-265.

Götherström, A., Lidén, K., Ahlstrom, T., Kallersjo, M. and T. A. Brown. 1997. Osteology, DNA and sex identification: Morphological and molecular sex identifications of five neolithic individuals from Ajvide, Gotland. *International Journal of Osteoarchaeology*, 7:71-81.

Haas, C. J, Zink, A., Palfi, G., Szeimies, U. and A. G. Nerlich. 2000. Detection of leprosy in ancient human skeletal remains by molecular identification of Mycobacterium leprae. *American Journal of Clinical Pathology*. 114:428-436.

Hackett, C. J. 1981. Microscopical focal destruction (tunnels) in exhumed human bones. *Medicine, Science, Law*, 21:243-265.

Hedges, R. E. M. 2002. Bone diagenesis: an overview of processes. *Archaeometry*, 44:319-328.

Hedges, R. E. M. and I. A. Law. 1989. The radiocarbon dating of bone. *Applied Geochemistry*, 4:249-253.

Hedges, R. E. M. and A. R. Millard. 1995. Bones and groundwater towards the modelling of diagenetic processes. *Journal of Archaeological Science*, 22:155-165.

Hummel, S. and B. Herrmann. 1996. aDNA typing for reconstruction of kinship. *Homo*, 47:215-222

Iacumin, P., Cominotto D. and A. Longinelli. 1996. A stable isotope study of mammal skeletal remains of mid-Pleistocene age, Arago cave, eastern Pyrenees, France. Evidence of taphonomic and diagenetic effects. *Palaeogeography, Palaeoclimatology, Palaeoecology*, 126:151-160.

Jackes, M., Sherburne, R., Lubell, D., Barker, C. and M. Wayman. 2001. Destruction of Microstructure in Archaeological Bone: a Case Study from Portugal. *International Journal of Osteoarchaeology*, 11:415-432.

Jans, M. M. E., Nielsen-Marsh, C. M., Smith, C. I., Collins, M. J. and H. Kars. 2004. Characterisation of microbial attack on archaeological bone. *Journal of Archaeological Science*, 31:87-95.

Kars, E. A. K. and H. Kars. 2002. *The degradation of Bone as an Indicator in the Deterioration of the European Archaeological Heritage* – Final Report. (ISBN 90-5799-029-6).

Krings, M., Stone, A., Schmitz, R.W., Krainitzk, H., Stoneking, M. and S. Pääbo. 1997. Neanderthal DNA Sequences and the Origin of Modern Humans. *Cell*, 90:19-30.

Krings, M., Capelli, C., Tschentscher, F., Geisert, H., Meyer, S., von Haeseler, A., Grossschmidt, K., Possnert, G., Paunovic, M. and S. Pääbo. 2000. A view of Neanderthal genetic diversity. *Nature Genetics*, 26:144-146.

Lee-Thorp, J. A. and N. J. van der Merwe. 1991. Aspects of the Chemistry of Modern and Fossil Biological Apatites. *Journal of Archaeological Science*, 18:343-354.

Lee-Thorp, J., Thackeray, J. F. and N. van der Merwe. 2000. The hunters and the hunted revisited. *Journal of Human Evolution*, 39:565-576.

Lowenstam, H. A. and S. Weiner. 1989. *On Biomineralization.* Oxford University Press. Oxford.

Lyman, R. L. 1994. *Vertebrate Taphonomy.* Cambridge University Press. Cambridge.

Mays, S. and M. Faerman. 2001. Sex Identification in Some Putative Infanticide Victims from Roman Britain Using Ancient DNA. *Journal of Archaeological Science*, 28:555-559.

Millard, A. R. 2001. Deterioration of bone. Pp 633-643, *in: Handbook of Archaeological Sciences* (D. Brothwell, and M Pollard, eds.). Wiley, London.

Millard, A. R. and R. E: M. Hedges. 1995. The role of the Environment in Uranium Uptake by Buried Bone. *Journal of Archaeological Science*, 22:239-250.

Millard, A. R. and R. E.M. Hedges. 1996. A diffusion-adsorption model of uranium uptake by archaeological bone. *Geochimica et Cosmochimica Acta*, 60:2139-2152.

Newesely, H. 1989. Fossil bone apatite. *Applied Geochemistry*, 4:233-245.

Nielsen-Marsh, C. M. and R. E. M. Hedges. 1999. Bone Porosity and the use of Mercury intrusion porosimetry in bone diagenesis studies. *Archaeometry*, 41:165-174.

Nielsen-Marsh, C. M. and R. E. M. Hedges. 2000. Patterns of Diagenesis in Bone I: The effects of site environments. *Journal of Archaeological Science*, 27:1139-1150.

Nielsen-Marsh, C. M., Gernaey, A. M., Turner-Walker, G., Hedges. R. E. M. Pike, A. W. G. and M. J. Collins. 2002. La degradacíon química del hueso. Pp 199-229, *in: Relaciones hombre-fauna: una zona interdisciplinaria de estudio* (E. Corona-M and J. A. Cabrales, eds.). INAH - Plaza y Valdés, México.

Ovchinnikov, I., Götherström A., Romanova G. P., Kharitonov V. M., Liden, K. and W. Goodwin. 2000. Molecular analysis of Neanderthal DNA from the northern Caucasus. *Nature*, 404: 490-493.

Person, A., Bocherens, H., Saliège, J-F., Paris, J., Zeitoun, V. and M. Gérard. 1995. Early diagenetic evolution of bone phosphates: a X-ray diffractometry analysis. *Journal of Archaeological Science*, 22: 211-221.

Pfretzschner, H-U. 2000. Microcracks and fossilization of Haversian bone. *Neues Jahrbuch fur Geologie und Palaontologie Abhandlungen*, 216: 413-432.

Pike, A. and C. M. Nielsen-Marsh. 2001. Bone dissolution and hydrology. Pp. 127-132, *in: Proceedings of Archaeological Sciences 1997*, (A. R. Millard, ed.). British Archaeological Reports, BAR Publishing, Oxford.

Serre, D. Langaney, A., Chech, M., Teschler-Nicola, M., Paunovic, M., Mennecier, P., Hofreiter, M., Possnert, G and S Pääbo. 2004. No Evidence of Neandertal mtDNA Contribution to Early Modern Humans. *PLoS Biology*, 2: 313-317.

Schmitz, R. W., Serre, D., Bonani, G., Feine, S., Hillgruber, F., Krainitzki, H., Pääbo, S., and F. H. Smith. 2002. The Neandertal type site revisited: Interdisciplinary investigations of skeletal remains from the Neander Valley, Germany. *Proceedings of the National Academy of Sciences of the U.S.A*, 99:13342-13347

Shipman, P. 1981. *Life history of a fossil.* Harvard University Press. Harvard.

Sillen, A. and J. C. Sealy. 1995. Diagenesis of Strontium in Fossil Bone: A Reconsideration of Nelson *et al.* (1986). *Journal of Archaeological Science*, 22:313-320.

Smith, C. I., Nielsen-Marsh, C. M., Janis, M. M. E., Arthur, P., Nord, A. G. and M. J. Collins. 2002. The strange case of Apigliano: Early fossilisation of medieval bone in southern Italy. *Archaeometry*, 44:405-416.

Stott, A. W. and R. P. Evershed. 1996. δ^{13}C Analysis of Cholesterol Preserved in Archaeological Bones and Teeth. *Analytical Chemistry*, 68:4402-4408.

Stott, A. W., Evershed, R. P., Jim, S., Jones, V., Rogers, J. M., Tuross, N. and S. Ambrose. 1999. Cholesterol as a New Source of Palaeodietary Information: Experimental Approaches and Archaeological Applications. *Journal of Archaeological Science*, 26:705-716.

Stott, A. W., Evershed, R. P. and N. Tuross. 1997. Compound-specific approach to the δ^{13}C analysis of cholesterol in fossil bones. *Organic Geochemistry*, 26:99-103.

Taylor, G. M., Crossey, M., Saldanha, J. and T Waldron. 1996. DNA from Mycobacterium tuberculosis identified in Mediaeval human skeletal remains using polymerase chain reaction. *Journal of Archaeological Science*, 23:789-798.

Trueman, C. N. 1999. Rare Earth Element Geochemistry and Taphonomy of Terrestrial Vertebrate Assemblages. *Palaios*, 14:555-568.

Trueman, C. N. and D. M. Martill. 2002. The long-term survival of bone: the role of bioerosion. *Archaeometry*, 44:371-382.

Vilà, C., Leonard, J. A., Götherström, A., Marklund, S., Sandberg, K., Liden, K., Wayne, R. K. and H.

Ellegren. 2001. Widespread origins of domestic horse lineages. *Science*, 291:474-477.

Leonard, J.A., Wayne, R. K., Wheeler, J., Valadez, R., Guillen, S. and C. Vilà, C. 2002. Ancient DNA evidence for Old World origin of New World dogs. *Science*, 298:1613-1616.

Weiner, S. and O. Bar-Yosef. 1990. States of preservation of bones from prehistoric sites in the Near-East: a survey. *Journal of Archaeological Science*, 17:187-196.

Yoshino, M., Kimijima, T., Miyasaka, S., Sato, H. and S. Seta. 1991. Microscopical study on the time since death in skeletal remains. *Forensic Science International*, 49:143-158.

One way to understand mammoths: lessons from actualistic studies of modern elephants

Gary Haynes

Anthropology Department, University of Nevada, Reno, Nevada, 89557 USA (gahaynes@unr.edu)

RESUMEN

Los estudios actualísticos de los elefantes africanos modernos han mostrado que los procesos no culturales producen efectos terminales similares a los de las actividades culturales, tales como el destazamiento y la manufactura de herramientas en hueso. Esos estudios también han proporcionado pistas valiosas sobre la organización social de los mamutes y otras características relevantes acerca de la biología y el comportamiento de los proboscídeos. Este trabajo resume los hallazgos sobre aspectos tales como: la representación de los elementos de proboscídeos en diferentes sitios, las fracturas en hueso y las marcas superficiales, los perfiles de mortalidad, las causas de muerte y los métodos para la determinación de la edad (trad. ECM).

Palabras clave: tafonomía, actualismo, elefantes, mamutes

ABSTRACT

Actualistic studies of modern African elephants have shown that noncultural processes frequently produce end-effects identical to those produced by cultural activities such as butchering and bone-tool manufacture. The studies also have provided valuable clues to mammoth social organization and other interesting features of proboscidean biology and behavior. This paper summarizes findings about proboscidean-element representation at different sites, bone-fracturing and surface-marking, mortality profiles, causes of death, and age-determination methods.

Keywords: taphonomy, actualism, elephants, mammoths

INTRODUCTION: ACTUALISTIC STUDIES

Mammoth bones are relatively abundant in later Pleistocene archeological sites of the northern hemisphere. Several European archeological sites have yielded huge amounts of mammoth bones, and North America's earliest colonizing people preferentially hunted mammoths and mastodonts during the last few hundred years of the Pleistocene (Haynes 2003).

Mammoths must have been especially important to prehistoric foragers, but being long extinct their significance cannot be studied directly. However, they can be studied *indirectly* in two ways – by learning the patterns in fossil bone assemblages, and by observing the behavior and ecology of mammoths' modern biological relatives. The latter kind of study is actualism, the observational study of live animals as they become carcasses, skeletons, and bone scatters (Schäfer, 1972). An actualistic study of elephants is a valid method to help understand how extinct mammoths and mastodonts lived and died and how their bones were affected by natural processes such as weathering, carnivore-transport, and human butchering practices.

The field studies. Actualistic studies of recent animals are well known for their use in archeological and paleontological interpretations (for example, see Weigelt 1989 [orig. 1927]). Most of my own actualistic studies of large mammals (for example, Haynes, 1981, 1991, 2003) have been carried out in remote and roadless parts of North America, where I studied *Alces alces* (moose), *Bison bison* (bison), and *Odocoileus virginianus* (whitetailed deer), Australia (where I studied *Camelus dromedarius* and *Equus caballus* [feral camel and horse]), and southern African game preserves, especially Hwange National Park, Zimbabwe, a protected area almost 15000 km^2 in size (Figure 1).

In this paper I focus on the actualistic studies of elephants in Africa. Less than a third of Hwange National Park is open to visitors, with the remainder undeveloped and preserved as a sanctuary for wild game. Over 100 mammalian species are found in the Park (Smithers and Wilson, 1979). Table 1 lists estimated numbers of the largest animals present in the Park during the 1980s when my research began, based on annual aerial censuses. Elephants have been counted every year since 1964; the numbers of the other taxa are based on frequencies of sightings by Park personnel and visitors, as well as observations made during the elephant counts.

I have visited Hwange National Park for 1-4 months at least once every year from 1982 up to the present. I mainly examine elephant bonesites but I also closely monitor smaller prey animal sites. All bonesites under study are minimally affected or completely unaffected by human actions.

Two main sources of data about elephant taphonomy have been available to me in Hwange National Park. One source is my long-term study of the process of natural/noncultural death that eventually affects most (but not all) of Hwange's elephants, and the other is my participation in the now discontinued program of culturally reducing elephant numbers by shooting herds

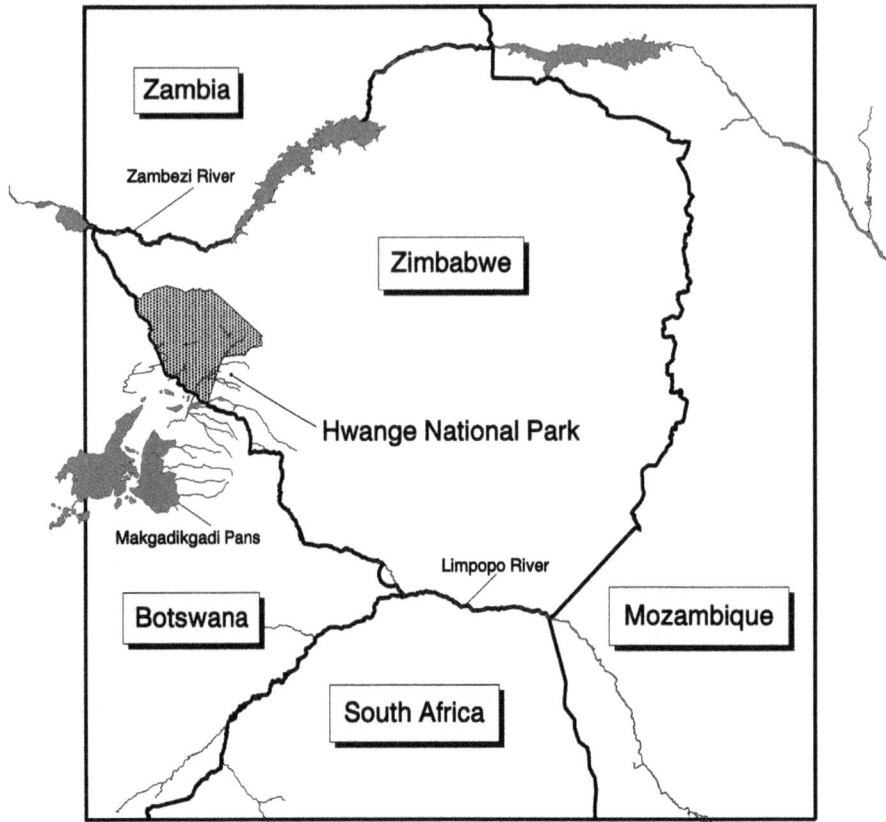

Figure 1. *Location map of the main study area, Hwange National Park, Zimbabwe.*

Taxon	Approximate Number
Elephant *(Loxodonta africana)*	22,000
Buffalo *(Syncerus caffer)*	15,000
Sable *(Hippotragus niger)*	2,600
Zebra *(Equus burchelli)*	1,700
Giraffe *(Giraffa camelopardalis)*	2,000
Wildebeeste *(Connochaetes taurinus)*	1,500
Black rhinoceros *(Diceros bicornis)*	150
White rhinoceros *(Ceratotherium simum)*	80

Table 1. *Numbers of some large herbivores in Hwange National Park in the early 1980s.*

(called "culling"). First I discuss the noncultural deaths and summarize the main findings from my fieldwork, then I compare findings from the culling sample.

The main causes of natural mortality among modern African elephants vary in importance from year to year. They are as follows (the list is not presented in any particular order):

(1) Traumatic fracture involving one or more long bones, causing a loss of condition and then death in less than a month, although slow recovery has rarely been recorded. While uncommon, traumatic fracturing does occur in non-negligible numbers in Zimbabwe's wildlife reserves.

(2) Accidents such as getting stuck in mud, drowning, or falling from steep slopes, which may kill outright or slowly. Also uncommon, such mortality nonetheless occurs often enough to be observed in African Parks.

(3) Injury such as entanglement in poachers' snares, sometimes causing infection, loss of condition, and death after one to three months, although, again, recovery is possible. Injury may also result from fighting with other elephants (Hanks, 1979).

(4) Disease, in some cases causing sudden death, as, for example, seen with heart ailments, which are thought to be extremely rare in elephants, or a more gradual loss of condition followed by death. The diseases to which elephants are vulnerable are not well known.

(5) Predation, which may exclusively affect unweaned animals (under 2 years old) or juveniles (under 12 years old) during seasonal stress periods such as winter droughts.

(6) Old age, causing abrupt death due to heart attacks or heat prostration, or, more commonly, gradual loss of

condition due to an inability to feed efficiently, the result of an animal outliving the useful lifespan of its teeth (between fifty-five and sixty-five years old). During extended dry periods in Africa, old-age deaths are especially common, and in fact may be frequently encountered in the bush.

(7) Drought-related stress, killing numerous animals over short periods of time. Hanks (1979) emphasized that drought is one of the most important factors affecting the size of modern African elephant populations. Deaths during drought result from heat prostration, dehydration, and starvation, since available plant foods provide inadequate nutrition.

COMMON NAME	NUMBER
Elephant	402
Buffalo	19
Kudu	11
Sable	7
Giraffe	5
Zebra	5
White rhino	3
Warthog	4
Impala	1
Vultures	10
Pangolin	1
Antbear	1
Eland	1
Monkey	1
Steenbok	1
Jackal	5
Lion	2
Spotted hyena	3
Terrapin	9
Tortoise	5
TOTAL	496

Table 2. Totals of animals found dead to date at all seeps.

Elephant bonesites vary in character from widely scattered individual skeletons to mass accumulations. The larger (noncultural) accumulations are found in a limited number of locales in Hwange National Park, where large herbivores use shallow aquifers in unconsolidated surficial sands as water sources in the dry season (April-October), because no other water is available. All are called "seeps." During the dry season, elephants, which are very nomadic (Williamson, 1975), visit the seeps to dig shallow wells and wait for water to ooze into the opening; they then draw the water up their trunks and release it into their mouths to drink. In very dry years, the water oozes so slowly into the pits that elephants sometimes stand at them waiting for hours to satisfy their thirst. Mass die-offs have been observed at the seeps since written records were first kept in the 19th century.

In the 1980s, according to aerial surveys, 1,000 to 2,000 elephants were normally present near the seeps during the

dry seasons (D. H. M. Cumming, pers. comms. 1983, 1984, 1986), and competition for access to the seeping water in wells became intense as the season progressed. In 1982, 1983, 1984, 1987, 1994, and 1995, hundreds of elephants starved to death around the seeps in the dry winters. Table 2 shows the numbers of animals found dead at four seeps.

METHODS, AND A SAMPLING OF DATA FROM NATURAL DEATHS

General descriptions of the die-off sites have been summarized in Haynes (1985, 1987a, b, 1988a, b, c, 1991, 2002; also, Conybeare and Haynes, 1984). These sites may be enormous in area, although many are rather compact, with sizes ranging from the largest at 1 km x 1 km to the smallest at 40 m x 40 m (Figure 2). The largest site is called Shabi Shabi.

I have made frequent counts of all surface bones at the seeps. Bone representation at all die-off locales is closely similar (Table 3a; also see Table 3b showing bone counts and MNI from a non-die-off area for comparison). Skulls represent actual counted MNIs most fairly, followed by femora and innominates, humeri, scapulae, and so forth. Tusks and mandibles would also be high on the list, had they not been collected before I made my counts. Bones in nature are continuously subtracted from the assemblages by erosion-caused burial, by scavenging carnivores taking them away, or by elephants carrying them off. In a few instances, spotted hyenas ate nearly entire skeletons of certain individual animals that died early in the dry season, before carcasses became plentiful. Natural burial in the sites is fairly common, in some cases involving articulated skeletons or body parts.

The number of dead animals represented by bones remaining on ground surfaces is usually lower than the number that actually died. For example, in 1987 only six elephants were represented by radii at Shabi Shabi (Table 3a), yet twenty-four elephants had died there between 1981 and 1988. Skulls and skull fragments, innominates, and femora represent most or all animals that had died, but no other skeletal elements fairly represent the true number of deaths.

Bone Fracturing, Trample-Marking, And Other Modifications. Fractured elephant limb-bones were abundant in all die-off locales. Table 4a shows an example of numbers of broken and unbroken elephant bones at a die-off site. Not all the breaks are spiral, but most are characterized by helical fracture fronts, absence of right-angle offsets in fracture outline, and several other attributes typical of greenbone breakage. Most fractures were created by elephants trampling on elements partly buried in the surface sediments or lying atop the ground. In a few cases, spotted hyenas had first gnawed off an epiphysis, especially common with bones from elephants whose epiphyses had not fused to the shafts at the time of their death. Table 4b, for comparison, shows the

Figure 2. *View of part of one die-off locale in Hwange National Park, Zimbabwe, 1995.*

Element	NISP	MNI
Skull	61	23
Mandible	5	(note: most had been collected at time of death)
Vertebra	207	?
Hyoid	5	3
Rib	250	?
Scapula	18	9
Humerus	31	16
Radius	11	6
Ulna	25	13
Innominate	39	23
Femur	41	22
Tibia	20	11
Lower leg/foot	88	27

Table 3a. *Minimum numbers of elephants represented by different skeletal elements, determined from bone counts in 1987, recorded in a 150 x 50 m area of Shabi Shabi. The mandible count is very low because most had been collected from carcasses upon discovery, to aid in determining ages.*

GARY HAYNES: ONE WAY TO UNDERSTAND MAMMOTHS: LESSONS FROM ACTUALISTIC STUDIES OF MODERN ELEPHANTS

Taxon MNI / Element NISP	Wildebeeste MNI=12	Buffalo MNI=6	Zebra MNI=5	Giraffe MNI=2	Wild Dog MNI=1	Ostrich MNI=1	Spotted polecat MNI=1	Medium bird MNI=1	Warthog MNI=1	Medium antelope MNI=2	Small antelope MNI=2	Elephant MNI=1
Skull	8	6	2	0	0	0	1	0	0	0	0	0
Mandible	0	0	2	0	0	0	2	0	2	0	0	0
Hyoid	0	1	0	0	0	0	0	0	0	0	0	0
Horn Core	0	0	0	0	0	0	0	0	0	0	1	0
Vertebra	125	95	21	14	0	0	5	0	0	1	0	0
Rib w/artic.	18	38	0	5	0	0	0	0	0	0	0	0
Sternum	0	1	0	0	0	0	0	1	1	0	0	0
Sacrum	8	5	0	0	0	0	0	0	0	0	0	0
Unidentifed Longbone	11	0	0	4	0	0	0	0	0	8	0	0
Innominate	23	14	2	2	0	1	0	0	0	0	2	0
Splint Bone	0	0	2	0	0	0	0	0	0	0	0	0
Scapula	14	6	4	4	0	0	0	0	0	0	1	0
Humerus	9	8	9	2	0	0	0	0	0	2	0	0
Radius	7	12	5	3	0	0	0	0	0	0	0	0
Ulna	6	8	6	2	0	0	0	0	0	0	0	0
Metacarpal	3	9	2	0	0	0	0	0	0	0	0	0
Femur	13	12	3	2	1	0	0	0	0	0	1	0
Tibia	14	11	8	2	0	2	0	0	0	0	0	0
Metapodial (undiff.)	9	0	4	3	0	0	0	0	0	0	0	1
Metatarsal	2	2	3	0	0	0	0	0	0	0	0	0
Astragalus	4	3	0	0	0	0	0	0	0	0	1	0
Calcaneus	4	8	1	1	1	0	0	0	0	0	0	0
Tarsal/Carpal	5	4	0	0	0	0	0	0	0	0	0	0
Phalange	7	14	3	1	0	1	0	0	0	0	6	0
TOTAL	294	260	77	45	1	8	8	1	2	11	12	1

Table 3b. *Minimum numbers of taxa represented by different skeletal elements at a predation patch called Ngamo, recorded from an area about 1.75 km x 0.1 km. Bones counted during a 1986 walkover of about 10% of a predation patch (a grassy pan area called Ngamo) in Hwange National Park, Zimbabwe. The total NISP is 720; the total MNI is 35.*

percentage of North American *Bison bison* and *Alces alces* limb bones fractured by bison and moose trampling or bison wallowing (from Haynes 1983).

Element	Unbroken	Broken	Total
Humerus	26	4	30
Femur	26	13	39
Tibia	18	0	18
Innominate	14	19	33
Scapula	6	18	24
Radius	4	4	8
Ulna	18	4	22
Tusk	--	26	26
TOTAL	**112**	**88**	**200**

Table 4a. *Occurrence of broken and unbroken elephant bones in a die-off site. Elephant limb bones and tusk fragments counted in a 150 x 50 m area of Shabi Shabi, 1982-1985. Percent of long bones broken = 36% (62 out of 174). Total number of elephant bones (including elements not in this table) = 624*

Taxa	Percentage Spirally Fractured by Trampling/Wallowing/Carnivore-Gnawing
Bison bison and *Alces alces*	5%
Odocoileus virginianus	>50%

Table 4b. *Proportions of spirally fractured limb bones of bison, moose, and whitetail deer found during actualistic fieldwork in North American ranges, trampled or wallowed on.*

In the elephant die-off assemblages, hyena-gnawing accounts for the presence of bone cylinders virtually 100 percent of the time; whereas spirally fractured limb-bone fragments are created by trampling more often than by carnivore gnawing.

Spirally fractured elephant limb-bones may be frequently re-trampled by animals visiting the sites, thus further fracturing them. In some cases, the trampled fragments bear notched edges that appear similar to the impact damage created by humans who break open long bones for the marrow within.

Some fragments of elephant limb-bones are morphologically similar in many ways to lithic flake-cores. The bone specimens were created both by carnivores gnawing bones and by trampling. Carnivores seem able to create the core mimics out of angular bones such as scapulae or ulnae, as well as out of cylindrical bones (see Haynes 1991 figure 4.22, for example). The aim of carnivores in breaking back heavy elephant bones is to obtain greasy fragments that can then be swallowed, as well as to reach farther down into the interior of limb bones to eat oily cancellous tissue.

Traumatic fracturing during life also contributes spirally fractured limb bones to modern elephant-bone deposits (Figure 3).

Figure 3. *Loxodonta femur traumatically fractured just before death.*

Another highly localized type of surface modification produced in natural deathsites is trample-marking. Many bones when trampled are scratched with deceptive mimics of butchering marks. These marks may be single sharply incised scratches, or sets of scratches that sometimes appear preferentially (not necessarily randomly) oriented, and would therefore be easily mistaken for butchering cutmarks (see Potts and Shipman, 1981; Shipman and Rose, 1983; Johnson and Shipman, 1986). Edge-rounding may also be highly localized on fractured bones, resulting from partial protection of fracture edges by burial, or from trampling that impacts only parts of edges.

Elephants are inquisitive and exploratory animals, and they use their feet to manipulate objects on the ground. At die-off locales the most numerous objects that invite curiosity are the bones of other elephants (see photos of elephants investigating bones in Douglas-Hamilton and Douglas-Hamilton (1975) and Moss (1988). Several bones at the die-off sites had been kicked and pushed by elephant using their feet, and these bones possessed very localized "trample-marks" on surfaces that could not have been walked upon or actually trampled. For example, the back of one elephant skull had been scratched above the condyles; in another example, a skull's tusk alveoli had been scratched. Such manipulation marks may follow the contours of the bone, or they may skip over depressions on bone surfaces, just as with cutmarks made with stone tools.

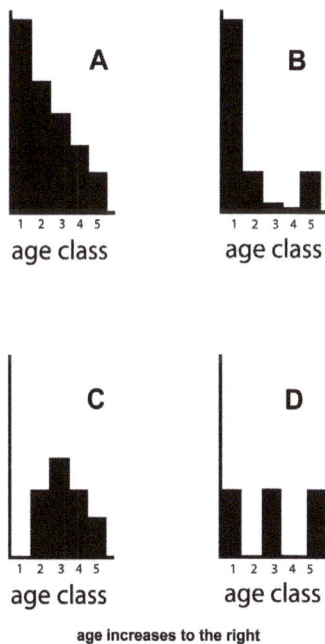

Figure 4. Types of age profiles seen in fossil and modern proboscidean assemblages.

Age-profiles. In Haynes (1987c), I described four different types of age profiles seen in fossil assemblages (Figure 4). In Type A, subadults predominate, but all age classes are represented by progressively decreasing proportions, as is expectable in stable or expanding populations. In Type B, subadults are again predominant, but they greatly outnumber mature animals which could have borne them. Therefore they must have been selectively killed. In type C, subadults are conspicuously

rare and prime-age adults predominate, representing selective mortality over an extended period of time. In theory, this type may also result from less lengthy nonselective mortality affecting a declining population. A "catchall" type D would be created by samples that are too small or patternless for an age profile to be clearly interpretable.

Adult male elephants and adult males of most other taxa of large mammals are relatively less vulnerable than females and young to certain environmental stresses such as drought or progressive loss of habitat. Few adult male elephants died in the drought-caused die-offs in Hwange National Park (Figure 5). Age profiles were greatly dominated by subadult animals, followed distantly by old females, a pattern that is Type B.

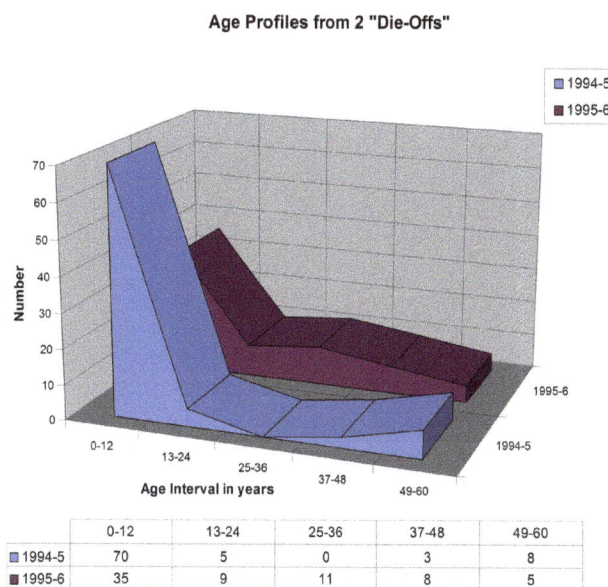

Age Profiles from 2 "Die-Offs"

	0-12	13-24	25-36	37-48	49-60
1994-5	70	5	0	3	8
1995-6	35	9	11	8	5

Figure 5. Age profiles of two die-off years at Nehimba.

In contrast, another set of die-offs that took place in Zimbabwe's southeastern lowveld (hundreds of kilometers southeast of Hwange National Park) during the mid-1990s included animals of all ages from the local populations, and were not so heavily biased towards subadults, an example of Type A. The lowveld deaths (Type A) may have resulted from lack of water primarily, whereas the Hwange die-offs (Type B) resulted mainly from lack of food. Thus, it appears that starvation-caused die-offs selectively kill younger elephants, while water-scarcity die-offs are not so selective.

Adult male elephants maintain home ranges that overlap with mixed herds but are distinct. Bulls spend at least part of the year in different ranges separated from mixed herds. If these generalizations applied also to mammoths, separate and distinctive all-male mammoth death assemblages may have been created in places apart from where mixed herds were found. The age-profiles of all-male assemblages would not match those of mixed herds;

they would be dominated by adults, possibly younger adults unable to compete with the larger males. This pattern is Type C.

Other Data Sources. During my African fieldwork, I have had access to a unique dataset from elephant-control operations also carried out in Zimbabwe's protected lands in the 1980s. The government's National Parks and Wild Life Management department undertook to reduce the number of elephants in Hwange National Park by thousands of animals (see Haynes, 1991 for more information and references). The reduction was achieved by "culling" elephant groups – by killing all members of separate herds. All shot animals were butchered, and the meat and skins were salvaged for commercial sale or distribution to rural people who suffer elephant depredations in their villages and fields. All tusks were taken by central government for auction.

Bone representation at killsites is similar to die-off site representation. Skulls, mandibles, and innominates are rarely missing from killsites, although elephants themselves seem to have a fascinating attraction to these specific elements, oftentimes picking them up and carrying them short distances, then exchanging one for another. The innominates and skull may be put into each other's place one day, then replaced the next day, only to be once again switched later. Limb-bones may also be moved as well as removed, but ribs and vertebrae disperse or disappear far more often due to scavenging carnivores. Caudal vertebrae and foot bones are very difficult for taphonomists to find in any kind of site, but hyoids may remain near skulls. In these ways, skeletons at killsites are not very different from those at die-off sites.

The comparative data from the culls provided me with the ages of all animals in the culled herds, which could be combined to discern characteristics of subpopulations and the overall population. The data also included fine-grained demographic information about group sizes and dynamics (see Haynes, 1991 for more discussion and data). In general, larger herd groups were led by older females (Table 5). Some of the smaller or medium-sized

NUMBER OF ANIMALS IN GROUP	SAMPLE SIZE (number of groups)	MEAN AGE OF OLDEST FEMALE (YRS)	MIN/MAX AGE OF OLDEST FEMALE
<10	3	23	16/31
10-15	10	31	16/43
16-30	32	39	20/58
31-40	19	46	35/58
41-50 (probably more than one group pushed together	8	47	35/53
51-60 (probably more than one group pushed together)	10	49	35/58
>60 (probably more than one group pushed together)	4	47	35/54

Table 5. *Cull data – demography. Mean ages of oldest female in each shot group during the 1981 and 1983 culls in Hwange National Park*

Number of males >12 yrs old in mixed herd	Number of mixed herds recorded	Min/Max herd size
0	30	12/55
1	17	9/58
2	14	9/53
3	8	9/53
4	5	17/68
5	3	26/67
6	2	54/59
7*	1	32
8	0	No data
9	2	37/74
10	0	No data
11	0	No data
12	0	No data
13	1	63

Table 6. *Sexually mature males associating with mixed herds, from 1981 and 1983 culls in Hwange National Park. *Note the anomaly: Seven mature males associated with a herd of 25 animals. This herd's "matriarch" was 48 years old, suggesting that this group had splintered from a larger group, possibly because the matriarch was in search of a male to mate with.*

Table A8. *Age estimation of dentition in lower jaws*

Laws AEY[a]	Laws class	Craig AEY	Tooth in wear					
			M1	M2	M3	M4	M5	M6
0–0.25	I	0.1	No wear					
0–0.25	I	0.2						
0.75	II	0.5–0.7	100% wear	30% in wear				
1.0	III	1	Smoothing	100% wear				
1.5	III	2	Gone	100% wear	15–20% wear			
3.0	V	3		Smoothing & chipping off	75% wear			
6.0	VII	5		Gone	100% wear, smoothing front			
8.0	VIII	6			75% left	20% wear		
11.5	IX	8			30% left	> 50 % wear		
13.0	IX–X	10			Smooth	75% wear		
15.0	XI	12			Gone	100% wear		
18.0	XII	14				100%, front smoothing	10% wear	
22.5	XIV	16				75% left, smoothing	50% wear	
		18				30% left or less	80–90% wear	
26.5	XVI	20				Gone or very smooth	> 90% wear	
		22					100% wear	Lamellae unfused
30	XVIII	24						Lamellae fused
32.0	XIX	28				50% left, smoothing, chipping	20% wear	
33.0	XIX	30				< 50% left	20–30% wear	
34.0	XX	32–33				30–40% left	40% wear	
37.0	XXI	35				30% left	50% wear	
41.0	XXII	37–38				20–25% left	65% wear	
		40–42				Very smooth or gone (hole in jaw)	80% wear	
45.0	XXIV	45–46				No hole left	90% wear	
47.0	XXV	46–48					100% wear, front smoothing	
50.0	XXVI	50					65% left, jawbone behind calcifying	
53	XXVII	52–54					> 50% left	
56	XXVIII	56					50% or less left	
57.0	XXIX	56–58					30% left	
60.0	XXX	60					nearly smooth	
Dead		Dead						

[a] African elephant equivalent

Table 7. *Cull data – age-determination. Age-determination guidelines for Loxondonta (from G. Haynes 1991), also loosely applicable to Mammuthus.*

groups (containing up to twenty-nine members) had unusually old matriarchs – that is, each group's oldest female was aged over >45-50 AEY. In these cases the matriarchs were on average 13 to 22 years older than the next oldest female, suggesting that the matriarch was leading daughters or granddaughters. However, some smaller or medium-sized groups were led by an unexpectedly young matriarch (under 40 years old); the next oldest females in these groups was only about 8 years younger. Apparently these "young" matriarchs were in company with sisters or cousins of similar age.

Some larger groups (those with 30 or more members) were led by unexpectedly young matriarchs, which were in company with other females of very similar age, indicating that either smaller groups had temporarily coalesced or a large group was led through cooperative association of like-aged young cousins. Very old matriarchs also were found leading large groups, and these animals were in company with either younger sisters, daughters, or like-aged cousins.

These patterns may be useful when analyzing fossil mammoth-bone assemblages. Mammoth groups represented in bone assemblages may be judged to be complete or incomplete herds based on an evaluation of the ages of the two oldest females and the number of individuals in the group. For example, a mammoth-bone assemblage containing a small number of individuals (for example, ten females and young) may be a complete herd if the oldest female is under 40 years old; if an older female (>45 AEY) is present in the small group, the next oldest female should be much younger if the group is actually a complete herd. If two >45 AEY females are present in a small group, a complete herd most likely is not present. Other kinds of demographic clues to herd completeness can be found in Haynes (1991), such as the expectable proportion of adult males associating with mixed herds (see Table 6), the spread of age categories in herds of different sizes, and so forth.

To study elephant demography through the cull sample, a working method for determining animal ages was developed by Dr. G. Colin Craig and other ecologists working for the Zimbabwe Department of National Parks and Wild Life Management (Table 7), correcting some of the possible problems encountered when using earlier methods for determining elephant ages. The method is also applicable to proboscidean taxa other than *Loxodonta*, as well.

The Zimbabwe elephant culling of the early 1980s provided many other opportunities for research on general proboscidean taphonomy. As a participant in the herd-reduction operations for several field seasons, I set up experiments in which I could record bone-marking during the expert butchering of carcasses, bone-representation at mass-kill sites after the passage of fixed

numbers of years, the effects of weathering on bones in such dense deposits, the processes involved in bone-scattering in sites located far away from water, and so on.

A third dataset came from my observations of individual butchered elephants (Figure 6), usually shot as problem animals in rural communities, or to acquire ration meat for provisioning National Park employees. The ways in which these single animals were butchered often differed considerably from the procedures seen in mass-butchering.

Other Types of Data from the Studies.

a) Paleoecology. The enormous quantity of animal bones counted and recorded in Hwange National Park also may provide another useful clue about the Quaternary fossil record. The modern bones, when analyzed *en masse*, fairly reflect Hwange's mosaic habitats (Table 8). Much detail is missing, of course, but the proportions of animals preferring woodlands and other specific types of ranges are relatively reliable guides to the actual proportions of those habitats in the region. Late Pleistocene faunal assemblages, although palimpsests, may also validly reflect the mix of habitats present.

Not counting elephants	Counting elephants	Habitat or Niche Type
39 %	88.5 %	Woodland/Bush/Scrub
30 %	5.6 %	Grassland
9.5%	1.8 %	Water/Near-Water
21 %	4 %	Carnivores (incl. Vultures)

Table 8a. Percentages of different habitats/niches represented by dead animals at the seeps (combined total) throughout the entire multi-year study period. "Water/Near Water" refers to standing water or seasonally inundated basins rather than flowing streams.

Estimated Percentage of Habitat or Niche	Habitat or Niche Type
22% of habitats	Woodland
60% of habitats	Bush/Scrub
5-10?% of habitats	Grassland
<1?% of habitats	Water/Near-Water
5-10?% of all animals	Carnivores (incl. Vultures)

Table 8b. Percentages of habitat and niche types in the National Park, and estimate of carnivore proportion (including vultures but not other birds of prey).

b) Proboscidean Growth. During the field studies, I collected postcranial bones from fresh carcasses of elephants shot in the cull or that died in drought. The

Figure 5. A single Loxodonta carcass butchered after the animal was shot by National Park employees.

culled animals were objects of scientific study and a great deal of data was collected on each individual, including age (based on tooth eruption and wear), sex, shoulder height, quantity of kidney-fat (a measure of condition), number of placental scars in females, presence or absence of lactation in females, and tusk girths. I collected limb-bones from a large sample of carcasses, in order to measure growth rates and scheduling of epiphyseal fusion. As for the drought-killed elephants, I determined age based on dentition, determined the sex when possible, and measured selected limb bones to monitor growth and stature.

Measurements of the limb elements were compared to dental wear-stages and shoulder-heights to gain an idea of how closely they might correlate with ages of animals. Individual variations in limb-lengths during growth are to be expected in any sample. Also, male and female differences are great in proboscideans. Male body growth is characterized by a longer growth period and of course much greater growth; female growth may be slow and cease at a relatively small adult shoulder height, or it may be more quick and end at a taller stature. Both female growth types cease their growth at about the same age interval; perhaps the two types of female growth result from different ages at first ovulation and first pregnancy, or perhaps from maturation during drought years *versus* years of good rains.

Tables 9a and b shows what is currently known about epiphyseal fusion scheduling in *Loxondonta* and other taxa. Note that the epiphyses in males fuse at later ages than in females; this sort of distinction could be used to determine the sex of animals whose bone assemblages lack the more obvious indicators of sex such as tusk girths or complete limb measurements.

DISCUSSION: ARCHEOLOGICAL IMPLICATIONS

Age profiles and depositional features of modern die-offs are similar to terminal-Pleistocene mammoth accumulations in the New and Old Worlds. This generalization could mean that many archeological associations are examples of fortuitous uses of the same places by elephants and humans, or examples of scavenging rather than predation events, situated in localities where humans found stressed and dying mammoths and did not actively hunt them.

Bone-breakage and surface modifications due to non-cultural processes are frequently mimics of cultural actions such as carcass-butchering, which should lead to a stronger skepticism that the material traces interpreted as human butchering or bone-breaking in the proboscidean fossil record are always warranted.

LOXODONTA	*ELEPHAS*	*MAMMUTHUS*
humerus distal	humerus distal	humerus distal
femur distal tibia proximal tibia distal	radius-ulna proximal	tibia proximal tibia distal
radius-ulna proximal	femur distal tibia proximal tibia distal	radius-ulna proximal femur distal
humerus proximal	humerus proximal	humerus proximal scapula proximal
femur proximal	femur proximal	femur proximal
radius-ulna distal	radius-ulna distal	radius-ulna distal
scapula proximal	scapula proximal	

Table 9a. *Epiphyseal fusion scheduling in different taxa (from Lister 1994 and 1999). Elements in the same boxes fuse simultaneously. Age increases from top of chart towards the bottom.*

MALES		FEMALES	
3 pelvic bones	~8 yrs?	3 pelvic bones	before or at ~5-5.5 yrs
tibia distal	18-20 yrs	tibia distal	18-20 yrs
		fibula distal	15-25 yrs
humerus distal	before 20 yrs	humerus distal	around or before 14 yrs
ulna proximal	soon after 18-20 yrs	ulna proximal	15-25 yrs
		radius-ulna proximal	18-20 yrs
tibia proximal	mid-20s	tibia proximal	mid-20s
femur distal	26-29 yrs	femur distal	15-25 yrs
humerus proximal	after 38, before 48	humerus proximal	early 20s
femur proximal	late 30s or 40-42 yrs	femur proximal	15-25 yrs
pelvis edges	mid-50s		
radius-ulna distal	mid to late 50s	radius-ulna distal	?possibly in 20s
tarsal/metatarsal/carpal/metacarpal	mid-50s		
rib ends	early to mid-50s		
vertebral plates	mid-50s		
sacrum to innominate	mid-50s		
radius to ulna proximal	mid to late 50s		

Table 9b. *Epiphyseal fusion scheduling in Loxondonta. Blank boxes denote no data.*

Bone associations with artifacts are common and expectable in elephant ranges; they do not necessarily reflect direct human utilization of the elephants. Every seep in Hwange National Park contained lithic and ceramic artifacts in close association with the elephant die-off bones; yet, in no cases were the modern bones and the prehistoric artifacts behaviorally linked. The artifacts had been deposited decades earlier, perhaps during earlier die-offs whose bones were not preserved or discovered.

Recent Discoveries and Patterns. In the mid 1990s I discovered processes of bone and ivory flaking by purely noncultural processes that created cores, bifaces, and patterned flake shapes. The creation of these patterns was relatively rare in the fieldwork observations during the 1980s, but they began accumulating in certain localities over time. I also discovered that other bone modifications such as selective or isolated edge-polish, once thought to be exclusively an outcome of human actions, commonly resulted from non-cultural processes in proboscidean ranges. These sorts of slowly accruing patterns in bonesite observations would never have been known if the fieldwork had been terminated when external funding ended after a couple of seasons.

CONCLUSION: A CURRENT ASSESSMENT

A danger in recent taphonomy is that separate research cliques will cultivate obsessions with recording and quantifying very specific different features in bone assemblages, and that each clique will advocate the reliability of only its own measurements and dispute the usefulness of the others. Sometimes the disagreements are harmless methodological spats, and sometimes they are examples of strong-willed careerists jockeying for authority in the field. Earlier taphonomic research may be ignored as the emerging newer researchers try to establish their own pre-eminence. Elephant taphonomy has seen such ego-driven squabbling, but nonetheless the current state of research is inadequate, incomplete, and imperfectly understood. Far more work needs to be done, although the opportunities to do actualistic studies in field situations are rapidly diminishing as African and Asian elephants slowly disappear or become much more closely managed (that is, hunted for fees, re-located to reduce pressures on habitats, counted and herded from artificial water-point to water-point, etc.).

ACKNOWLEDGEMENTS

This research was undertaken with the cooperation and support of the Zimbabwe Department of National Parks and Wild Life Management. I thank David and Meg Cumming, Drew Conybeare, the late Fibion Ndiweni, the late Felix Banda, Peter and Lawrence Ngwenya, Rowan Martin, Barney O'Hara, Mike Jones (and family), Ian Sibanda, Felix Murindagomo, Pete Fick, Cecil Muchena, and many others too numerous to list. The work has been partly supported by two Leakey Foundation grants, seven grants from the National Geographic Society, two travel grants from the University of Nevada, Reno, and annual subsidies from the Hwange Research Trust. Most of all, I thank my wife Janis Klimowicz for making so much possible.

LITERATURE CITED

Conybeare, A. and G. Haynes. 1984. Observations on elephant mortality and bones in water holes. *Quaternary Research*, 22:189-200.

Dawkins, R. 1996. *Science, delusion, and the appetite for wonder*. Richard Dimbleby lecture, BBC1 Television, U.K. Accessed 31 December 2002: http://www.edge.org/3rd_culture/dawkins/lecture_p1.html

Douglas-Hamilton, I. and O. 1975. *Among the Elephants*. The Viking Press. New York.

Hanks, J. 1979. *The Struggle for Survival*. Mayflower. New York.

Haynes, G. 1983. Frequencies of spiral and greenbone fractures on ungulate limb bones in modern surface assemblages. *American Antiquity* 48(1): 102-114.

Haynes, G. 1985. Age profiles in elephant and mammoth bone assemblages. *Quaternary Research*, 24:333-345.

Haynes, G. 1987a. Where elephants die. *Natural History*, 96(6):28-33.

Haynes, G. 1987b. Proboscidean die-offs and die-outs: Age profiles in fossil collections. *Journal of Archaeological Science*, 14(6):659-668.

Haynes, G. 1988a. Longitudinal studies of African elephant death and bone deposits. *Journal of Archeological Science*, 15:131-157.

Haynes, G. 1988b. Studies of elephant death and die-offs: Potential applications in understanding mammoth bone assemblages. Pp. 151-169, *in: Recent Developments in Environmental Analysis in Old and New World Archaeology* (E. Webb, ed). BAR International Series, 416, Oxford

Haynes, G. 1988c. Mass deaths and serial predation: Comparative taphonomic studies of modern large-mammal deathsites. *Journal of Archeological Science*, 15:219-235.

Haynes, G. 1991. *Mammoths, Mastodonts, and Elephants: Biology, Behavior, and the Fossil Record*. Cambridge University Press. New York.

Haynes, G. 2002. *The Early Settlement of North America: The Clovis Era*. Cambridge University Press. Cambridge (UK).

Johnson, E., and P. Shipman. 1986. Scanning electron microscope studies of bone modification. *Current Research in the Pleistocene*, 3:47-48.

Moss, C. 1988. *Elephant Memories: Thirteen Years in the Life of an Elephant Family*. Morrow. New York.

Potts, R., and P. Shipman. 1981. Cutmarks made by stone tools on bones from Olduvai Gorge, Tanzania. *Nature*, 291: 577-580.

Schäfer, W. (Edited by G. Carig; translated by I. Oertel) 1972. *Ecology and Paleoecology of Marine Environments*. University of Chicago Press. Chicago.

Shipman, P., and J. Rose. 1983. Evidence of butchery and hominid activities at Torralba and Ambrona: An evaluation using microscopic techniques. *Journal of Archaeological Science*, 10: 465-474.

Smithers, R. H. N. and V. J. Wilson. 1979. *Check list and atlas of the mammals of Zimbabwe Rhodesia*. Museum Memoir, No. 9. Salisbury (Harare, Zimbabwe): Trustees of the National Museums and Monuments.

Weigelt, J. 1989 (orig. 1927 in German). *Recent Vertebrate Carcasses and Their Paleobiological Implications*. University of Chicago Press. Chicago.

Williamson, B.R. 1975. Seasonal distribution of elephant in Wankie National Park. *Arnoldia* (Rhodesia), 7(11):1-16.

Tafonomía de vertebrados en la Puna Argentina: atrición y modificaciones óseas por carnívoros

Mariana Mondini

CONICET-INAPL-Universidad de Buenos Aires (mmondini@filo.uba.ar)

RESUMEN

Se presentan aquí los resultados de una investigación tafonómica actualística sobre la destrucción y modificaciones óseas por carnívoros en la Puna argentina. Estos resultados indican bajos niveles de atrición, los cuales son concordantes con las principales características de la comunidad de predadores de la región. Esto representa una situación particular si la comparamos con lo conocido para otras regiones del mundo más estudiadas.

Palabras Clave: Tafonomía de carnívoros, Atrición, modificaciones, Puna, Sudamérica

ABSTRACT

The results of an actualistic taphonomic research on bone modification and destruction by carnivores in the Argentinean Puna are introduced here. They suggest low attrition levels, which is consistent with the main properties of the regional predator community. This represents a rather particular instance as compared to what is known for other regions of the world, where this problem has been more intensively studied.

Keywords: Carnivore taphonomy, attrition, modifications, Puna, South America

INTRODUCCIÓN

La información que aquí se presenta tiene como objetivo ayudar en la interpretación del registro fósil de vertebrados acumulado y modificado por mamíferos carnívoros en abrigos rocosos de la Puna, en la región andina de Sudamérica. Es común observar en el registro arqueológico la superposición de trazas de origen humano y de carnívoros en conjuntos de vertebrados acumulados en abrigos. No sólo pueden los conjuntos aportados por sendos agentes sucederse, sino que además los carroñeros pueden usar los restos abandonados por los grupos humanos como fuente de alimento (Brain, 1981, Binford, 1981). De allí surgió el interés sobre el aspecto en que se centra este trabajo: las modificaciones y destrucción de huesos por los carnívoros de la Puna, además de otras líneas de investigación complementarias.

Los daños o modificaciones óseas y la destrucción de huesos o segmentos de huesos que generan los carnívoros con sus dientes constituyen la evidencia de su intervención que tradicionalmente más ha interesado a paleontólogos y arqueólogos (Brain, 1969, 1981; Behrensmeyer, 1975; Binford y Bertram, 1977; Binford, 1981; Haynes, 1983; Lyman, 1984). Ello se debe a que esta actividad de los predadores puede distorsionar los conjuntos fósiles originalmente producidos por otros agentes, si bien la intervención de carnívoros también proporciona importante información tafonómica y paleoecológica (ver Gifford, 1981, 1991; Behrensmeyer y Kidwell, 1985; Kidwell y Flessa, 1995; Palmqvist *et al.*, 2002). A ello se suman las alteraciones mecánicas y químicas generadas por la digestión, que trascienden los objetivos de este trabajo, para una síntesis sobre estas modificaciones (Fernández-Jalvo *et al.* 2002) y para un estudio de las mismas en la Puna (Mondini, 2000).

Para abordar estos problemas he estudiado conjuntos de vertebrados acumulados por carnívoros en abrigos rocosos de la región en la actualidad, a la luz de la ecología de estos predadores. Los abrigos rocosos son puntos del espacio donde la actividad de los carnívoros es muy reiterada, y de allí su importancia para esta investigación. Como resultado de una prospección en Antofagasta de la Sierra (Provincia de Catamarca, Argentina), se han detectado seis abrigos conteniendo estos conjuntos, cuyo análisis se sintetiza aquí. Específicamente, se presenta la información referida a la destrucción y modificaciones óseas por parte de los carnívoros. Se evalúa la posibilidad de que la destrucción afecte la frecuencia de diferentes partes esqueletarias con relación a propiedades estructurales tales como su densidad, es decir, la relación de masa por volumen, y se analizan la intensidad y características de las trazas de mascado en los huesos (ver también Mondini 2001, 2003, 2004).

El carácter actualístico de este estudio apunta a comprender la formación de los conjuntos óseos bajo condiciones conocidas y extrapolar sus rasgos a conjuntos fósiles del Holoceno. Conocer los procesos tafonómicos generados por los predadores en este período no sólo es importante respecto del poblamiento humano de la región, sino también para comprender la paleobiología de los carnívoros en sí durante ese período tan poco conocido del Cuaternario, y tan relevante para la paleontología, así como para otras disciplinas como la ecología y biología de la conservación.

La Puna es una amplia planicie semi-desértica, situada por encima de los 3500 msnm entre los dos brazos de los Andes Centro-Sur (Troll, 1958, Cabrera y Willink, 1980, Santoro y Núñez, 1987, Baied y Wheeler, 1993). Está atravesada por una serie de cordilleras paralelas y

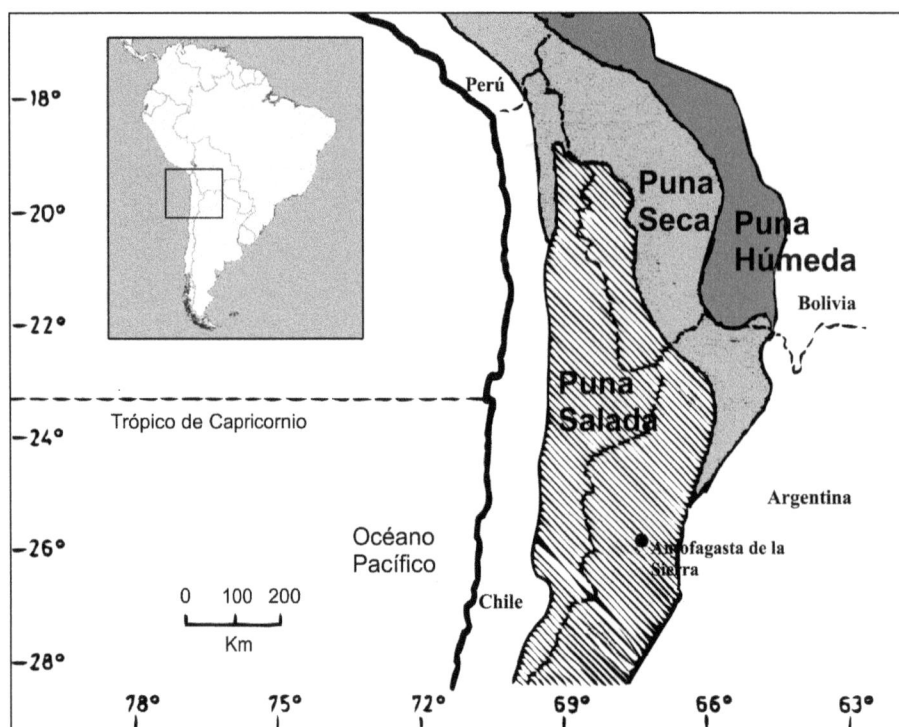

Figura 1. Mapa indicando la región de estudio, adaptada de Troll (1958), Baied y Wheeler (1993), Elkin (1996).

profundas quebradas. Se caracteriza por la escasa humedad y una importante amplitud térmica, y por ambientes en mosaico y una baja, aunque variable, productividad general. Este estudio se centra en Antofagasta de la Sierra, en la Puna Salada (Figura 1), que conforma un desierto de altura.

Entre la fauna se destacan los camélidos y los roedores. Como resultado de su historia, la región templada de Sudamérica tiene actualmente bajos números de grandes mamíferos, y muchos nichos ecológicos sólo parcialmente ocupados por mamíferos en comparación con Norteamérica (Franklin, 1982, Webb, 1985, Berta, 1988, Redford y Eisenberg, 1992). No sólo hay una menor cantidad relativa de especies, sino que además la densidad de sus poblaciones es más baja que en otras regiones, por lo que la competencia no es tan intensiva.

Entre el Pleistoceno y el Holoceno hubo asimismo cambios significativos en las distintas zonas adaptativas de los mamíferos carnívoros, con la excepción de la de los carnívoros-omnívoros pequeños, que se mantuvo con los mismos miembros (Berta, 1988). Actualmente Sudamérica carece de carnívoros con mandíbulas y dientes masivos y una gran capacidad para romper huesos. La selección parece haber favorecido a aquellos carnívoros con denticiones generalizadas omnívoras y hábitos alimenticios más flexibles, que les permitieron adaptarse más fácilmente a los cambios, especialmente los de finales del Pleistoceno (Berta, 1988). Los carnívoros silvestres que habitan actualmente la Puna se presentan en la Tabla 1 (Cabrera, 1957-1960, Fuentes y

Jaksic, 1979, Olrog y Lucero, 1981, Jaksic y Simonetti, 1987, Nowak, 1991, Redford y Eisenberg, 1992, Mares *et al.*, 1997, Jaksic, 1997, Braun y Díaz, 1999, Jayat *et al.*, 1999, Ojeda *et al.*, 2002, entre otros). Estas especies han sido básicamente las mismas desde la transición Pleistoceno/Holoceno, con la excepción de los perros, introducidos más tarde.

En comparación con otras regiones, la competencia interespecífica no habría sido tan importante en la historia de las interacciones entre predadores, incluidos los humanos (Mondini, 2000, 2005; Muñoz y Mondini, 2005). Es destacable que en la actualidad los carnívoros solitarios son un rasgo distintivo de esta región, siendo los humanos los únicos grandes predadores gregarios. El patrón de diversidad de los carnívoros grandes de Sudamérica ha sido de disminución, especialmente desde el Pleistoceno (Berta, 1987, 1988; Marshall y Cifelli, 1990), y la Puna, que puede caracterizarse como un ambiente no saturado, no es una excepción.

Aunque los félidos consumen una mayor proporción de carne, los zorros son más propensos a consumir huesos (Langguth, 1975; Jaksic *et al.*, 1980, 1983; Simonetti, 1986; Berta, 1987, 1988; Durán *et al.*, 1987; Meserve *et al.*, 1987; Erlich de Yoffe *et al.*, 1985; Ginsberg y MacDonald, 1990; Marquet *et al.*, 1993; Novaro, 1997; Pia *et al.*, 2003; Novaro *et al.*, 2004; entre otros). Estos carroñeros son los carnívoros más abundantes en la región, y los que usan con mayor frecuencia los abrigos rocosos. Los zorros son los carnívoros que más comúnmente acumulan vertebrados mediano-grandes en

familia	nombre científico	nombre vulgar	talla promedio
Canidae	*Pseudalopex culpaeus*	zorro colorado sudamericano o culpeo	5 kg (hembras) - 13,5 kg (machos)
	Pseudalopex griseus	zorro gris sudamericano	>4 kg
Felidae	*Puma concolor*	puma	>20 a 55 kg
	Lynchailurus colocolo	gato de pajonal	*ca.* 3 kg
	Oreailurus jacobita	gato andino	*ca.* 4 kg
	Oncifelis geoffrogi	gato montés	*ca.* 4 kg
Mustelidae	*Conepatus chinga*	zorrino común o andino	1,5 a casi 3 kg
	Galictis cuja	hurón menor	1 a 2,5 kg

Tabla 1. *Carnívoros silvestres de la Puna. Hay además perros domésticos (Canis familiaris) en la región.*

la Puna, y los únicos que suelen generar modificaciones óseas en los conjuntos producidos por otros agentes. El aparato masticatorio de estos zorros, como el de otros cánidos, se caracteriza por caninos largos y prominentes y molares con una pequeña superficie trituradora. Dados su tamaño corporal y su estructura mandibular, se infiere un escaso poder destructivo para ambas especies.

MATERIALES Y MÉTODOS

Los materiales estudiados consisten en los restos de vertebrados acumulados en seis abrigos rocosos utilizados por carnívoros, principalmente zorros, en Antofagasta de la Sierra, Provincia de Catamarca, Argentina (Figura 1).

Los abrigos rocosos fueron fotografiados, se mapearon y relevaron sus contenidos faunísticos y evidencia contextual. Los huesos y otros restos de vertebrados fueron recolectados para su análisis en laboratorio. Allí se identificaron, y se analizaron las modificaciones óseas, tanto por carnívoros como por otros agentes y procesos.

En todos estos abrigos, incluidas las áreas de dispersión en los taludes, se recolectaron 248 huesos (Tabla 2)

(Mondini, 1995, 2001). Los únicos no consignados aquí son unas pocas astillas de los taludes de los abrigos ANSm5 y 7, por encontrarse demasiado fragmentadas y meteorizadas como para estudiar las variables de interés. Además no todos los materiales en el área de talud de ANSm6 fueron recogidos, y en ANSm8 no se pudo acceder al fondo de la cueva dada su estrechez. Algunos huesos estaban enterrados, aunque a escasos centímetros de la superficie.

El tamaño promedio de los conjuntos es de 41 especímenes, y de 38 si sólo consideramos aquellos anatómica y taxonómicamente identificados (NISP) (Tabla 2). Los especímenes corresponden principalmente a ovicápridos y camélidos. Los primeros incluyen ovejas (*Ovis aries*) y/o cabras (*Capra hircus*), de unos 20-25 kg, y los segundos, vicuñas (*Lama vicugna*), camélidos silvestres de *ca.* 45-55 kg, y/o llamas (*L. glama*), domésticos de 90 kg o más. Además de mamíferos se identificaron aves, generalmente al nivel de Clase; un húmero corresponde a Phoenicopteridae (flamenco/parina). Hay sólo 3 fragmentos óseos de taxón pequeño (<5 kg) indeterminado, que parecen corresponder a pequeños mamíferos, posiblemente roedores.

	conjuntos							
taxones	ANSm2	ANSm4	ANSm5	ANSm6	ANSm7	ANSm8	promedio	total
ovicápridos	0	0	74	1	0	13	14,67	88
camélidos	38	20	0	6	1	4	11,50	69
artiodáctilos	8	0	2	0	0	0	1,67	10
mamíferos grandes	6 (8)	0	15 (16)	3	0	2	4,33	26
mamíferos (indet.)	0	0	4 (6)	1	1 (2)	0	1,00	6
aves	3	0	0	0	22	0	4,17	25
taxones pequeños	0	0	0	0	2	1	0,50	3
NISP[1]	55	20	95	11	26	20	37,83	**227**
taxón indeterminado	4	0	2	5	3	1	2,50	15
total	61	20	100	16[2]	30	21[3]	41,33	**248**

Tabla 2. *Número de especimenes óseos en los diferentes conjuntos. [1]Algunos especimenes de mamífero indeterminado de ANSm2, 5 y 7 no contribuyen al NISP, ya que la asignación taxonómica se basó en la estructura de los huesos pero son anatómicamente indeterminados (se suman entre paréntesis en las respectivas columnas). [2] No todos los materiales en el área de dispersión de ANSm6 fueron recogidos. [3] En ANSm8 no se pudo acceder al fondo dada su estrechez.*

Para estimar la integridad de estos conjuntos óseos, entendida como lo opuesto a la atrición, se ha estudiado la frecuencia de huesos articulados y con tejidos blandos asociados, la meteorización y fragmentación de los especímenes (Mondini, 1995, 2001) y, especialmente, la relación entre los huesos presentes y su estructura, en particular su densidad, de modo de evaluar si la misma pudo condicionar la destrucción diferencial de algunas partes esqueletarias. Las modificaciones óseas, presentadas abajo, contribuyen asimismo a evaluar la destrucción de los huesos y a identificar a los agentes y procesos involucrados (Mondini, 2003).

La estructura de cada hueso, junto con su forma y tamaño, condiciona sus propiedades mecánicas y físicas. El hueso compacto, con su alta proporción de tejido óseo por unidad de volumen, puede soportar un estrés localizado mejor que el hueso esponjoso, y por ello los huesos largos son considerados buenos indicadores de integridad (Shipman, 1981, Binford, 1981, Borrero, 1989, Marean y Spencer, 1991). Las compactas diáfisis son más resistentes que las epífisis, aunque las epífisis proximal y distal tienen a su vez una resistencia diferencial a la destrucción.

Para evaluar esto, se estimaron la abundancia de los segmentos que incluyen extremos relativa a la abundancia de diáfisis, y la abundancia de extremos proximales relativa a la de distales (Mondini, 2003). La clasificación de los diferentes segmentos de los huesos largos ha sido adaptada de Binford (1981). Los segmentos de diáfisis son: a) cilindros, los extremos del hueso han sido extraídos (ver Fig. 4.57 en Binford, 1981), b) fragmentos de diáfisis, ésta tiene menos de la mitad del largo original pero conserva la mitad o más de la circunferencia, y c) astillas, la diáfisis conserva menos de la mitad del largo y de la circunferencia. Los segmentos que incluyen extremos son: a) extremo articular + ½ diáfisis (*"end+shaft"*, incluye aproximadamente la mitad de la diáfisis; ver Fig. 4.56, derecha, en Binford, 1981), b) extremo articular + ¼ diáfisis (*"end+shank"*, incluye menos de la mitad de la diáfisis; ver la misma figura, en el centro), y c) epífisis o extremos articulares, la diáfisis puede estar ausente o rota justo debajo de la epífisis o "cabeza", pudiendo presentarse el extremo sin epífisis o la epífisis sola si ésta no está fusionada; ver la misma figura, a la izquierda.

Más específicamente, la densidad estructural ósea, o sus variantes de acuerdo con Lyman (1994a), es uno de los principales factores que afectan a la estructura de los especímenes, y por lo tanto a su resistencia a la destrucción (Brain, 1969, 1981; Binford y Bertram, 1977; Lyman, 1984, 1985; Ioannidou, 2003; entre otros). Lyman (1994a) ha llamado a esto la "atrición mediada por la densidad" (*"density-mediated attrition"*), a la que define como la pérdida de partes esqueletarias debido a su densidad estructural, es decir, porque aquellas de menor densidad son más fácilmente destruidas. Recientemente ha habido varias discusiones y debates sobre cómo

exactamente afecta la densidad de los huesos a su conservación e identificabilidad, y sobre cómo medirla y evaluar sus efectos (Marean y Kim, 1998; Lam *et al.*, 1998, 2003; Stahl, 1999; Rogers, 2000; Stiner, 2002; Pickering *et al.*, 2003; Carlson y Pickering, 2003, 2004; Izeta, 2005). A pesar de estas discrepancias, existe acuerdo en que los diferentes huesos del esqueleto y sus distintas partes tienen densidades variables que redundan en una resistencia diferencial a los procesos que los afectan.

Para evaluar la incidencia de ello, se correlacionaron mediante el coeficiente *rho* de Spearman los valores conocidos de densidad ósea con el %MAU (unidades animales mínimas; ver Binford, 1978, 1981, 1984; Grayson, 1984; Lyman, 1994a y b) de los artiodáctilos en los conjuntos analizados, siendo la hipótesis nula que no hay relación entre la densidad y la frecuencia de las diferentes partes. Se usaron los valores de densidad de oveja publicados por Lyman (1984, 1994a) para los ovicápridos y los de llama publicados por Elkin (1995) para camélidos. Ambos están basados en la densitometría de fotones, que a través de diferentes técnicas corrige los valores de acuerdo al espesor del hueso. En el caso de los ovicápridos, se tomaron los "sitios tradicionales de escaneo" (*sensu* Lyman, 1992, 1994a) para los diferentes elementos, dividiéndose a los huesos largos en porciones proximales y distales. En el caso de los camélidos, de acuerdo con Elkin (1995), se dividieron en proximales, distales y diáfisis. Debe tenerse en cuenta que los carnívoros pueden destruir las epífisis de los huesos largos sin afectar las frecuencias de las diáfisis proximal y distal, por lo que la escala en que se realicen las correlaciones puede afectar a los resultados (ver Lyman, 1994a y la discusión al respecto citada más arriba). Sin embargo, en los casos estudiados todos los segmentos proximales y distales incluyen alguna porción de la epífisis (a menos que no esté fusionada), por lo que puede descartarse este sesgo. Para aquellos especímenes de metapodio en que la asignación a metacarpo o metatarso no ha sido posible, se usó el promedio de los respectivos valores de densidad. Siguiendo a Lyman (1994a), se consideró a una correlación como significativa cuando $P \leq 0,05$.

Los daños o modificaciones óseas se relevaron macroscópicamente y con lupa de mano (2 a 15x). Se buscaron identificar las modificaciones generadas por diferentes agentes y procesos, aunque además de la meteorización, sólo se identificaron marcas de carnívoros, roedores y humanos.

Respecto de las modificaciones óseas generadas por los dientes de carnívoros, se han diferenciado una serie de daños, resumidos en Mondini (2003). Esta clasificación está basada en los trabajos de Bonnichsen (1979), Binford (1981), Shipman (1981), Mengoni Goñalons (1982, 1988a y b, 1999), Haynes (1983), Silveira y Fernández (1988), Hill (1989), Stallibrass (1990), Blumenschine y Marean (1993), Capaldo y Blumenschine (1994), Lyman

(1994a), Fisher (1995), Andrews y Fernández-Jalvo (1997), entre otros. Consisten en marcas superficiales, remoción de tejido óseo, fracturas y daños en los bordes del hueso. Además de su frecuencia y distribución taxonómica y anatómica, se registraron su localización y la asociación con otras modificaciones en la topografía del hueso.

Las modificaciones que generan los carnívoros cuando muerden los huesos son diferentes a los que producen los humanos con sus instrumentos y sus dientes, aunque puede haber cierta superposición (Binford, 1981, Shipman, 1981, White, 1992, Elkin y Mondini, 2001, entre otros). Las fracturas que producen los carnívoros se distinguen de las antrópicas en los atributos morfológicos y métricos de los daños asociados (Capaldo y Blumenschine, 1994, Blumenschine et al., 1996, entre otros), además de la presencia de otras modificaciones diagnósticas. Esto se relaciona con el hecho que, a diferencia de los humanos, los carnívoros sólo cuentan con la mandíbula como mecanismo para aplicar la fuerza y con sus dientes como implementos (Binford, 1981).

Precisamente por ello los daños varían según los predadores involucrados. El puma produce comúnmente perforaciones (punctures) y también fractura y destruye huesos, a diferencia de los zorros, cuyos daños más comunes son las marcas (Borrero, 1988, Stallibrass, 1990, Borrero y Martín, 1996, Martín y Borrero, 1997, Andrews y Fernández-Jalvo, 1997, Nasti, 2000, Mondini, 2003, Muñoz et al., 2005, entre otros). Las marcas de los cánidos tienden a ser relativamente anchas y poco profundas, y abundantes, llegando a superponerse en áreas del hueso como articulaciones y diáfisis. Lamentablemente es poco los que se conoce sobre las modificaciones óseas producidas por mustélidos y félidos pequeños. Los gatos no mascan los huesos tanto como los cánidos, pero dejan marcas de dientes en la superficie (Haynes, 1983, Moran y O'Connor, 1992, O'Connor, 2000). Estas suelen ser más profundas y estrechas y ocurrir más aisladas que las de cánidos. Ha de tenerse en cuenta también el mascado humano. De acuerdo a una experimentación exploratoria, los daños de dientes de zorros sudamericanos y humanos pueden resultar ambiguos (ver Elkin y Mondini, 2001 y las referencias allí citadas). En términos más generales, el hecho de que la selección natural haya favorecido a los pequeños carnívoros con denticiones generalizadas en este continente (Berta, 1988) incide en las posibilidades de discriminar sus trazas de las humanas en los conjuntos fósiles. El uso de diferentes líneas de evidencia e información contextual es entonces imprescindible. De todos modos, es altamente improbable que las modificaciones óseas en los conjuntos que aquí se presentan correspondan a mascado humano.

RESULTADOS

Los taxones más abundantes en los abrigos de la Puna son ovicápridos y camélidos (Mondini, 1995, 2001).

Aunque hay menos huesos de camélidos (Tabla 2), éstos provienen de más individuos-fuente que los de ovicápridos. Como vimos, además de artiodáctilos y mamíferos indeterminados, hay también aves y unos pocos fragmentos óseos correspondientes a taxones pequeños.

Todos los especímenes en que pudo determinarse la edad relativa de acuerdo a la fusión epifisaria (77%) corresponden a individuos juvenil-adultos, aunque la proporción de especímenes fusionados es mayor en camélidos que en ovicápridos. Las edades de muerte inferidas a partir de la dentición son coincidentes.

Los perfiles esqueletarios de ovicápridos y camélidos son diferentes (Mondini, 1995, 2001). En general, las partes anatómicas de los ovicápridos, aunque tienen frecuencias variables, están repartidas a lo largo del esqueleto. En cambio, en los camélidos predominan las extremidades. Esto se expresa en el MNE (número mínimo de elementos) estandarizado para las distintas regiones anatómicas (Figura 2): los ovicápridos muestran un patrón "casi completo", mientras que el de los camélidos es más desparejo y en algunos casos se asemeja al "dominado por las extremidades" (sensu Stiner, 1991, 1994), especialmente si consideramos los promedios. Este desbalance en las partes de camélido también se expresa en la relación estandarizada del MNE de los esqueletos apendicular y axial, que sugiere un promedio de 3,64 veces más partes apendiculares por cada parte axial respecto de lo esperado.

Dadas ciertas características como su tamaño, los especímenes identificados como artiodáctilo indeterminado podrían corresponder tanto a ovicápridos como a camélidos, sin alterar en cualquier caso el MNI (número mínimo de individuos) ni la tendencia general de representación anatómica. En cuanto a los demás taxones, las partes esqueletarias dominantes en los mamíferos indeterminados de diferentes tamaños corresponden a la columna axial, las extremidades y la cabeza; en las aves predominan partes de la columna y las extremidades, y los taxones pequeños están representados por dos pequeños fragmentos óseos de la columna y uno de la cabeza.

Los especímenes óseos han sido afectados por diversos procesos además de los carnívoros, especialmente en las áreas sin reparo. Sin embargo, en general la integridad de los conjuntos y la conservación de la superficie de los huesos son buenas (Mondini 1995, 2001, 2003).

Una evidencia de ello es la abundancia de huesos articulados, particularmente en aves y ovicápridos. Incluso las partes articuladas de los artiodáctilos son en su mayoría partes que se desarticulan temprano de acuerdo a observaciones sobre vicuñas en Antofagasta de la Sierra (Nasti, 1994-1995). Además muchos especímenes, especialmente de ovicápridos, presentan tejidos blandos.

ovicápridos

ANSm5
(MNI=1, MNE total=54)

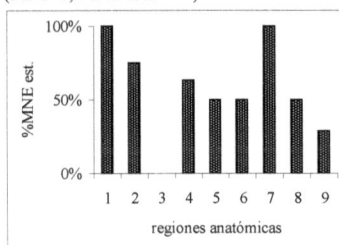

camélidos

ANSm2
(MNI=3, MNE total=25)

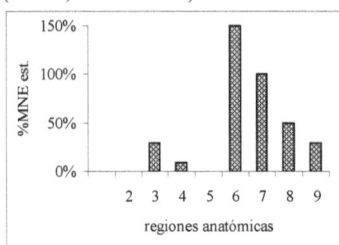

camélidos (cont.)

ANSm7
(MNI=1, MNE total=1)

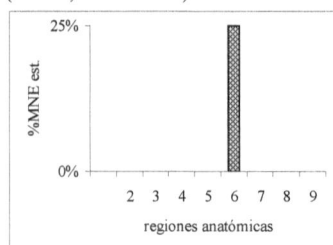

ANSm6
(MNI=1, MNE total=1)

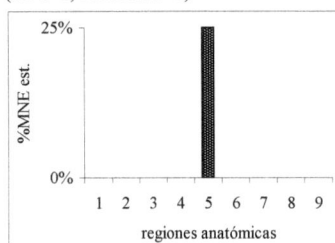

ANSm4
(MNI=2, MNE total=13)

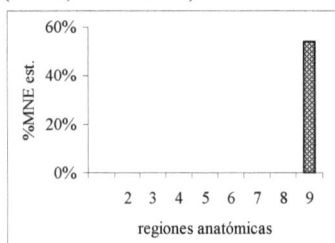

ANSm8
(MNI=1, MNE total=2)

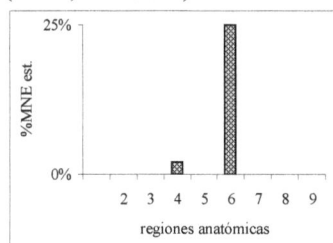

ANSm8
(MNI=1, MNE total=7)

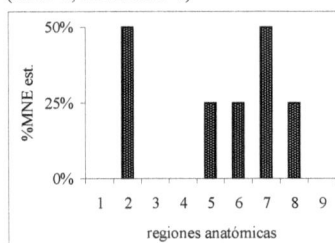

ANSm6
(MNI=1, MNE total=5)

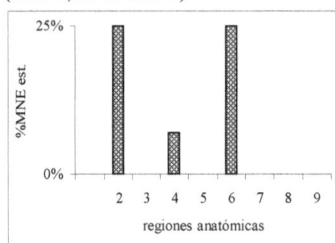

promedio
(MNI total=3, MNE total=62)

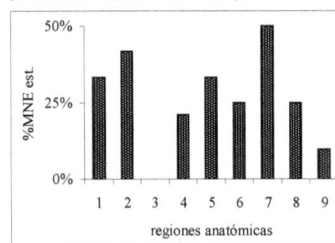

promedio
(MNI total=8, MNE total=46)

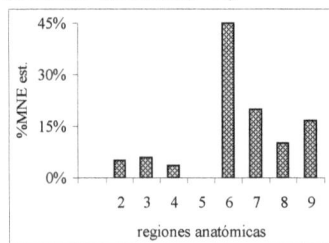

promedio-sólo conj. grandes[2]
(MNI total=2, MNE total=61)

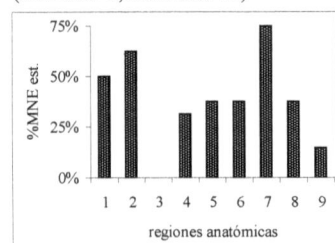

promedio-sólo conj. grandes[2]
(MNI total=6, MNE total=43)

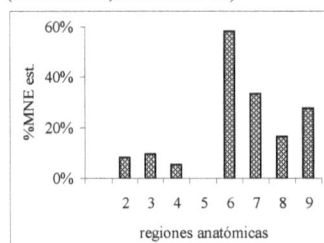

[1] Regiones anatómicas definidas por
Stiner (1991):
1) cuernos,
2) cabeza (hemi-mandíbula y hemi-
cráneo),
3) cuello (atlas, axis y vértebras
cervicales),
4) columna axial (vértebras torácicas y
lumbares, costillas, sacro y
pelvis),
5) patas delanteras proximales (escápula
y húmero),
6) patas delanteras distales (radio-ulna y
metacarpo),
7) patas traseras proximales (fémur),
8) patas traseras distales (tibia,
calcáneo, astrágalo y metatarso) y
9) pies (falanges).
Se trata de un gráfico comparativo en
que la altura de las diferentes
barras indica el valor relativo del
MNE estandarizado por regiones
en cada conjunto. Las barras más
altas indican regiones anatómicas
más completas que las demás. En
un esqueleto completo, todas las
barras tienen la máxima altura.,
que es 100% en el caso de
MNI=1, el doble si MNI=2, y así
sucesivamente.
[2] Se omiten los conjuntos con un MNE
<5, con el fin de evaluar si las
muestras más pequeñas sesgan
significativamente los promedios
generales.

Figura 2. *MNE estandarizado por regiones anatómicas[1] en ovicápridos y camélidos*

La mayor parte de los especímenes de ovicápridos y camélidos apenas están meteorizados. La meteorización relativamente mayor en los primeros se relaciona con que muchos estaban en las áreas de dispersión fuera del reparo de los abrigos. Más del 75% de los especímenes correspondientes a mamíferos en general presentan estadios bajos de meteorización (0 a 2) o una conservación equivalente. Esta proporción es menor en las demás categorías taxonómicas.

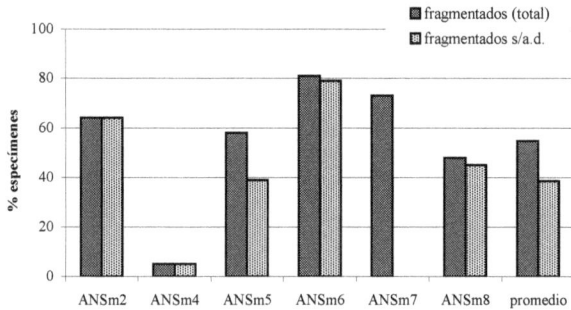

Figura 3. Fragmentación de los especímenes. "s/a.d.": sin contar el área de dispersión fuera del área de los abrigos, nótese que ANSm2 y ANSm4 no tenían estas áreas de dispersión.

La proporción de especímenes fragmentados varía entre los conjuntos (Figura 3). Los especímenes miden entre 3 y 235 mm, siendo el promedio unos 50 mm y el modo, 20 mm. Algunos fragmentos pudieron ser remontados y en otros casos pudo reconstruirse la conexión de los huesos en posición anatómica. La relación MNE:NISP (número mínimo de elementos por número de especímenes identificados) indica la mayor integridad para las aves y los taxones pequeños, aunque en este último caso es producto del pequeño tamaño muestral, seguidas de los ovicápridos y, en menor medida, de los camélidos.

Entre los huesos largos de los mamíferos predominan los segmentos que incluyen extremos, y no se registraron casos en que sólo las epífisis estuvieran destruidas (cilindros) (Tabla 3). Los extremos corresponden principalmente a camélidos, que tienen una relación (MNE) de 4 extremos/diáfisis. En los ovicápridos esta relación es sólo de 1,5, y la mayoría de los huesos largos se presentan completos o casi completos. Las diferencias entre los segmentos proximales y distales no son importantes en estos taxones (Tabla 4).

	conjunto	px:ds[1]
ovicápridos		
fémur	ANSm5	1:0
húmero	ANSm5	0:1
"	ANSm6	0:1[2]
camélidos		
radio-ulna	ANSm2	4:3[3]
"	ANSm6	1:0
"	ANSm8	1:0
"	ANSm7	0:1
tibia	ANSm2	0:2
metacarpo	ANSm2	1:0
metapodio	ANSm4	0:1

Tabla 4. Representación de extremos de huesos largos en camélidos y ovicápridos. [1] NISP de segmentos proximales por segmentos distales. Se excluyen del conteo los extremos que forman parte de un mismo hueso entero. Además en ANSm5 hay un húmero proximal de [2] artiodáctilo que podría ser de ovicáprido. [3] Además en ANSm2 hay al menos un radio-ulna distal de artiodáctilo que podría ser de camélido.

Sólo en un caso la hipótesis nula de que no existe relación entre la frecuencia de partes esqueletarias y su densidad estructural ha sido rechazada: los camélidos de ANSm2

segmentos de huesos largos			taxones		
			ovicápridos	camélidos	mamíferos[2]
diáfisis	cilindro		0	0	0
	fragmento		0	1	3
	astilla		0	1	5
extremos	epífisis + ½ diáfisis	proximal	1	0	1
		distal	0	2	3[3]
	epífisis + ¼	proximal	0	2	3
	diáfisis	distal	2	2	4
	extremo articular	proximal	1	4	6
		distal	0	2	9
	epífisis (no fusionada)	proximal	0	0	2
		distal	1	2	3

Tabla 3. Frecuencia[1] de distintos segmentos de huesos largos de mamíferos. [1] Se suman los especímenes de todos los conjuntos (NISP). [2] Se suman todos los especímenes de mamífero (en sentido genérico). [3] uno sin epífisis.

mostraron una correlación positiva significativa, aunque no alta, entre ambas variables (Tabla 5). Ello sugiere que este subconjunto de huesos pudo sufrir cierta destrucción mediada por la densidad. En cambio, la abundancia de partes esqueletarias en la mayor parte de los conjuntos no se correlaciona con su resistencia diferencial a la destrucción.

	n	r_S^2	nivel P^3
ovicápridos			
ANSm5	19	-0,24	0,330
ANSm6	1	-	-
ANSm8	9	0,55	0,125
camélidos			
ANSm2	15	0,56	0,031
ANSm4	3	0,00	1,000
ANSm6	2	-	-
ANSm7	1	-	-
ANSm8	3	-0,50	0,667

Tabla 5. *Correlaciones (Spearman) entre %MAU y densidad ósea[1] en camélidos y ovicápridos. [1] Para camélidos se toman los valores de densidad de la llama (Elkin 1995) y para ovicápridos, los de la oveja (Lyman 1984, 1994a). [2] Coeficiente de correlación rho de Spearman. [3] Nivel de significación P de la correlación.*

Los conjuntos de ANSm2 y 8 presentan una incidencia similar de daños por carnívoros y roedores. El de ANSm6 también, pero en menor proporción. Por otra parte, sólo en ANSm2 se identificaron trazas de origen humano, afectando al 16% de los especímenes de la misma: tres tienen huellas de procesamiento y ocho están quemados. Además están los daños causados por la meteorización y algunos indeterminados, como son fracturas y marcas de génesis ambigua debido a que no conservan caracteres diagnósticos.

El promedio de especímenes dañados por dientes de carnívoros en todos los conjuntos es de 27%, 29% si sólo consideramos los especímenes identificables (NISP) (Tabla 6) (Mondini, 2003). Ha de destacarse la baja proporción de daños de carnívoro en ANSm5, el conjunto más grande, mientras que es alta en ANSm8 y 2.

Las aves y en segundo lugar los camélidos son los taxones que presentan la mayor proporción de huesos dañados por carnívoros, excluyendo aquellos apenas representados, como los taxones pequeños, en que esta proporción puede estar inflada por el pequeño tamaño muestral (Tabla 6). La proporción de especímenes de camélidos dañados por carnívoro es en promedio más del doble que la de ovicápridos, debido principalmente a ANSm2. Los ovicápridos tienen en cambio un promedio de especímenes mascados menor que el promedio general. El conjunto que más incide en ello es ANSm5: tiene el subconjunto más grande de huesos de ovicápridos pero con la menor proporción de daños de carnívoro (Figura 4).

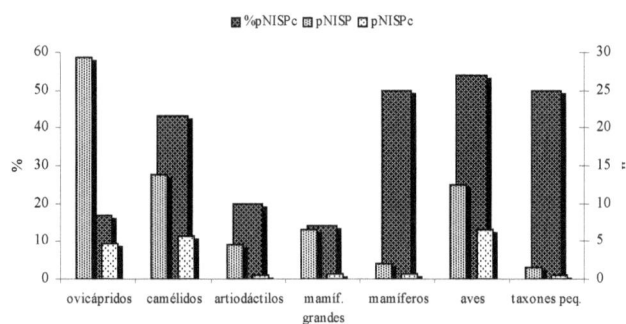

Figura 4. *Proporción de especímenes con daños de carnívoro. pNISP: promedio de especímenes identificados (NISP) en todos los conjuntos; pNISPc: subconjuntos de huesos con daños de carnívoro; %pNISPc: porcentaje de los mismos respecto del promedio total.*

segmentos de huesos largos			taxones		
			ovicápridos	camélidos	mamíferos[2]
diáfisis	cilindro		0	0	0
	fragmento		0	1	3
	astilla		0	1	5
extremos	epífisis + ½ diáfisis	proximal	1	0	1
		distal	0	2	3[3]
	epífisis + ¼	proximal	0	2	3
	diáfisis	distal	2	2	4
	extremo articular	proximal	1	4	6
		distal	0	2	9
	epífisis (no fusionada)	proximal	0	0	2
		distal	1	2	3

Tabla 6. *Proporción de especímenes con daños de carnívoro. [1] Se excluye una pezuña del conteo.*

La distribución de los daños en las distintas partes esqueletarias es heterogénea. En los artiodáctilos en general, los elementos con una mayor proporción de especímenes mascados corresponden a las extremidades (30%, *versus* 21% en el esqueleto axial). Si bien esta relación es acentuada en ovicápridos, se invierte en los camélidos, aunque en este caso el esqueleto axial está poco representado. Los camélidos tienen una mayor diversidad de partes esqueletarias dañadas por carnívoros. Muchas de esas partes (del cuello, columna axial y patas) presentan 100% NISP con estos daños, mientras que en ovicápridos ninguna lo hace (la mayor proporción se da en la tibia: 67%). La frecuencia de las distintas partes de camélidos dañadas por carnívoro es más concordante con su abundancia en los conjuntos, y por lo tanto la abundancia relativa de los diferentes elementos dañados es más homogénea comparada con los ovicápridos. Esto se relaciona al menos en parte con los modos de obtención y transportabilidad de ovicápridos y camélidos, siendo estos últimos transportados más incompletos y desprovistos de carne a las madrigueras (Mondini, 1995, 2001).

En general, los daños de carnívoro predominantes en estos conjuntos son las marcas, y dentro de ellas, las más leves, en particular el poceado (*pitting*) y los surcos (*scoring*) (Figura 5a). Siguen otras marcas y, en menor medida, la remoción de tejido óseo. Dadas sus características, si bien no se pueden descartar totalmente otros carnívoros, estos daños son atribuibles principalmente a los zorros. No se registraron improntas de dientes ni huesos acanalados, y las fracturas observadas no son atribuibles a los carnívoros, si bien algunos casos de génesis ambigua podrían corresponder a estos agentes. Tampoco se registraron daños por digestión en estos huesos. Cabe mencionarse que cuatro de los especímenes con modificaciones humanas de ANSm2 presentan también daños de carnívoro.

La abundancia de surcos y poceado puede relacionarse no sólo con el escaso poder destructivo de la mayoría de los carnívoros de la región, sino también con que se trata de contextos de madriguera y con un importante componente de carroñeo, lo que implica que buena parte del mascado ocurre sobre huesos ya deprovistos de mucha carne (ver Binford 1981).

En el caso de los especímenes de ovicáprido (Figura 5.b), se registraron las distintas clases de marcas de carnívoro, siendo las más abundantes las perforaciones en ANSm5 y los surcos en ANSm8. Estos huesos presentan asimismo remoción de tejido óseo y daños en bordes. También en los camélidos (Figura 5.c) se observaron las distintas clases de marcas, siendo las más comunes el poceado en ANSm2 y los surcos en ANSm8, además de remoción, daños en bordes, y una fisura atribuible a carnívoro. Las

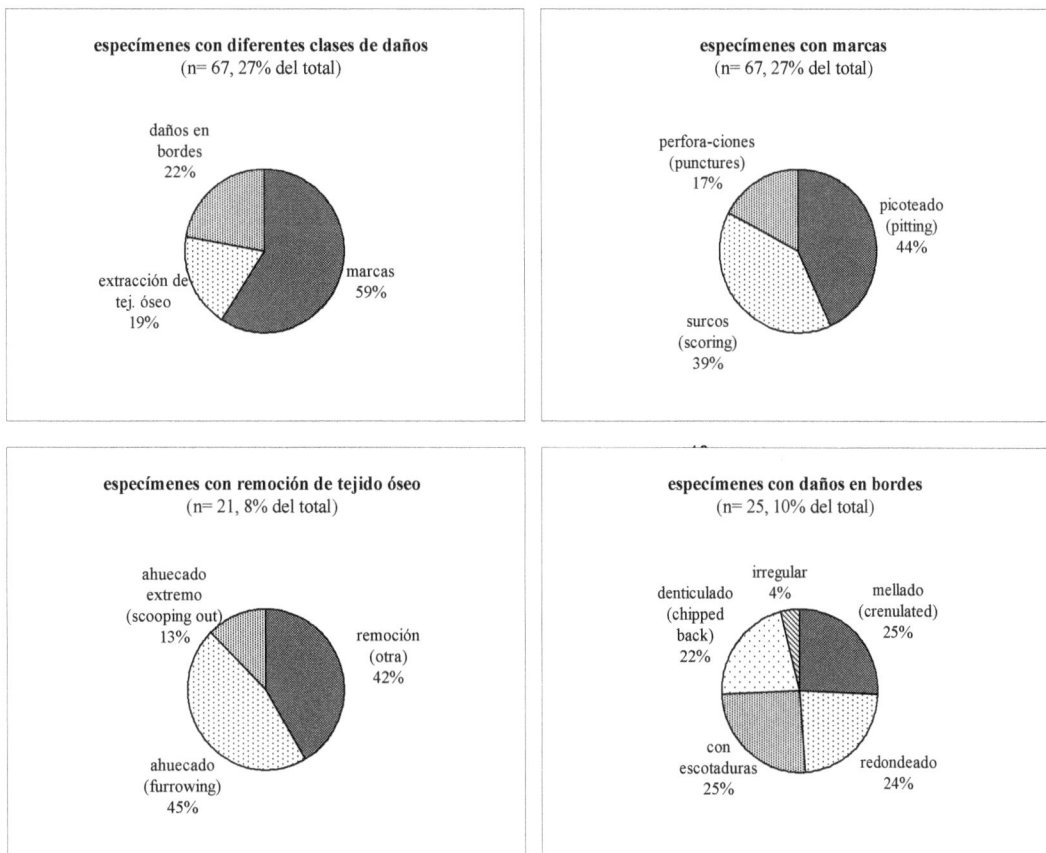

Figura 5a. *Clases de daños de carnívoro en todos los taxones*

especímenes con diferentes clases de daños
(n= 14, 16% del total)

daños en bordes 24%
marcas 52%
extracción de tej. óseo 24%

especímenes con marcas
(n= 9, 10% del total)

perfora-ciones (punctures) 33%
picoteado (pitting) 34%
surcos (scoring) 33%

especímenes con remoción de tejido óseo
(n= 4, 5% del total)

remoción (otra) 25%
ahuecado (furrowing) 75%

especímenes con daños en bordes
(n= 4, 5% del total)

denticulado (chipped back) 20%
mellado (crenulated) 40%
con escotaduras 40%

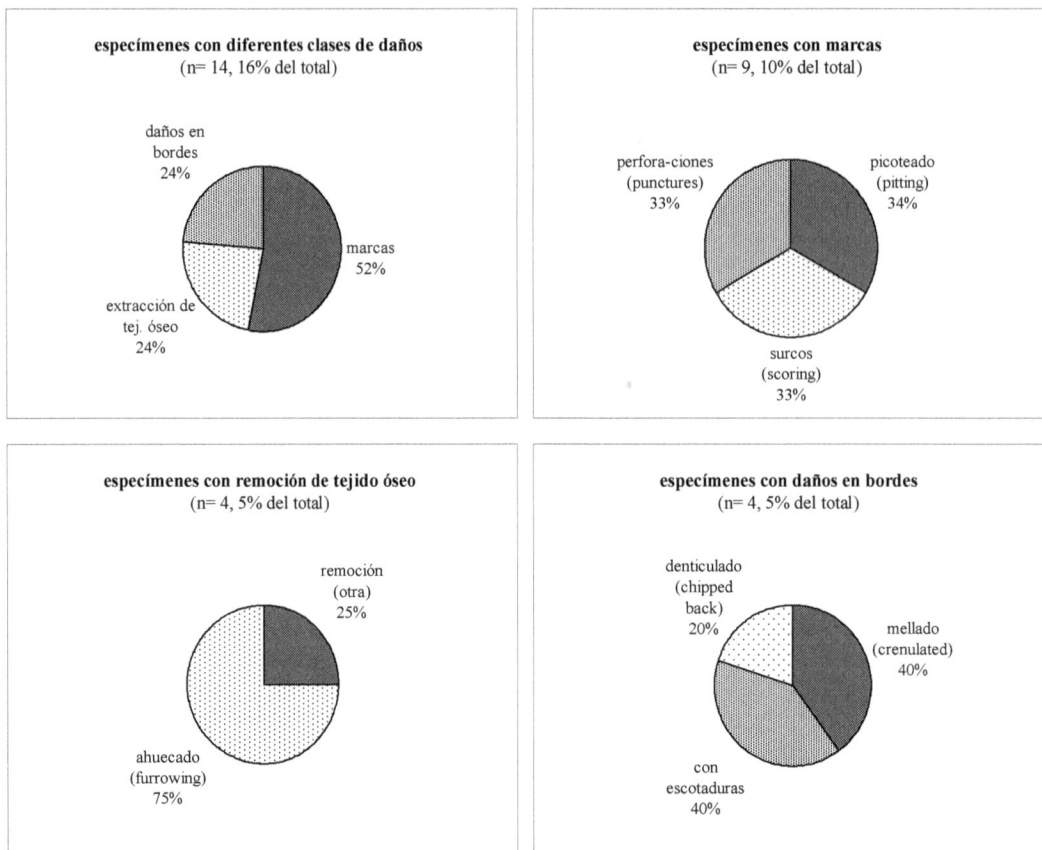

Figura 5b. *Clases de daños de carnívoro en ovicápridos*

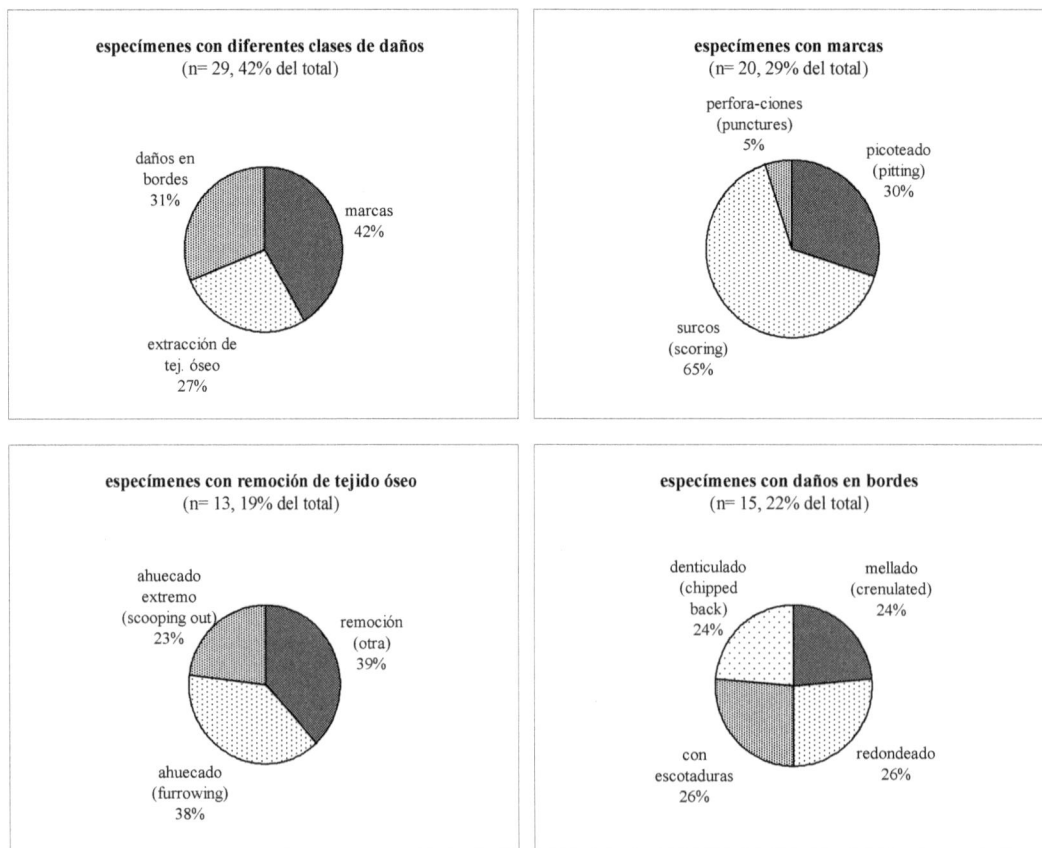

especímenes con diferentes clases de daños
(n= 29, 42% del total)

daños en bordes 31%
marcas 42%
extracción de tej. óseo 27%

especímenes con marcas
(n= 20, 29% del total)

perfora-ciones (punctures) 5%
picoteado (pitting) 30%
surcos (scoring) 65%

especímenes con remoción de tejido óseo
(n= 13, 19% del total)

ahuecado extremo (scooping out) 23%
remoción (otra) 39%
ahuecado (furrowing) 38%

especímenes con daños en bordes
(n= 15, 22% del total)

denticulado (chipped back) 24%
mellado (crenulated) 24%
con escotaduras 26%
redondeado 26%

Figura 5c. *Clases de daños de carnívoro en camélidos*

104

diferencias entre ovicápridos y camélidos antes mencionadas dan cuenta también de estas variaciones en las clases de daños por mascado. La representación esqueletaria diferencial puede asimismo incidir en ladistribución diferencial de estos daños por taxón: siendo el esqueleto apendicular el más representado por los huesos de camélido, los huesos de este taxón tienden a ser más robustos que los de ovicápridos, y la misma acción de dientes tenderá a dejar en ellos daños más leves. Pero a pesar de estas diferencias, podemos decir que tanto los camélidos como los ovicápridos muestran bajos niveles de daños, como se observa en la Figura 5.

DISCUSIÓN

Se ha buscado caracterizar aquí a los conjuntos de vertebrados sujetos a la acción de carnívoros en abrigos rocosos de la Puna a través de la destrucción y modificaciones óseas. Los resultados obtenidos dan apoyo a la expectativa de bajos niveles de atrición y modificaciones predominantemente leves.

Los bajos niveles de daños observados se relacionan con el hecho de que la destrucción está condicionada por la interacción entre las propiedades estructurales de los huesos y el poder masticatorio de los carnívoros. Si bien muchos predadores generan una destrucción diferencial en función de la estructura de los especímenes óseos (Binford, 1981, Lyman, 1984, entre otros), en la Puna los carnívoros involucrados son de talla pequeña y escasa capacidad destructiva.

La fragmentación en estos conjuntos en general no corresponde a carnívoros, y los patrones de fragmentación tradicionalmente descritos como característicos de los predadores no coinciden con los observados aquí. Por ejemplo, no se registraron cilindros, correlato de uno de los estadios finales de modificación de huesos por estos predadores (Binford, 1981). Más bien, los huesos largos se presentan completos o, en su defecto, predominan los extremos articulares por sobre otros fragmentos, y las proporciones de extremos proximales y distales no son significativamente diferentes. Además, el tamaño de los especímenes analizados es variado, y muchos conservan tejidos blandos y están articulados (incluso partes que se suelen desarticular relativamente temprano). Todo esto indica que la destrucción no ha sido intensa.

Un *test* considerado crítico en este sentido es el coeficiente de correlación de Spearman entre la frecuencia de partes esqueletarias y su densidad estructural, ya que suele mostrar una correlación positiva significativa en madrigueras de carnívoros (ver Lyman, 1984). Esto ha sido atribuido al hecho de que al mascado ejercido en el lugar de aprovisionamiento de presas se suma el de la madriguera, donde además se suman las crías; además allí, al amparo de predadores, los carnívoros tienen más tiempo para mascar los huesos,

mientras que el número y tipos de partes anatómicas son más limitados que en los sitios de obtención de presas o carroña (Binford, 1981; Lyman, 1984, 1994a). Sin embargo, en los conjuntos estudiados casi ningún caso mostró una correlación significativa. Si bien la correlación positiva (aunque no alta) con la densidad ósea en los camélidos de ANSm2 sugiere la posibilidad de una destrucción mediada por la misma, en general estas correlaciones y los demás indicadores mencionados hacen de esta posibilidad algo bastante excepcional en estos conjuntos. Además, en este conjunto específicamente la mayor destrucción aparente pudo haber sido de origen antrópico, agente evidenciado en las modificaciones óseas.

El poblamiento humano de la Puna en el Holoceno implicó en efecto la disponibilidad en sus asentamientos de una nueva fuente predecible de carroña para los carnívoros. Luego del advenimiento del pastoreo y la agricultura, aportó además fuentes predecibles de caza. Además de influir en los taxones y partes consumidos por los carnívoros, ello debió afectar a su destrucción y modificaciones. El acceso previo de humanos a los vertebrados suele implicar un intenso procesamiento de las carcasas, y los nutrientes que quedan disponibles a los carroñeros están condicionados por ello (Blumenschine, 1988, 1995; Blumenschine y Marean, 1993; Selvaggio, 1994; Lupo, 1995; Capaldo, 1997; Domínguez Rodrigo, 1997, 2003a y b; Lupo y O'Connell, 2002; O'Connell y Lupo, 2003). Las diferentes técnicas de preparación de alimentos también influyen (ver, Lupo, 1995, De Nigris, 2001; Church y Lyman, 2003). Los huesos largos fracturados, ya sin médula, cambian su atractivo para los carroñeros, que prefieren entonces los extremos, donde aún queda grasa intra-ósea. Cuando los huesos se hierven, se los fragmenta aún más para su inserción en los recipientes, y los restos quedan despojados de nutrientes, además de alterarse su estructura y resistencia a subsiguientes modificaciones.

La abundancia de taxones de una talla igual o mayor a la de los ovicápridos juvenil-adultos y su integridad anatómica son indicativas del escaso poder destructivo de los carnívoros puneños. Los taxones más pequeños, sin embargo, apenas están representados en los conjuntos acumulados por los carnívoros en los abrigos (o al menos no son identificables como tales). Aunque trasciende los objetivos de este trabajo, cabe mencionarse aquí que estos taxones, principalmente roedores, predominan en cambio dentro de los excrementos, y que se presentan altamente fragmentados, en promedio el 80% de los restos, mientras que su tamaño promedio es de unos 4 mm, aunque la mayoría mide <3 mm (Mondini, 2000, 2004). Es decir, los taxones más pequeños sí abundan en los abrigos, pero casi exclusivamente dentro de las heces que allí se depositaron, ya que son totalmente ingeridos. Ello implica la acción de los dientes más la digestión, y por lo tanto una mayor destrucción.

En suma, en los conjuntos de vertebrados acumulados en los abrigos de la Puna hay un umbral de tamaño de presas/carcasas por sobre el cual la destrucción por los carnívoros no habría afectado a las frecuencias esqueletarias: el de ovicápridos juveniles. Los taxones más pequeños, que en su mayoría son ingeridos y si ingresan lo hacen dentro de excrementos, están considerablemente destruidos. En conjunto, los niveles de destrucción parecen polarizarse entonces en un extremo bajo y otro alto de acuerdo a la talla de los animales involucrados.

En concordancia con la escasa destrucción en los conjuntos de los abrigos, las modificaciones óseas por dientes de carnívoro no son en general muy abundantes y son predominantemente leves. Prevalecen las marcas, y dentro de ellas, las más sutiles o que menos destrucción implican.

Lyman (1993, 1994a) ha sugerido que el efecto acumulativo del mascado en el tiempo está mediado por la densidad. De producirse destrucción, señala este autor, la misma se debería a una mayor intensidad del mascado en los huesos con mayor contenido de grasa y médula (como los extremos de huesos largos), que suelen ser a la vez los menos densos. En mi opinión, la covariación entre partes mascadas y su densidad no es necesariamente esperable, aunque los efectos de la acción de dientes se hayan acumulado en el tiempo. Muchas modificaciones, como los surcos y poceado, prácticamente no implican pérdida de masa ósea, sino meramente una alteración morfológica de la superficie. En esos casos, no hay razón para esperar destrucción alguna. De allí la importancia de distinguir conceptualmente la modificación de la destrucción que pueden ser generadas por los dientes, así como los efectos diferenciales de sus trazas en la forma de marcas *versus* remoción de tejido (que sí implica destrucción). Las fracturas, como las modificaciones superficiales y a diferencia de la remoción, no implican necesariamente destrucción, aunque los fragmentos generados pueden ser tan pequeños que se vuelven "analíticamente ausentes" (Lyman y O'Brien, 1987, Klein, 1989, Lyman, 1994a).

De acuerdo a los casos estudiados, hay dos conjuntos principales de factores que condicionan la variabilidad observada en la obtención, acumulación y destrucción de partes esqueletarias por los carnívoros de la Puna: la relación entre la talla de éstos y la de sus presas o carcasas-fuente y condiciones ecológicas como los bajos niveles de competencia (particularmente interespecífica) entre los predadores (Mondini, 1995, 2001).

La composición taxonómica y anatómica de los conjuntos parece ser función, en parte, del tamaño de los predadores considerados en relación con sus presas y carcasas-fuente. Hay un tamaño óptimo de presas para cada animal, y aquellas demasiado grandes o demasiado pequeñas son subóptimas (Pianka, 1994), por lo que no estarán tan representadas. Además, como vimos, el tamaño corporal de los diferentes taxones consumidos condiciona asimismo los niveles de atrición que sufren.

Por otra parte, la competencia entre carnívoros es uno de los factores que más atención ha recibido en la tafonomía de carnívoros (ver, por ej., Binford, 1981). Sin embargo, no es particularmente importante en nuestra región de estudio, y no parece ser un factor importante en la composición de estos conjuntos y sus modificaciones. De haber sido más importante en el pasado, deberíamos esperar una mayor intensidad en el aprovechamiento de presas y carcasas, con correlatos en los niveles de destrucción y en la frecuencia e intensidad de las modificaciones óseas.

Si bien hay estudios que se centran en estudiar la digestión de huesos por los zorros (Andrews y Evans 1983, Andrews 1990, Stallibrass 1990, Gómez 2000, Guillem Calatayud 2002), estos trascienden los objetivos de este trabajo. Por lo que interesan destacar las investigaciones de Borrero y Martín (en Sudamérica) y Stallibrass, Andrews y Fernández-Jalvo (en Europa), ya que han sido de los pocos investigadores en estudiar tafonómicamente a los zorros. Las clases de modificaciones por zorros de la Patagonia (Borrero, 1988, 1989; Borrero y Martín, 1996) no difieren sustancialmente de las descriptas aquí para las mismas especies en la Puna, aunque algunas de sus propiedades configuracionales presentan divergencias. En la Patagonia también se observaron bajos niveles de destrucción: según Borrero (1989, 1990), no producen una alta relación de cilindros/esquirlas ni una relación sesgada de extremos proximales/distales. Por otra parte, Stallibrass (1984, 1986) analizó huesos de oveja atacados por el zorro común (*Vulpes vulpes*, de *ca.* 5-7 kg) en Inglaterra, huesos sobre los que tuve oportunidad de realizar un relevamiento con fines comparativos. Algunos de los daños relativamente intensos identificados por la autora no están presentes en los conjuntos óseos de la Puna. En Gales, Andrews y Fernández-Jalvo (1997) han observado que la mayor parte de un conjunto de huesos de oveja carroñeados por zorros permanecían intactos, aunque también en este caso se han registrado daños más intensos que los aquí reportados, si bien podrían deberse a la acción ocasional de perros (ver Andrews, 1995, Andrews y Armour-Chelu, 1998). Como vimos, en la Puna las fracturas por lo general no son atribuibles a los carnívoros, y la remoción de tejido óseo suele ser más leve que la descrita para los zorros europeos, aunque esta última no es particularmente intensa en comparación con otros carnívoros, algo también observado por Castel (1999) en un contexto experimental. Estas diferencias pueden relacionarse con la baja intensidad destructiva de los zorros sudamericanos, al menos bajo las condiciones actuales.

Hay básicamente dos clases de situaciones en las que pueden ocurrir los efectos tafonómicos de los pequeños carnívoros: aquella en que son parte de una comunidad de predadores en la que los carnívoros más grandes y/o con un mayor poder masticatorio son comunes, como ocurre por ejemplo en buena parte del continente europeo, y aquella en que son dominantes en la comunidad, como ocurre en buena parte del Cono Sur sudamericano.

En el primer caso, los efectos de la acción de los grandes predadores han tendido a oscurecer la percepción de la incidencia de los más pequeños (Stallibrass, 1990, Lyman, 1994a). Esta no debe sin embargo descartada, entre otras cosas porque en algunos momentos y/o puntos del espacio pudo ser incluso predominante, como es el caso de la fauna del Solutrense de Combe Saunière (Castel, 1999). Además, los efectos tan conspicuos de hienas, lobos y otros carnívoros no deben impedirnos tener en cuenta toda la variabilidad de la acción tafonómica generada por los diferentes miembros de la comunidad de predadores.

En la segunda situación, estas consideraciones son aún más importantes. En regiones como la Puna, la importación de modelos de contextos donde la acción de los carnívoros es más destructiva nos ha hecho pensar a veces que ha habido una baja incidencia de carnívoros en el registro fósil, cuando en realidad tales inferencias no estaban garantizadas. Como aquí la acción de los carnívoros es más tenue, ésta pudo ser incluso relativamente importante aún cuando los niveles de daños no sean comparables a los de los modelos aplicados.

Las modificaciones y destrucción de huesos pueden ser estudiadas en sí, o como indicadores (*proxy*) de cuán importante ha sido la incidencia de carnívoros, incluyendo a todos sus efectos, en un conjunto dado. En el último caso, ha de tenerse en cuenta que los carnívoros no sólo modifican huesos y generan destrucción, sino que también pueden aportar o sustraer huesos de depósitos preexistentes y alterar su disposición espacial, aún cuando no generen importantes daños en los mismos. Esto es particularmente importante en las madrigueras, donde además de la acción de carnívoros adultos debemos tener en cuenta la de las crías.

Los bajos niveles de daños que producen los carnívoros de la Puna pueden hacer poco "visible" su intervención. Y esto podría llevar, equívocamente, a inferir una baja incidencia de carnívoros donde en realidad fue importante. Por ello es importante usar múltiples líneas independientes de evidencia en estas investigaciones, tal como impulsaran Gifford-Gonzalez (1991) y Behrensmeyer (1991, 1993), entre otros. Es importante no basarse exclusivamente en la intensidad de las marcas de dientes y demás daños de carnívoro para estimar su intervención. A pesar del tradicional énfasis en estos indicadores, hoy sabemos que estas modificaciones pueden ser tanto sutiles como poco frecuentes. La manera metodológicamente más productiva de evaluar estos procesos tafonómicos es a través del manejo simultáneo de diferentes líneas de evidencia.

CONCLUSIONES

Se estudiaron conjuntos de vertebrados afectados por carnívoros en abrigos rocosos de la Puna, y se evaluaron la destrucción de partes esqueletarias y las modificaciones óseas. Los conjuntos están compuestos principalmente por artiodáctilos. Los esqueletos de ovicápridos se presentan bastante completos, y los camélidos están más representados por las extremidades.

Los huesos no han sufrido importantes procesos destructivos, ni por la acción de dientes de carnívoro ni por otros agentes. Hay partes esqueletarias tanto de alta como de baja densidad estructural. Sólo en un caso (camélidos de ANSm2) la frecuencia de partes se correlaciona con su densidad, pero este sesgo está más probablemente relacionado con el hecho que los humanos accedieron previamente a los huesos. Asimismo, las modificaciones óseas son relativamente poco frecuentes, afectando a poco más de la cuarta parte de los huesos y leves, donde predominan los surcos y poceado, las marcas más sutiles.

Podemos concluir que la acción de los carnívoros en esta parte del mundo es diferente de aquella registrada en otras regiones, donde la mayor talla de muchas especies, el hecho de que a menudo son predadores sociales y/o condiciones de mayor competencia hacen que sus efectos en los conjuntos de vertebrados sean mucho más intensivos. En la Puna en cambio predominan los carnívoros de tamaño pequeño, y esto parece condicionar muchos de los patrones tafonómicos observados. No sólo son importantes las características de los carnívoros en sí, sino también las de las interacciones bióticas de las que participan, y en la Puna la competencia no es un factor tan determinante como lo es en otras regiones.

Como vimos, la información disponible sobre la tafonomía de pequeños carnívoros es todavía escasa. Esta investigación ha buscado hacer un aporte en este sentido, aunque aún queda mucho por hacer.

AGRADECIMIENTOS

Quisiera expresar mi agradecimiento a Eduardo Corona-M. por la invitación a participar de este volumen. Estos resultados son derivados de mi tesis doctoral en Arqueología en la Universidad de Buenos Aires (2003) y del trabajo para el Diploma de Estudios Avanzados en Paleontología de la Universidad Autónoma de Madrid (2004). Para escribir el trabajo he contado con un Subsidio para la Reinstalación de Becarios Externos de la Fundación Antorchas.

BIBLIOGRAFÍA CITADA

Andrews, P. 1990. *Owls, Caves and Fossils.* University of Chicago Press, Chicago.
Andrews, P. 1995. Experiments in taphonomy. *Journal of Archaeological Science,* 22:147-152.

Andrews, P. y E. N. Evans 1983. Small mammal bone accumulations produced by mammalian carnivores. *Paleobiology,* 9:289-307.

Andrews, P. y M. Armour-Chelu 1998. Taphonomic observations on a surface bone assemblage in a temperate environment. *Bulletin de la Société Géologique de France,*169:433-442.

Andrews, P. y Y. Fernández-Jalvo 1997. Surface modifications of the Sima de los Huesos fossil humans. *Journal of Human Evolution,* 3:191-217.

Baied, C. y J. Wheeler 1993. Evolution of High Andean Puna ecosystems: environment, climate, and culture change over the last 12,000 years in the Central Andes. *Mountain Research and Development,* 13:145-156.

Behrenseyer, A. K. 1975. The taphonomy and paleoecology of Plio-Pleistocene vertebrate assemblages east of Lake Rudolf, Kenya. *Bulletin of the Museum of Comparative Zoology,* 146:473-578.

Behrensmeyer, A.K. 1991. Terrestrial vertebrate accumulations. Pp: 291-335, *in: Taphonomy: Releasing the Data Locked in the Fossil Record* (P. A. Allison y D. E. G. Briggs, eds.). Plenum Press, New York.

Behrensmeyer, A.K. 1993. Discussion: noncultural processes. Pp. 342-348, *in: From Bones to Behavior.* (J. Hudson, ed.). Center for Archaeological Investigations, University of Carbondale, Southern Illinois.

Behrensmeyer, A. K. y S. M. Kidwell 1985. Taphonomy's contribution to paleobiology. *Paleobiology,* 11:105-119.

Berta, A. 1987. Origin, diversification, and zoogeography of the South American Canidae. Pp: 455-471, *in: Studies in Neotropical Mammalogy: Essays in Honor of Philip Hershkovitz* (B. D. Patterson y R. M. Timm, eds.). Fieldiana Zoology, New Series 39.

Berta, A. 1988. *Quaternary Evolution and Biogeography of the Large South American Canidae (Mammalia: Carnivora).* Geological Science, Vol. 132. University of California Press, Berkeley.

Binford, L. R. 1978. *Nunamiut ethnoarchaeology.* Academic Press, New York.

Binford, L. R. 1981. *Bones. Ancient Men and Modern Myths.* Academic Press, New York.

Binford, L. R. 1984. *Faunal Remains from Klasies River Mouth.* Academic Press, Orlando.

Binford, L. R. y J. B. Bertram 1977. Bone frequencies and attritional processes. Pp: 77-153, *in: For Theory Building in Archaeology* (L. R. Binford, ed.). Academic Press, New York.

Blumenschine, R. J. 1988. An experimental model of the timing of hominid and carnivore influence on archaeological bone assemblages. *Journal of Archaeological Science,* 15:483-502.

Blumenschine, R. J. 1995. Percussion marks, tooth marks, and experimental determinations of the timing of hominid and carnivore condition, consumer processing and resulting damage access to long bones at FLK Zinjanthropus, Olduvai Gorge, Tanzania. *Journal of Human Evolution,* 29:21-51.

Blumenschine, R. J. y C. W. Marean 1993. A carnivore's view of archaeological bone assemblages. Pp: 273-300, *in: From Bones to Behavior: Ethnoarchaeological and Experimental Contributions to the Interpretation of Faunal Remains* (J. Hudson, ed.). Center for Archaeological Investigations. Southern Illinois University, Carbondale.

Blumenschine, R. J., C. W. Marean y S. D. Capaldo 1996. Blind tests of inter-analyst correspondence and accuracy in the identification of cut marks, percussion marks, and carnivore tooth marks on bone surfaces. *Journal of Archaeological Science,* 23:493-507.

Bonnichsen, R. 1979. Bone alterations by biological and geological agencies. Pp: 16-34, in: *Pleistocene Bone Technology in the Beringian Refugium,* Archaeological Survey of Canada, Ottawa.

Borrero, L. A. 1988. Estudios tafonómicos en Tierra del Fuego: su relevancia para entender procesos de formación del registro arqueológico. Pp: 13-32, *in: Arqueología Contemporánea Argentina. Actualidad y Perspectivas* (H. D. Yacobaccio, ed.). Ediciones Búsqueda, Buenos Aires.

Borrero, L. A. 1989. Sites in action: the meaning of guanaco bones in Fueguian archaeological sites. *ArchaeoZoologia,* III(1-2):9-24.

Borrero, L. A. 1990. Taphonomy of guanaco bones in Tierra del Fuego. *Quaternary Research,* 34:361-371.

Borrero, L. A. y F. M. Martín 1996. Tafonomía de carnívoros: un enfoque regional. Pp: 189-206, in: *Arqueología. Sólo Patagonia* (J. Gómez Otero, ed.). CENPAT (CONICET), Puerto Madryn.

Brain, C. K. 1969. The contribution of Namib Desert Hottentots to an understanding of australopithecine bone accumulations. *Scientific Papers of the Namib Desert Research Station,* 39:13-22.

Brain, C. K. 1981. *The Hunters or the Hunted? An Introduction to African Cave Taphonomy.* University of Chicago Press, Chicago.

Braun, J. K. y M. M. Díaz 1999. Key to the native mammals of Catamarca Province, Argentina. *Occasional Papers of the Oklahoma Museum of Natural History,* 4:1-16.

Cabrera, A. 1957-1960. Catálogo de los mamíferos de América del Sur. *Revista del Museo Argentino de Ciencias Naturales "Bernardino Rivadavia" e Instituto de Investigación de las Ciencias Naturales,* Ciencias Zoológicas, Tomo IV, N° 1-2.

Cabrera A. y A. Willink 1980. *Biogeografía de América Latina* (2da. edición). Monografía 13, Serie de Biología. Secretaría General de la OEA, Programa Regional de Desarrollo Científico y Tecnológico, Washington D.C.

Capaldo, S. D. 1997. Experimental determinations of carcass processing by Plio-Pleistocene hominids and carnivores at FLK 22 (Zinjanthropus), Olduvai Gorge, Tanzania. *Journal of Human Evolution,* 33:555-597.

Capaldo, S. D. y R. J. Blumenschine 1994. A quantitative diagnosis of notches made by hammerstone percussion and carnivore gnawing on bovid long bones. *American Antiquity,* 59:724-747.

Carlson, K. J. y T. R. Pickering 2003. Intrinsic qualities of primate bones as predictors of skeletal element representation in modern and fossil carnivore feeding assemblages. *Journal of Human Evolution,* 44:431-450.

Carlson, K. J. y T. R. Pickering 2004. Shape-adjusted bone mineral density measurements in baboons: other factors explain primate skeletal element representation at Swartkrans. *Journal of Archaeological Science,* 31:577-583.

Castel, J.-C. 1999. Le rôle des petits carnivores dans la constitution et l'évolution des ensembles archéologiques du Paléolithique supérieur. L'exemple du Solutréen de Combe Saunière, Dordogne, France. *Anthropozoologica,* 29:33-54.

Church, R. R. y R. L. Lyman 2003. Small fragments make small differences in effciency when rendering grease from fractured artiodactyl bones by boiling. *Journal of Archaeological Science,* 30:1077-1084.

De Nigris, M. E. 2001. Perfiles anatómicos, prácticas de consumo y carnívoros. *Actas del XIV Congreso Nacional de Arqueología Argentina* (Rosario, septiembre 2001). En prensa.

Domínguez-Rodrigo, M. 1997. Meat-eating by early hominids at the FLK Zinjanthropus Site, Olduvai Gorge (Tanzania): an experimental approach using cut-mark data. *Journal of Human Evolution,* 33:669-690.

Domínguez-Rodrigo, M. 2003a. On cut marks and statistical inferences: methodological comments on Lupo & O'Connell (2002). *Journal of Archaeological Science,* 30:381-386.

Domínguez-Rodrigo, M. 2003b. Bone surface modifications, power scavenging and the "display" model at early archaeological sites: a critical review. *Journal of Human Evolution,* 45:411-415.

Durán, J. C., P. E. Cattan y J. L. Yáñez 1987. Food habits of foxes (*Canis* sp.) in the Chilean National Chinchilla Reserve. *Journal of Mammalogy,* 68:179-181.

Elkin, D. C. 1995. Volume density of South American camelids skeletal parts. *International Journal of Osteoarchaeology,* 5:29-37.

Elkin, D. C. 1996. *Arqueozoología de Quebrada Seca 3: indicadores de subsistencia humana temprana en la Puna Meridional Argentina.* Tesis de Doctorado. Universidad de Buenos Aires (Facultad de Filosofía y Letras), Buenos Aires.

Elkin, D. y M. Mondini 2001. Human and small carnivore gnawing damage on bones. An exploratory study and its archaeological implications. Pp: 255-265, in: *Ethnoarchaeology of Andean South America: Contributions to Archaeological Method and Theory* (L. A. Kuznar, ed.). International Monographs in Prehistory, Ann Arbor.

Erlich de Yoffe, A., J. A. Crespo, O. Castillo, G. Carrizo, M. A. Palermo y B. Marchetti 1985. Los zorros.

Fauna Argentina Vol. 5. Centro Editor de América Latina, Buenos Aires.

Fernández-Jalvo, Y., B. Sánchez-Chillón, P. Andrews, S. Fernández-López y L. Alcalá Martínez 2002. Morphological taphonomic transformations of fossil bones in continental environments, and repercussions on their chemical composition. *Archaeometry,* 44:353-361.

Fisher, J. 1995. Bone surface modifications in zooarchaeology. *Journal of Archaeological Method and Theory,* 2:7-68.

Franklin, W. L. 1982. Biology, ecology, and relationship to man of the South American camelids. Pp. 457-489, in: *Mammalian Biology in South America* (M. A. Mares y H. H. Genoways, eds.). University of Pittsburgh, Linesville.

Fuentes, E. R. y F. M. Jaksic. 1979. Latitudinal size variation of Chilean foxes: tests of alternative hypotheses. *Ecology,* 60:43-47.

Gifford, D. P. 1981. Taphonomy and paleoecology: a critical review of archaeology's sister disciplines. Vol. 4. Pp: 365-438, in: *Advances in Archaeological Method and Theory* (M. B. Schiffer, ed.), Academic Press, New York.

Gifford-Gonzalez, D. 1991. Bones are not enough: analogues, knowledge, and interpretive strategies in zooarchaeology. *Journal of Anthropological Archaeology,* 10:215-254.

Ginsberg, J. R. y D. W. MacDonald (comp.) 1990. *Foxes, Wolves, Jackals, and Dogs. An Action Plan for the Conservation of Canids.* IUCN/SSC, Gland.

Gómez, G. N. 2000. *Análisis tafonómico y paleoecológico de los micro y mesomamíferos del sitio arqueológico de Arroyo Seco 2 (Buenos Aires, Argentina) y su comparación con la fauna actual.* Tesis Doctoral. Universidad Complutense de Madrid (Departamento de Biología Animal I, Facultad de Ciencias Biológicas), Madrid.

Grayson, D. K. 1984. *Quantitative Zooarchaeology. Topics in the Analysis of Archaeological Faunas.* Academic Press, Orlando.

Guillem Calatayud, P. M. 2002. *Vulpes vulpes* as a producer of small mammal bone concentrations in karstic caves. Archaeological implications. Pp. 481-489, in: *Current Topics on Taphonomy and Fossilisation* (M. De Renzi, M. V. Pardo Alonso, M. Belinchón, E. Peñalver, P. Montoya y A. Márquez Aliaga, eds.), Ajuntament de Valencia, Valencia.

Haynes, G. 1983. A guide for differentiating mammalian carnivore taxa for gnaw damage to herbivore limb bones. *Paleobiology,* 9:164-172.

Hill, A. 1989. Bone modification by modern spotted hyenas. Pp: 169-178, in: *Bone Modification* (R. Bonnichsen y M. Sorg, eds.). Center for the Study of the First Americans, University of Maine, Orono.

Ioannidou, E. 2003. Taphonomy of animal bones: species, sex, age and breed variability of sheep, cattle and pig bone density. *Journal of Archaeological Science,* 30: 355-365.

Izeta, A. D. 2005. South American camelid bone structural density: What are we measuring? Comments on data sets, values, their interpretation and application. *Journal of Archaeological Science,* 32:1159-1168.

Jaksic, F. M. 1997. *Ecología de los Vertebrados de Chile.* Ediciones Universidad Católica de Chile (Facultad de Ciencias Biológicas), Santiago.

Jaksic, F. M. y J. A. Simonetti. 1987. Predator/prey relationships among terrestrial vertebrates: an exhaustive review of studies conducted in southern South America. *Revista Chilena de Historia Natural,* 60: 221-244.

Jaksic, F. M., R. P. Schlatter y J. L. Yáñez. 1980. Feeding ecology of central Chilean foxes *Dusicyon culpaeus* and *Dusicyon griseus. Journal of Mammalogy,* 61:254-260.

Jaksic, F. M., J. L. Yáñez y J. R. Rau. 1983. Trophic relationships of the southernmost populations of *Dusicyon* in Chile. *Journal of Mammalogy,* 64:693-697.

Jayat, J. P., R. M. Barquez, M. M. Díaz y P. J. Martinez. 1999. Aportes al conocimiento de la distribución de los carnívoros del Noroeste de Argentina. *Mastozoología Neotrópical,* 6:15-30.

Kidwell, S. M. y K. W. Flessa. 1995. The quality of the fossil record: populations, species, and communities. *Annual Review of Ecology and Systematics,* 26: 269-299.

Klein R.G. 1989. Why does skeletal part representation differ between smaller and larger bovids at Klasies River Mouth and other archaeological sites? *Journal of Archaeological Science,* 16: 363-381.

Lam, Y.M., X. Chen, C.W. Marean y C.J. Frey. 1998. Bone density and long bone representation in archaeological faunas: comparing results from CT and photon densitometry. *Journal of Archaeological Science,* 25: 559-570.

Lam, Y.M., O.M. Pearson, C. W. Mare y X. Chen. 2003. Bone density studies in zooarchaeology. *Journal of Archaeological Science,* 30: 1701-1708.

Langguth, A. 1975. Ecology and evolution in the South American canids. Pp: 192-206, in: *The Wild Canids: Their Systematics, Behavioral ecology, and Evolution* (M. W. Fox), Van Nostrand Reinhold, New York.

Lupo, K. D. 1995. Hadza bone assemblages and hyena attrition: an ethnographic example of the influence of cooking and mode of discard on the intensity of scavenger ravaging. *Journal of Anthropological Archaeology,* 14: 288-314.

Lupo, K. D. y J. F. O'Connell 2002. Cut and tooth mark distributions on large animal bones: ethnoarchaeological data from the Hadza and their implications for current ideas about early human carnivory. *Journal of Archaeological Science,* 29: 85-109.

Lyman R. L. 1984. Bone density and differential survivorship of fossil classes. *Journal of Anthropological Archaeology,* 3: 259-299.

Lyman R. L. 1985. Bone frequencies: differential transport, *in situ* destruction, and the MGUI. *Journal of Archaeological Science,* 12: 221-236.

Lyman, R. L. 1992. Anatomical considerations of utility curves in zooarchaeology. *Journal of Archaeological Science,* 19: 7-22.

Lyman, R. L. 1993. Density-mediated attrition of bone assemblages: new insights. Pp: 324-341, in: *From Bones to Behavior. Ethnoarchaeological and Experimental Contributions to the Interpretation of Faunal Remains* (J. Hudson, ed.). Center for Archaeological Investigations, Southern Illinois University, Carbondale.

Lyman, R. L. 1994a. *Vertebrate Taphonomy.* Cambridge University Press, Cambridge.

Lyman, R. L. 1994b. Quantitative units and terminology in zooarchaeology. *American Antiquity,* 59:36-71.

Lyman, R.L y M. J. O'Brien. 1987. Plow-zone zooarchaeology: Fragmentation and identifiability. *Journal of Field Archaeology,* 14:493-498.

Marean, C. W. y S. Y. Kim. 1998. Mousterian large-mammal remains from Kobeh cave: behavioral implications for Neanderthals and early modern humans. *Current Anthropology* 39(Supplement): 79-113.

Marean, C. W. y L. M. Spencer. 1991. Impact of carnivore ravaging on zooarchaeological measures of element abundance. *American Antiquity,* 56: 645-658.

Mares, M. A., R. A. Ojeda, J. K. Braun y R. M. Bárquez. 1997. Systematics, distribution, and ecology of the mammals of Catamarca Province, Argentina. Pp: 89-141, in: *Life among the muses: papers in honor of James S. Findley* (T. L.Yates, W. L. Gannon y D. E. Wilson, eds.), The Museum of Southwestern Biology, The University of New Mexico, Albuquerque.

Marquet, P. A., L. C. Contreras, J. C. Torres-Mura, S. I. Silva y F. M. Jaksic 1993. Food habits of *Pseudalopex* foxes in the Atacama desert, pre-Andean ranges, and the high Andean plateau of northernmost Chile. *Mammalia,* 57: 130-135.

Marshall, L. G. y R. L. Cifelli 1990. Analysis of changing diversity patterns in Cenozoic land mammal age faunas, South America. *Paleovertebrata,* 19: 169-210.

Martín, F. M. y L. A. Borrero 1997. A puma lair in Southern Patagonia: implications for the archaeological record. *Current Anthropology,* 36: 453-461.

Mengoni Goñalons, G. L. 1982. Notas Zooarqueológicas I: Fracturas en Huesos. *VII Congreso Nacional de Arqueología* (Colonia del Sacramento, 1980), Montevideo. I: 87-91.

Mengoni Goñalons, G. L. 1988a. Análisis de materiales faunísticos de sitios arqueológicos. *Xama,* I:71-120.

Mengoni Goñalons, G. L. 1988b. El estudio de huellas en arqueofaunas: una vía para reconstruir situaciones interactivas en contextos arqueológicos. Aspectos teórico-metodológicos y técnicas de análisis. Pp. 17-28, *in: De Procesos, Contextos y otros Huesos* (N. R. Ratto y A. F. Haber, eds.). Sección Prehistoria,

Instituto de Ciencias Antropológicas, FFyL, Universidad de Buenos Aires, Buenos Aires.

Mengoni Goñalons, G. L. 1999. *Cazadores de Guanaco de la Estepa Patagónica.* Sociedad Argentina de Antropología, Buenos Aires.

Meserve, P. L., E. J. Shadrick y D. A. Kelt. 1987. Diets and selectivity of two Chilean predators in the northern semi-arid zone. *Revista Chilena de Historia Natural,* 60:93-99.

Mondini, M. 1995. Artiodactyl prey transport by foxes in Puna rock shelters. *Current Anthropology,* 36:520-524.

Mondini, M. 2000. Tafonomía de abrigos rocosos de la Puna. Formación de conjuntos escatológicos por zorros y sus implicaciones arqueológicas. *Archaeofauna,* 9: 151-164.

Mondini, M. 2001. Taphonomic action of foxes in Puna rockshelters. A case study in Antofagasta de la Sierra (Province of Catamarca, Argentina). Pp: 266-295, in: *Ethnoarchaeology of Andean South America: Contributions to Archaeological Method and Theory* (L. A. Kuznar, eds.). International Monographs in Prehistory (serie ed. por R. Whallon), Ethnoarchaeological Series 4, Ann Arbor.

Mondini, M. 2003. Modificaciones óseas por carnívoros en la Puna argentina. Una mirada desde el presente a la formación del registro arqueofaunístico. *Mundo de Antes,* 3:87-108 (comentarios por Luis A. Borrero: pp. 109-110).

Mondini, M. 2004. Accumulation of small and large vertebrates by carnivores in Andean South America. Pp: 513-517, in: *Petits Animaux et Sociétés Humaines. Du Complément Alimentaire aux Ressources Utilitaires. Actes des XXIVèmes Rencontres Internationales d'Archéologie et d'Histoire d'Antibes* (J.-P. Brugal y J. Desse, eds.). Éditions APDCA, Antibes.

Mondini, M. 2005. La comunidad de predadores en la Puna durante el Holoceno. Interacciones bióticas entre humanos y carnívoros. *Relaciones de la Sociedad Argentina de Antropología,* XXIX. En prensa.

Moran, N. C. y T. P. O'Connor. 1992. Bones that cats gnawed upon: a case study in bone modification. *Circaea,* 9: 27-30.

Muñoz, S. y M. Mondini. 2005. Long term human/animal interactions and their implications for hunter-gatherer archaeology in South America. Trabajo enviado al volumen *Time and Change: Archaeological and Anthropological Perspectives on the Long Term* (D. Papagianni, R. Layton y H. Maschner, eds.). University of Utah Press, Salt Lake City. En preparación.

Muñoz, S., M. Mondini, V. Durán y A. Gasco 2005. Tafonomía de carnívoros en los Andes de Mendoza, Argentina. Análisis de un sitio de matanza de puma. Pp: 121-122, *in: Abstract volume of 2nd International Meeting TAPHOS'05-4ª Reunión de Tafonomía y Fosilización,* (J. Martinell, R. Domènech y J. M. de Gibert, eds.). Universidad de Barcelona y Fundació "la Caixa". Barcelona.

Nasti, A. 1994-1995. Desarticulación natural y supervivencia de partes anatómicas: tafonomía de vertebrados modernos en medioambientes puneños. *Palimpsesto. Revista de Arqueología,* 4: 70-89.

Nasti, A. 2000. Modification of vicuña carcasses in high-altitude deserts. *Current Anthropology,* 41: 279-283.

Novaro, A. J. 1997. *Dusicyon culpaeus. Mammalian Species* 558:1-8.

Novaro, A. J., M. C. Funes y J. Jiménez 2004. Selection for introduced prey and conservation of culpeo and chilla zorros in Patagonia. *The Biology and Conservation of Wild Canids* (D. W. MacDonald y C. Sillero, eds.). Oxford University Press, Oxford. En prensa.

Nowak, R. M. 1991. *Walker's Mammals of the World* (5° edición). The John Hopkins University Press, Baltimore.

O'Connell, J. F. y K. D. Lupo 2003. Reply to Dominguez-Rodrigo. *Journal of Archaeological Science* 30:387-390.

O'Connor, T. 2000. *The Archaeology of Animal Bones.* Texas A&M University Press, Texas.

Ojeda, R. A., C. E. Borghi y V. G. Roig 2002. Mamíferos de Argentina. Pp. 23-63, *in: Diversidad y Conservación de los Mamíferos Neotropicales* (G. Ceballos y J. A. Simonetti, eds.). CONABIO e Instituto de Ecología-UNAM. México.

Olrog, C. C. y M. M. Lucero 1981. *Guía de los Mamíferos Argentinos.* Ministerio de Cultura y Educación, Fundación Miguel Lillo, Tucumán.

Palmqvist, P., M. De Renzi y A. Arribas 2002. Taphonomic analysis as a source of paleobiologic information. Pp. 49-58, *in: Current Topics on Taphonomy and Fossilisation* (M. De Renzi, M. V. Pardo Alonso, M. Belinchón, E. Peñalver, P. Montoya y A. Márquez Aliaga, eds.). Ajuntament de Valencia, Valencia.

Pia, M. V., M. S. López y A. J. Novaro 2003. Effects of livestock on the feeding ecology of endemic culpeo foxes (*Pseudalopex culpaeus smithersi*) in central Argentina. *Revista Chilena de Historia Natural* 76:313-321.

Pianka, E. R. 1994. *Evolutionary Ecology* (5th edition). Harper Collins College Publishers, New York.

Redford, K. H. y J. F. Eisenberg 1992. *Mammals of the Neotropics.* Vol. 2: The Southern Cone. Chile, Argentina, Uruguay, Paraguay. The University of Chicago Press, Chicago.

Rogers, A. R. 2000. On the value of soft bones in faunal analysis. *Journal of Archaeological Science* 27:635-639.

Santoro, C. M. y L. Núñez 1987. Hunters of the Dry Puna and the Salt Puna in Northern Chile. *Andean Past* 1:57-109.

Selvaggio, M. M. 1994. Carnivore tooth marks and stone tool butchery marks on scavenged bones: archaeological implications. *Journal of Human Evolution* 27:215-228.

Shipman, P. 1981. *Life History of a Fossil: an Introduction to Taphonomy and Paleoecology.* Harvard University Press, Cambridge.

Silveira, M. J. y M. M. Fernández 1988. Huellas y marcas en el material óseo de Fortín Necochea. pp. 45-52, *in: De Procesos, Contextos y otros Huesos* (N. R. Ratto y A. F. Haber, eds.). Sección Prehistoria-Instituto de Ciencias Antropológicas, FFyL, Universidad de Buenos Aires, Buenos Aires.

Simonetti, J. A. 1986. Human-induced dietary shift in *Dusicyon culpaeus. Mammalia* 50:406-408.

Stahl, P. W. 1999. Structural density of domesticated South American camelid skeletal elements and the archaeological investigation of prehistoric Andean *ch'arki. Journal of Archaeological Science* 26:1347-1368.

Stallibrass, S. 1984. The distinction between the effects of small carnivores and humans on post-glacial faunal assemblages. Pp. 259-269, *in: Animals and archaeology, Vol. 4: Husbandry in Europe* (C. Grigson y J. Clutton-Brock, eds.). British Archaeological Reports, International Series 227, Oxbow Books, Oxford.

Stallibrass, S. 1986. *Some taphonomic effects of scavenging canids on the bones of ungulate species. Some actualistic research and a Romano-British case study.* PhD Thesis. University of Sheffield, Sheffield.

Stallibrass, S. 1990. Canid damage to animal bones: two current lines of research. Pp. 151-165, *in: Experimentation and Reconstruction in Environmental Archaeology* (D. E. Robinson, ed.), Oxbow Books, Oxford.

Stiner, M. C. 1991. Food procurement and transport by human and non-human predators. *Journal of Archaeological Science* 18:455-482.

Stiner, M. C. 1994. *Honor among Thieves. A Zooarchaeological Study of Neanderthal Ecology.* Princeton University Press, Princeton.

Stiner, M.C. 2002. On *in situ* attrition and vertebrate body part profiles. *Journal of Archaeological Science* 29:979-991.

Symmons, R. 2004. Digital photodensitometry: a reliable and accessible method for measuring bone density. *Journal of Archaeological Science* 31:711-719.

Troll, C. 1958. Las culturas superiores andinas y el medio geográfico. *Revista del Instituto de Geografía* 5. Universidad Mayor de San Marcos, Lima.

Webb, S. D. 1985. Late Cenozoic mammal dispersals between the Americas. Pp. 357-386, *in: The Great American Biotic Interchange* (F. G. Stehli y S. D. Webb, eds.). Plenum Press, New York.

White, T.D. 1992. *Prehistoric Cannibalism at Mancos 5MTUMR-2346.* Princeton University Press. Princeton.

El análisis de excretas desde la etología y la arqueozoología. El caso del lobo ibérico

Isabel Barja Núñez[1] y Eduardo Corona-M.[2]

[1]Departamento de Biología, Unidad Zoología, Universidad Autónoma de Madrid, 28049 Madrid. (isabel.barja@uam.es) y
[2] Laboratorio de Arqueozoología, Instituto Nacional de Antropología e Historia. Moneda 16, Col. Centro, México, D.F., 06060 México. (ecoroma@correo.unam.mx)

RESUMEN

En éste trabajo se muestra estudio de los restos óseos obtenidos en excretas del lobo ibérico (*Canis lupus signatus*) y sus implicaciones para dos disciplinas biológicas. Para la etología, el método aplicado contribuye al conocimiento del comportamiento trófico y se puede hacer extensivo al estudio del comportamiento de los carnívoros. Para la paleobiología los resultados obtenidos, junto con los datos sobre el comportamiento de la especie, pueden ser útiles para construir modelos tafonómicos, en particular para interpretar los contextos paleolíticos, donde el lobo pudo ser un importante competidor del humano.
Palabras clave: Tafonomía, lobo, comportamiento trófico, arqueozoología, España

ABSTRACT

This work shows the analysis of bone remains yielded on scats of Iberian wolf (*Canis lupus signatus*), and their implications for two biological disciplines. For ethology, the method applied contributes to the knowledge of the trophic behaviour, and could be extensive to the research on carnivore behaviour. For the Paleobiology, the results along with wolf behavioural data could be useful to construct taphonomic models, particularly important in order to analyse localities of Palaeolithic context, where the wolf could be an important adversary of the human people.
Keywords: Taphonomy, wolf, trophic behaviour, archaeozoology, Spain

INTRODUCCIÓN

Desde antiguo nuestros antepasados para obtener alimento y protección frente a potenciales depredadores requerían de algunas nociones sobre el comportamiento de los animales. La aparición de la agricultura y la domesticación supusieron el manejo de rebaños, la lucha contra las plagas y el entrenamiento de los animales de carga. Todo esto condujo a la adquisición de nuevos conocimientos sobre los animales, obtenidos por ensayo-error y trasmitidos en forma de tradiciones a las distintas generaciones, adquiriendo así un buen conocimiento práctico del comportamiento de algunos de ellos, y por tanto una mayor eficacia como cazadores, pescadores y ganaderos (Guillén-Salazar, 1996).

A partir de estos conocimientos empíricos surge la Etología hacia la segunda mitad del siglo XIX. Siendo éste un campo multidisciplinario cuya tarea es estudiar desde los actos observables más simples, denominados "pautas de conducta", así como las tácticas o estrategias que configuran las soluciones que un animal adopta ante un problema (Carranza, 1994). Este conocimiento puede ser aplicado en el estudio de la fauna actual en caso como las historias de vida, dinámicas de depredación, entre otros.

También esta información puede proyectarse hacia el pasado, aunque su uso no sea generalizado. En particular, el conocimiento etológico de los carnívoros, puede convertirse en un elemento clave que auxilie en la interpretación de los contextos arqueozoológicos, debido a la información que proporciona sobre la depredación y el comportamiento trófico de este grupo animal. En tal sentido, dentro de los estudios paleobiológicos es la tafonomía, quién más se ve beneficiada con estos datos, al ser esta la disciplina responsable de interpretar el conjunto tafogénico puesto que en algunos contextos es imprescindible diferenciar el origen de los restos entre los se originan por la actividad de los carnívoros de aquellos producidos por los seres humanos. (Fernández López, 2000).

Este tipo de criterios tafonómicos comienzan a aplicarse en el estudio de contextos prehistóricos, principalmente en África, donde se encuentran las evidencias más tempranas de seres humanos. Muchos de los estudios se centran en el papel que han jugado las hienas como agentes acumuladores (Bershmeyer y Hill, 1980; Binford, 1981; Brain, 1981). Sin embargo, posteriormente se han efectuado estudios en América con otros carnívoros como el lobo (Binford, 1981) y el coyote (Schmitt y Juel, 1994), o la comparación entre distintos carnívoros, incluido el perro (Haynes, 1983). En Sudamérica destacan los trabajos con puma y zorro (Nasti, 1996; Mondini, 2000). En otras regiones iberoamericanas este tipo de comparativos tafonómicos no ha captado la atención de los investigadores de contextos prehistóricos y prácticamente el único antecedente conocido es el que efectúo Nadal (1996) sobre el comportamiento depredatorio de lobo en España, aunque éste fue observado en cautiverio.

Algunas de las vertientes que se han adoptado en este tipo de estudios son, analizar los restos que se recuperan en los excrementos, los patrones de matanza, desmembración y dispersión de las presas así como los restos esqueléticos que sobreviven en las carcasas. De

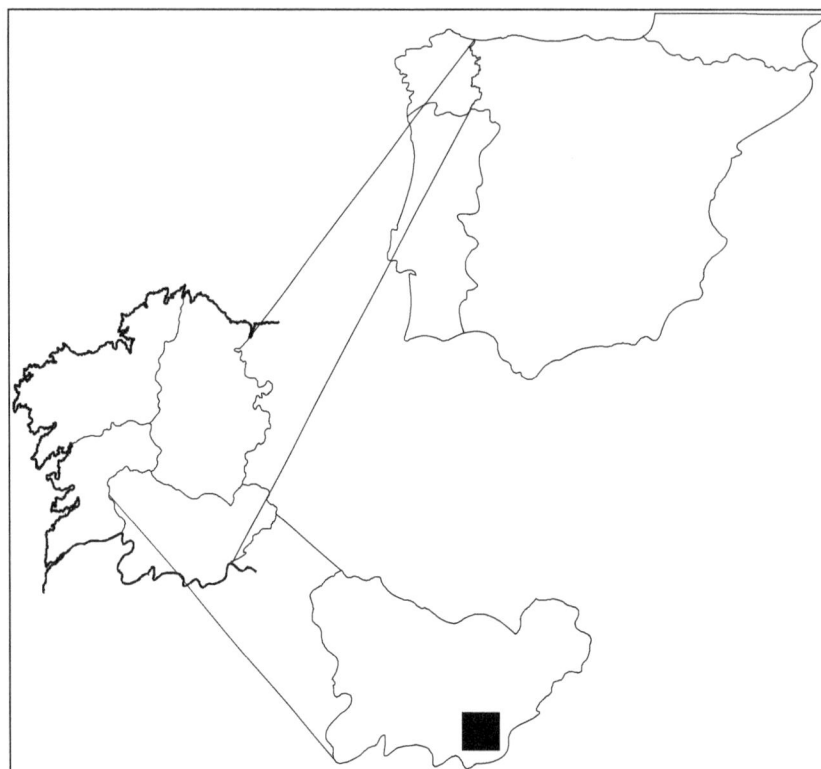

Figura 1. Situación geográfica del área de estudio.

manera general se han logrado establecer algunos criterios macroscópicos que se utilizan en el análisis, como son: cuantificar el número de restos óseos e identificar las características de los huesos que aparecen en los excrementos de los carnívoros, como son el tamaño de los fragmentos óseos, las alteraciones debidas a los procesos digestivos (pulido superficial, cambios de coloración e incremento de la porosidad), así como punciones originadas por la acción de masticar.

Desde la perspectiva de la Etología, los estudios sobre el comportamiento trófico de los carnívoros no son nuevos, aunque actualmente siguen siendo de gran interés (Ruehe *et al.*, 2003, Barja *et al.*, 2004, 2005; Sayoko *et al.*, 2004; Prugh, 2005). El método común para establecer sus hábitos alimentarios es el de identificar las especies presa mediante el análisis microscópico de los pelos que aparecen en las excretas. Sin embargo, consideramos que tanto la Etología como la Arqueozoología pueden profundizar en el intercambio de métodos de estudios para ampliar la información que se obtiene y producir modelos tafonómicos y de comportamiento más sólidos.

En el presente trabajo presentamos los primeros resultados del estudio de los restos de presas de lobo ibérico obtenidos en excretas, centrándonos en la identificación y el establecimiento de la edad relativa mediante el reconocimiento osteológico. Estos elementos nos permiten hacer un ejercicio comparativo con algunos de los estudios que se han efectuado en otros carnívoros. Pensamos que también Puede aportar información para la elaboración de un modelo tafonómico para diferenciar el

consumo de presas por humanos y carnívoros, aplicable en el análisis de contextos Paleolíticos, donde el lobo pudo ser un competidor importante del ser humano. Además, este estudio nos permite mostrar en términos prácticos, como dos disciplinas aparentemente distintas en sus objetivos inmediatos encuentran puntos en común al estudiar el comportamiento de los carnívoros.

ÁREA DE ESTUDIO Y MÉTODOS APLICADOS

El área de estudio se encuentra situada en Galicia al noroeste de España y ocupa una superficie de 11.900 ha, de las cuales 5.722 constituyen el Parque Natural de los Montes do Invernadeiro (Figura 1). La altitud de la zona oscila entre 880 m y 1705 m. De topografía accidentada, las sierras presentan un relieve escarpado con inclinaciones fuertes. El clima combina influencias atlánticas (alta precipitación anual, abundantes nevadas y temperaturas bajas en invierno) y mediterráneas (escasas precipitaciones y altas temperaturas estivales). La temperatura media anual oscila entre 2,6 °C y 21 °C. Los Montes do Invernadeiro se sitúan en la zona difusa de conexión entre las regiones fitogeográficas Mediterránea y Eurosiberiana. Esto se manifiesta en la alternancia de comunidades vegetales mediterráneas con bosques relictos atlánticos. El matorral ocupa la mayor parte del área y el bosque caducifolio autóctono subsiste en los valles y vaguadas. La zona cuenta con una rica y variada comunidad de carnívoros. También son abundantes los ungulados silvestres, como jabalí (*Sus scrofa*), corzo (*Capreolus capreolus*) y ciervo (*Cervus elaphus*), que constituyen la base alimenticia del lobo.

Para algunos carnívoros, las cuevas y los abrigos rocosos son lugares favorables que usan con frecuencia como sitios de descanso, refugio y consumo de presas, principalmente. Por tanto, son emplazamientos donde frecuentemente se acumula gran cantidad de restos óseos de las presas. En el caso de otros carnívoros como el lobo, la localización de los restos de ungulados salvajes y domésticos capturados requiere de una búsqueda más azarosa en las zonas ocupadas por la especie. Para la detección de las excretas de lobo el conocimiento de los patrones de señalización olorosa con heces resulta de vital importancia. Varios estudios han puesto de manifiesto que el lobo selecciona sustratos llamativos y puntos estratégicos del territorio, como son los cruces de caminos, para depositar sus heces (Peters y Mech, 1975; Vilà et al., 1994; Barja, 2001). Estas zonas se pueden considerar letrinas más o menos difusas (Macdonald, 1980), y, por tanto, zonas adecuadas para la recolección de muestras.

Las heces de lobo cumplen un importante papel en la comunicación olorosa, tanto de la manada residente como de las manadas vecinas (Peters y Mech, 1975), y parecen ser las responsables del espaciamiento territorial de los grupos (Mech, 1970; Rothman y Mech, 1979). Por tanto, los excrementos no se recolectaron para no interferir en el comportamiento de señalización olorosa de las poblaciones de lobo presentes en el área de estudio. Cada vez que se detectaba un excremento se deshacía in situ con unas pinzas y se recolectaban todos los restos óseos que contenía. Todas las muestras fueron etiquetadas convenientemente y llevadas al laboratorio para su posterior análisis. Cabe señalar que la discriminación de los excrementos de lobo de los de otros carnívoros presentes en la zona, con los que podían confundirse, se basó principalmente en su morfología, tamaño y contenido (Barja, 2001).

En la mayoría de los estudios efectuados sobre la alimentación del lobo las presas fueron identificadas mediante el análisis de los patrones cuticulares del pelo que aparece en sus excrementos (por ejemplo: Llaneza et al., 2000; Roque et al., 2001). Se parte de la idea de que dichos patrones varían entre las distintas especies de mamíferos (Faliu et al., 1980; Teerink, 1991), sin embargo, la identificación no siempre resulta fácil.

En este caso se consideró el uso de un método complementario y que puede resultar más eficaz, ya que proporciona más información de las presas consumidas. Este proviene de la metodología arqueozoológica tradicional, que consiste en la identificación de los restos óseos, estableciendo la pieza anatómica, la porción del fragmento que se tiene (proximal, media o distal). La edad relativa del individuo, que en este caso se dividió en dos categorías: juvenil y adulto, y se estableció de acuerdo con el estado de fusión de la línea epifisiaria. Para la determinación de especie se utilizaron referencias osteológicas generales (Schmidt, 1972; Hillson, 1992), además, de su comparación con la colección osteológica de referencia, obtenida por Barja a partir de restos de carcasas.

Además de lo anterior en cada resto óseo se tomó la medida del fragmento, así como la descripción de las modificaciones producto del consumo: mordeduras, mascaduras y cambios de coloración por procesos digestivos.

ALIMENTACIÓN DEL LOBO IBÉRICO, TÉCNICAS DE MUERTE A LAS PRESAS Y SU DESMEMBRACIÓN

La supervivencia de un organismo depende de conseguir una dieta que proporcione un equilibrio adecuado de los nutrientes. La teoría clásica de la optimización asume que los animales seleccionan los recursos alimenticios en función de su valor nutritivo. Así, los lobos se alimentan de presas que le proporcionan gran cantidad de nutrientes. En España se han publicado numerosos estudios sobre la ecología trófica del lobo, tanto a nivel local (Guitián et al., 1979; Reig et al., 1985; Urios et al., 1987; Urios, 1995; Llaneza et al., 1996) como para toda su área de distribución (Castroviejo et al., 1975; Cuesta et al., 1991). La alimentación del lobo en España es muy variable, en algunas zonas los ungulados silvestres constituyen la presa principal, mientras que en otras son los ungulados domésticos (Salvador y Abad, 1987; Vilà et al.,1990; Cuesta et al., 1991; Llaneza et al., 1996; Llaneza et al., 2000).

En un estudio realizado por Castroviejo et al. (1975) sobre la alimentación de los cánidos ibéricos, mediante el análisis de los contenidos estomacales y excrementos de lobo procedentes de diferentes regiones de la Península Ibérica, se puso de manifiesto que la dieta del lobo varía entre regiones y depende de la densidad de población humana. En la Cordillera Cantábrica y Sierra Morena, donde la densidad de población es muy baja, los lobos consumen principalmente ungulados silvestres (corzo, ciervo, jabalí). Por el contrario, en los páramos del sector subcantábrico, donde la densidad de población es baja y se concentra en los pueblos, el ganado constituye una parte importante de su dieta. En las zonas bajas y litorales de Galicia y Asturias, con densidad de población alta y dispersa, el lobo consume principalmente perros domésticos y ganado (cabras, ovejas y caballos).

El lobo mata a sus presas utilizando técnicas distintas según el tamaño de las mismas. Cuando la presa en muy pequeña (gallinas, conejos, etc.) la mata mordiendo en el primer sitio por donde la atrapa. Cuando la presa es de tamaño pequeño-mediano (zorros y perros pequeños) la muerde en los riñones abarcando el lomo por arriba. Los corzos, ovejas y cabras los mata mordiendo en el cuello, abarcando la traquea, glotis y región cervical, muriendo la presa por asfixia. Por último, a las presas de gran porte, como caballos, vacas, toros, ciervos y jabalíes, las muerde en la región inguinal, genitales externos, ubres y bajo vientre, para debilitarlas antes de matarlas (Castroviejo et al., 1975).

Figura 2. *Corzo adulto capturado por los lobos en el área de estudio. Se observa la ausencia de las costillas del lado en que el animal está expuesto, mientras que las del flanco opuesto apenas están alteradas.*

En cuanto a los patrones de desmembración de las carcasas de las presas influyen distintos factores, como el tamaño del grupo, el tiempo transcurrido desde la última captura, las características anatómicas de la presa y la edad. La presa está más alterada cuando el grupo está compuesto por muchos individuos, pero además si éstos llevan mucho tiempo sin cazar, el deterioro es todavía mayor. También influye la edad de la presa, puesto que las presas adultas están menos alteradas porque existe mayor osificación, los ligamentos son más resistentes y la piel con mucho pelo dificulta la desmembración (Nadal, 1996).

Los lobos comienzan a comer a las presas por el esternón, axila, zona humeral, paletilla, y por las heridas hechas en los cuartos traseros, para luego continuar por el costillar. En la zona se encontraron carcasas con éste último tipo de heridas (Figura 2). En general, se puede decir que no consumen de sus presas: el paquete intestinal, los metapodiales, las falanges, la cabeza, el cuello por encima del pecho, la piel y la parte proximal de las costillas en la conexión con las vértebras, puesto que éstas se alteran únicamente en la parte distal y medial (Castroviejo *et al.*, 1975). Este patrón es similar al obtenido por Nadal (1996) en el estudio experimental llevado a cabo con un grupo de lobos ibéricos mantenidos en cautividad y alimentados con terneros recién nacidos, ovejas y cabras adultas. Al finalizar el consumo de las presas no todas las partes quedaron igualmente alteradas. Así, los metapodiales y el cráneo sobrevivieron en todas las carcasas analizadas, mientras que otros huesos como el fémur, el húmero y la escápula fueron más consumidos (Figura 3). Estos elementos son la base que utilizaremos para contrastar los datos obtenidos en el área de estudio.

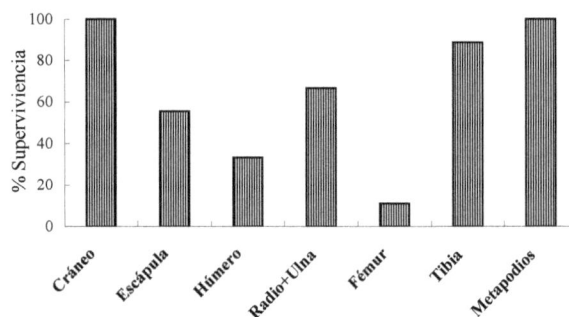

Figura 3. *Porcentaje de supervivencia de los distintos huesos en las carcasas de ungulados consumidas por un grupo de lobos mantenidos en cautividad (datos tomados de Nadal, 1996).*

EL CASO DEL PARQUE NATURAL MONTES DO INVERNADEIRO

En el análisis que efectuamos en 114 restos óseos provenientes de 62 excrementos de lobo ibérico ponen de manifiesto que el 80,7 % de los restos óseos eran de corzo, 6,1 % de jabalí, 0,9 % de liebre, 0,9 % de cánidos sin identificar, 3,5 % de mamíferos de talla media, 0,9 % de reptiles y el 7,0 % restante no fue posible identificarlos al estar altamente fragmentados. Así, un porcentaje elevado de restos óseos (93 %) se pudo identificar, siendo mayor de lo obtenido por Mondini (2000) para las dos especies de zorro (Tabla 1). Por tanto, se puede decir que el análisis de los restos óseos recolectados en los excrementos de lobo es una buena técnica para estudiar su comportamiento trófico.

	Barja y Corona-M.	Schmitt y Juell (1994)	Mondini (2000)
Especie estudiada	Canis lupus	*Canis latrans*	*Pseudalopex culpaeus* *P. griseus*
N° excrementos analizados	62	40	16
N° total restos óseos y dientes	114	3.397	1.871
N° restos óseos/excremento	Rango: 1-13 Media: 1,8	- -	Rango: 6-532 Media: 117
Tamaño de los huesos	1-3 cm	< 1 cm	< 3 mm (55) Pocos exceden 1 cm
Animales presa	Corzos Jabalíes Ocasionalmente: Cánidos Liebres Reptiles	Ratones y ratas Ardillas Liebres y conejos Tortugas Aves Peces	Roedores pequeños (< 1kg) Roedores y Lagomorgos (1-5kg)

Tabla 1. Comparación del número de excrementos analizados, número de restos óseos encontrados, tamaño de los mismos y especies presas en los excrementos de tres especies de cánidos actuales.

Se observan claras diferencias al comparar nuestros resultados con los obtenidos por Schmitt y Juell (1994) en coyote (*Canis latrans*) y por Mondini (2000) en zorros colorado y gris (*Pseudalopex culpaeus* y *P. griseus*) (Tabla 1). Si bien el número de excrementos analizados de lobo (n = 62) fue muy superior a los de coyote (n = 40) y zorros (n = 16); el número de restos óseos recuperados fue mucho menor, con una media de 1,8 restos por excremento de lobo, mientras que en zorros fue de 117. Estas diferencias pueden guardar relación con el hecho de que los carnívoros que se alimentan de presas pequeñas maximizan su aprovechamiento y como consecuencia se ingiere una mayor cantidad de partes esqueléticas, como ocurre en el caso del coyote y de los zorros colorado y gris. Además, la proporción de huesos fragmentados fue mayor en el caso de los zorros colorado y gris (Tabla 2), lo cuál parece que también se encuentra en estrecha relación con este aprovechamiento intensivo de la presa. El tamaño de los huesos fue mayor en los excrementos de lobo que en los de coyote y zorros (Tabla 1). Esto parece guardar relación con el tamaño de las presas que

consumen los cánidos estudiados. Los lobos en el área de estudio se alimentan de ungulados de talla media-grande (corzos y jabalíes), mientras que los coyotes y los zorros consumen animales pequeños, principalmente roedores y lagomorfos.

En cuánto a la frecuencia de aparición de las partes esqueléticas, las partes anatómicas más frecuentes halladas en los excrementos de lobo fueron las falanges, huesos largos, vértebras y astrágalos. Este resultado difiere de lo publicado, pues se manifiesta el consumo de huesos largos, algunos de ellos es probable que sean metapodios y falanges, lo que sugiere un aprovechamiento intensivo de las presas, aspecto que puede manifestarse más claramente en ejemplares silvestres que en cautivos debido a una falta de disponibilidad del alimento. Por otro lado, también difiere del patrón manifiesto en zorros, pues en ellos las frecuencias más altas son de huesos largos, falanges y dientes, estando las vértebras menos representadas (Tabla 2).

	Canis lupus signatus (Barja y Corona-M)	*Pseudalopex culpaeus* y *P. griseus* (Mondini, 2000)
% de huesos identificados	93	8-67, Media = 28
Partes anatómicas más frecuentes	Falanges Huesos largos Vértebras Astrágalos	Huesos largos Falanges Dientes
% de huesos fragmentados	71,9	17-100, Media = 83
% de huesos digeridos: pulido superficial, redondeados, perforaciones (*pitting*)	99,1	0-40, Media = 11
% de huesos con punciones	7,9	0,05

Tabla 2. Patrones de supervivencia de las distintas partes anatómicas, fragmentación y alteraciones por digestión y dientes en los restos óseos recolectados en excrementos de lobo ibérico y zorros colorado y gris.

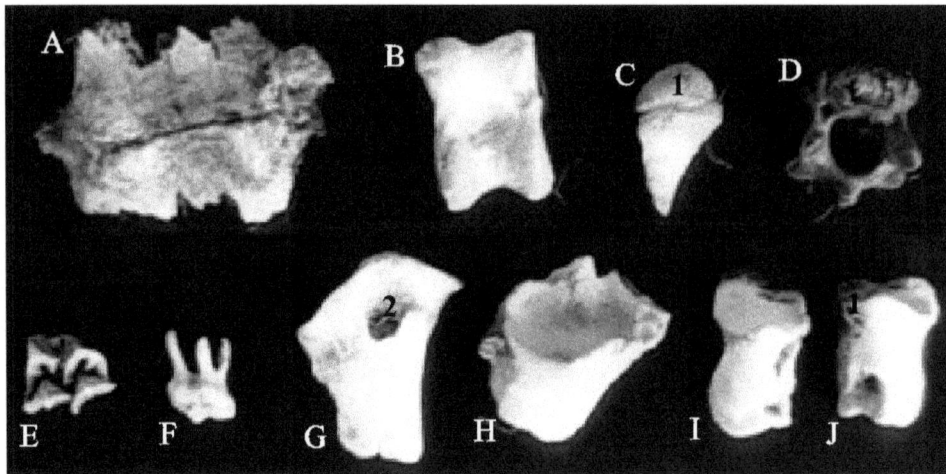

Figura 4. *Restos óseos y dientes recolectados en excrementos de lobo ibérico, los restos son de corzo, excepto donde se indica: (A) fragmento de cráneo de un juvenil, (B) astrágalo, (C) fragmento de fémur de un juvenil, (D) vértebra, (E) molar, (F) premolar de jabalí, (G) fragmento de fémur de jabalí joven, (H) fragmento de radio, (I, J) falanges 1 y 2 de jabalí adulto. La localización de los números representa las modificaciones sufridas durante el proceso digestivo y por acción de los dientes al consumir la presa; 1 = perforaciones (pitting), 2 = punción.*

Los cánidos parecen ser el único grupo de carnívoros que deja marcas de mordiscos en los huesos ingeridos (Andrews, 1990). Aunque en el caso del lobo las marcas de punciones dejadas por los dientes resultaron ser mucho más comunes (Tabla 2). También ocurre lo mismo con las alteraciones causadas por los procesos digestivos. La intensidad de los daños en los huesos durante el proceso de digestión parece variar en función de la proximidad a la pared del estómago durante la digestión (cantidad de pelo ingerida), el tiempo de digestión (abundancia de alimento) y la disponibilidad estacional de presas (Figura 4).

En cuanto a la edad relativa de las presas se pudo determinar que el 66,1 % de los restos óseos de corzo correspondieron a individuos jóvenes y el 33,9 % a adultos. En el caso del jabalí las diferencias fueron más acusadas, correspondiendo el 90,5 % a juveniles y el 9,5 % a adultos (Figura 5). Dado que los jabalíes adultos tienen un tamaño considerablemente mayor, donde el peso medio de un macho es de 88 kg, y el de las hembras es de 62 kg, que el de los corzos, pues el peso medio del macho es de 26 kg y el de la hembra es de 23 kg. Por tanto, su captura por los lobos no resulta fácil, máxime cuando los grupos de lobo en España no son muy grandes, estando generalmente compuestos por tres o cuatro individuos antes de la época de partos (Vilà *et al.*, 1990). Según los estudios de Zimen (1976, 1981) parece que el factor principal que determina el número de lobos en la manada es el tamaño de la presa principal.

El 66,7 % de todos los restos óseos analizados formaba parte del esqueleto apendicular y el 33,3 % del esqueleto axial. No se observaron diferencias entre la supervivencia de los huesos del esqueleto apendicular y axial entre adultos y jóvenes. Así, tanto en individuos jóvenes como

en adultos el 66,7 % de los restos correspondieron al esqueleto apendicular y el 33,3 % al esqueleto axial (Figura 6).

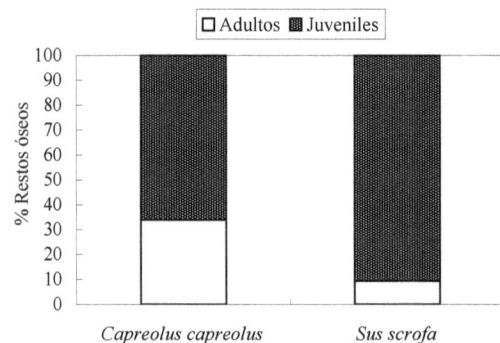

Figura 5. *Porcentaje de restos óseos del esqueleto apendicular y axial en individuos jóvenes y adultos de corzo y jabalí en excrementos de lobo ibérico.*

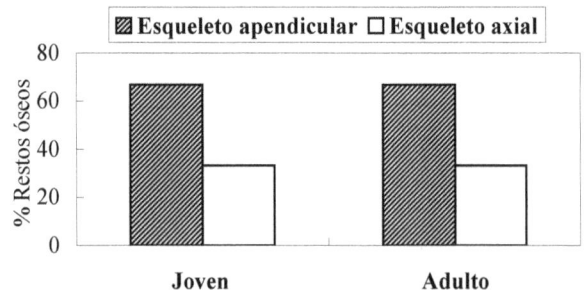

Figura 6. *Porcentaje de restos óseos de individuos jóvenes y adultos de corzo y jabalí en excrementos de lobo ibérico.*

CONSIDERACIONES ADICIONALES

Los estudios que se han efectuado y los datos aquí reportados muestran que el modo en que los carnívoros modifican las carcasas de ungulados no es al azar. El tamaño de los restos óseos, las partes anatómicas presentes, así como la intensidad y variación del daño producido durante el consumo y digestión, ya sean producidos por los ácidos digestivos o por los dientes (pulido, redondeado, perforaciones, punciones, etc.) permiten establecer patrones de consumo, que a su vez son utilizados como criterios para identificar las acumulaciones escatológicas producidas por carnívoros.

Los carnívoros acumulan restos óseos en sus madrigueras, en las zonas de consumo de las presas y también a través de sus excrementos, ya sea depositándolos en letrinas o en puntos estratégicos y llamativos como parte del marcaje territorial, debiendo ser considerados como posibles vías de incorporación de material óseo a depósitos fósiles.

Otro aspecto que debe considerarse es que la mayoría de los carnívoros seleccionan para depositar sus heces puntos estratégicos del territorio como un comportamiento de señalización oloroso-visual, acumulándose en estas zonas gran cantidad de excrementos. Muchos marcan defecando en letrinas, en los alrededores de la madriguera y en las proximidades de las presas. Estos puntos pudieron ser usados antiguamente por asentamientos humanos. Así, el conocimiento del comportamiento de señalización olorosa mediante excrementos (común a la mayoría de los mamíferos) puede ser de gran utilidad para explicar la aparición de coprolitos asociados a restos osteológicos de una especie presa.

En un estudio tafonómico reciente se indica que los coprolitos de carnívoros en los registros fósiles son más frecuentes que los coprolitos de herbívoros, y esto parece estar determinado en gran medida por el tipo de dieta. Las heces provenientes de carnívoros, cuya dieta se basa en el consumo de carne y huesos, contienen constituyentes químicos que pueden precipitar bajo determinadas condiciones ambientales. Aunque los coprolitos aparecen con menor frecuencia en los yacimientos que los restos óseos, constituyen una importante fuente de información sobre los patrones de depredación antiguos, al proveer datos sobre los patrones de selección de presas, la eficacia digestiva y la presencia de taxones no conocidos en un paleoecosistema (Chin, 2002).

Un caso donde se observa este comportamiento es el que reportan Larkin et al. (2000) durante las excavaciones llevadas a cabo entre 1992 y 1995, en un yacimiento de Norfolk, Reino Unido, donde encontraron coprolitos de hiena manchada asociados a los restos osteológicos de una carcasa de elefante. La defecación en las inmediaciones de las presas capturadas por carnívoros es un comportamiento común a muchas especies, como lobo, coyote y zorro (Peters y Mech, 1975; Henry, 1977; Bowen y Cowan, 1980), y constituye según Peters y Mech (1975) una forma de señalización olorosa y visual.

CONCLUSIONES

Los datos obtenidos muestran que el porcentaje de huesos fragmentados es menor en las excretas de lobo que en las de los otros cánidos, lo que parece estar en relación directa con el tamaño de la presa, es decir a mayor tamaño de la presa menor fragmentación. También los daños causados a los huesos por acción de los jugos gástricos y por los dientes son mayores en el caso del lobo.

La modificación de las carcasas por los depredadores varía en función de la disponibilidad de presas y del acceso temprano de los carroñeros a las presas abandonadas por los depredadores. El lobo generalmente caza presas de gran porte, mientras que el zorro las consume de manera ocasional y generalmente en forma de carroña.

Destacar la necesidad de ampliar el número de estudios en los que se examinen los restos óseos provenientes de excrementos de carnívoros y realizar comparaciones entre las distintas especies para poder identificar las similitudes y diferencias de los patrones de supervivencia y de los daños producidos, a fin de poder reconocer los mecanismos responsables de su inclusión en un depósito arqueológico.

Igualmente, aunque por falta de espacio no se discutió con más detalle, nos parece que este tipo de trabajos muestra el potencial que tiene la identificación de restos óseos obtenidos de excretas para los estudios etológicos y ecológicos que versen sobre la alimentación y el comportamiento trófico de carnívoros, pues permiten una identificación más fiable que la obtenida a través del pelo, además de que permite acceder a otro tipo de información como es la edad relativa de las presas, aspectos que pueden correlacionarse con datos de estacionalidad, áreas de captura, entre otros.

Finalmente, consideramos que con estos elementos queda clara la necesidad de promover enfoques transdisciplinarios en el estudio de los organismos, formulando modelos de estudio y refinando los métodos para la obtención de datos. En éste caso la colaboración de la arqueozoología y la etología nos permite obtener elementos para comprender el comportamiento de los organismos en el pasado y el presente.

LITERATURA CITADA

Andrews, P. 1990. *Owls, caves and fossils*. University of Chicago Press, Chicago.

Barja, I., 2001. *La señalización en el lobo ibérico (Canis lupus signatus). Comparación con dos especies de hienas (Crocuta crocuta y Hyaena hyaena)*. Ediciones de la Universidad Autónoma de Madrid, Madrid.

Barja, I., J. de Miguel F. y F. Bárcena. 2004. Importance of the crossroads in faecal marking behaviour of the wolves (*Canis lupus*). *Naturwissenschaften*, 91(10): 489-492.

Barja, I., J. de Miguel F. y F. Bárcena. 2005. Faecal marking behaviour of Iberian wolf in different zones of their territory. *Folia Zoologica*, 54(1-2): 21-29.

Bershmeyer, A. y A. Hill. 1980. *Fossils in the making: Vertebrate taphonomy and Paleoecology*. The University of Chicago Press, Chicago.

Binford, L. R. 1981. *Bones: Ancient men and modern myths*. Academic Press, New York.

Bowen, W. D. y I. M. Cowan. 1980. Scent marking in coyotes. *Canadian Journal of Zoology*, 58:473-480.

Brain, C. K. 1981. *The hunters or the hunted? An introduction to African cave taphonomy*, University of Chicago Press, Chicago.

Carranza, J. 1994. *Etología. Introducción a la ciencia del comportamietno*. Universidad de Extremadura, Cáceres.

Castroviejo, J., F. Palacios, J. Garzón y L. Cuesta. 1975. Sobre la alimentación de los cánidos ibéricos. XII Cong. IUGB, Lisboa.

Chin, K. 2002. Analyses of coprolites produced by carnivorous vertebrates. *Paleontological Society Papers*, 8:43-49.

Cuesta, L., F. Bárcena, F. Palacios y S. Reig. 1991. The trophic ecology of the Iberian Wolf (*Canis lupus signatus* Cabrera, 1907). A new analysis of stomach's data. *Mammalia*, 55:239-254.

Faliu, L., Y. Lignereux y J. Barrat. 1980. Identificación des poils de mammifères pyrèneès. *Doñana Acta Vertebrata*, 7:125-212.

Fernández López, S. 2000. *Temas de Tafonomía*. Departamento de Paleontología, Universidad Complutense de Madrid.

Guillén-Salazar, F. 1996. Comportamiento animal y sociedad: una introducción a la Etología Aplicada. (Pp: 113-132). *In: Etología, psicología comparada y comportamiento animal* (F. Colmenares, ed). Editorial Síntesis, Madrid.

Guitián, J., A. De Castro, S. Bas y J.L. Canals. 1979. Nota sobre la dieta del lobo en Galicia. *Trabajos Compostelanos de Biología*, 8:95-104.

Haynes, G. 1983. A guide for differentiating mammalian carnivore taxa responsible for gnaw damage to herbivore limb bones. *Paleobiology*, 9:164-172.

Henry, J. D. 1977. The use of urine marking in the scavenging behavior of the red fox (*Vulpes vulpes*). *Behaviour*, 61:82-105.

Hillson, S. 1992. *Mammal bones and teeth. An introductory guide to methods of identification*. Institute of Archaeology, University College. London.

Larkin, N. R., J. Alexander y M. D. Lewis. 2000. Using experimental studies of recent faecal material to examine hyaena coprolites from the West Runton Freshwater Bed, Norfolk, U.K. *Journal of Archaeological Science*, 27:19-31.

Llaneza, L., A. Fernández y C. Nores. 1996. Dieta del lobo en dos zonas de Asturias (España) que difieren en carga ganadera. *Doñana Acta Vertebrata*, 23(2):201-214.

Llaneza, L., J. Iglesias y M. Rico. 2000. Hábitos alimenticios del lobo en el antiguo Parque Nacional de la Montaña de Covadonga. *Galemys*, 12(NE):93-102.

Macdonald, D. W. 1980. Patterns of scent marking with urine and faeces amongst carnivore communities. *Symposium Zoology Society London*, 45:107-139.

Mech, L. D. 1970. *The wolf: ecology and behavior of an endangered species*. Natural History Press, Doubleday.

Mondini, M. 2000. Tafonomía de abrigos rocosos de la Puna. Formación de conjuntos escatológicos por zorros y sus implicaciones arqueológicas. *Archaeofauna*, 9:151-164.

Nadal, J. 1996. Patrones de desmembración en herbívoros consumidos por lobos (*Canis lupus*). *Comunicación de la II Reunión de Tafonomía y fosilización*, I: 259-264

Nasti, A. 1996. Predadores, carroñeros y huesos: la acción del puma y el zorro como agentes modificadores de esqueletos de ungulados en la Puna meridional argentina. *Comunicación de la II Reunión de Tafonomía y fosilización*, I: 265-270.

Peters, R. P. y L. D. Mech. 1975. Scent-marking in wolves. *American Scientist*, 63:628-637.

Prugh, L. R. 2005. Coyote prey selection and community stability during a decline in food supply. *Oikos*, 110: 253-264.

Reig, S., L. Cuesta y F. Palacios. 1985. Impact of human activity on the food habits of the red fox and the wolf in Old Castle (Spain). *Review of Ecology (Terre vie)*, 40:151-155.

Roque, S., F. Alvares y F. Petrucci-Fonseca. 2001. Utilización espacio-temporal y hábitos alimenticios de un grupo reproductor de lobos en el noroeste de Portugal. *Galemys*, 13(NE):179-198.

Rothman, R. J. y L. D. Mech. 1979. Scent-marking in lone wolves and newly formed pairs. *Animal Behaviour*, 27:750-760.

Ruehe F., Buschmann I. y Wameling A. 2003. Two models for assessing the prey mass of European ungulates from wolf scats. *Acta Theriologica*, 48: 527-537

Salvador, A. y P. L. Abad. 1987. Food habits of a wolf population (*Canis lupus*) in Leon Province, Spain. *Mammalia*, 51:45-52.

Sayoko U., N. Sasaki, y T. Sweda. 2004. Seasonal scatology of wolves along the Dempster Highway, northwestern Canada, an introduction of pollen analysis for dating old scats. *Polar Bioscience*, 17: 95-104.

Schmid, E. 1972. *Atlas of animal bones, for Prehistorians, Archaeologist and Quaternary Geologists*. Elsevier Publishing Company, New York.

Schmitt, D. N. y K. E. Juell. 1994. Toward the identification of coyote scatological faunal accumulations in archaeological contexts. *Journal of Archaeological Science*, 21:249-262.

Teerink, B. J. 1991. *Atlas and identification key hair of west-european mammals*. Cambridge University Press, Cambridge.

Urios, V. 1995. *Eto-ecología de la depredación del lobo Canis lupus signatus en el NO de la Península Ibérica*. Tesis Doctoral inédita, Universidad de Barcelona.

Urios, V., C. Vilà, E. Bernáldez y M. Delibes. 1987. Contribución al conocimiento de la alimentación del lobo en el NO de la Provincia de Zamora. *II Jornadas de estudio y debate sobre el lobo Ibérico*, Salamanca.

Vilà, C., V. Urios y J. Castroviejo. 1990. Ecología del lobo en la Cabrera (León) y la Carballeda (Zamora). Pp 95-106, *in*: *El lobo (Canis lupus) en España. Situación, problemática y apuntes sobre su ecología* (J. C. Blanco, L. Cuesta y S. Reig, eds). Colección Técnica, ICONA, Madrid.

Vilà, C., V. Urios y J. Castroviejo. 1994. Use of faeces for marking in Iberian wolves (*Canis lupus*). *Canadian Journal of Zoology*, 72:374-377.

Zimen, E. 1976. On the regulation of pack size in wolves. *Zeitschrift für Säugetierkunde*, 40:300-341.

Zimen, E. 1981. *The wolf: A species in Danger*. Delacorte Press, New York.

www.ingramcontent.com/pod-product-compliance
Lightning Source LLC
Chambersburg PA
CBHW061003030426
42334CB00033B/3349